乙種第4類危険物取扱者試験 完全攻略

つちや書店編集部 編

つちや書店

はじめに

　これから皆さんが資格を取得し、その取扱作業を行おうとしている「危険物」は、消防法による規制を受けています。なぜ消防法なのかといえば、「危険物」に指定されている物品が、いずれも“火災”と隣り合わせにあるからです。危険物には、①火災を発生させる危険、②発生した火災を拡大させる危険、さらに③発生・拡大した火災を消火するのが困難であるという危険が、常につきまとっているのです。

「危険物」は産業のあらゆる面で必要不可欠なものであり、私たちの生活にさまざまな形で恩恵を与えてくれます。しかし、扱い方を少し間違えれば、大災害を招きかねないという一面をもっています。

　ですから、国家試験という形で国から免状を与えられ、これら危険物を取り扱う「危険物取扱者」には、国民の生命・財産を災害の危機にさらさないという、重大な責務があるのです。

　危険物は第１類から第６類まで６種類に分類されています。このうち、皆さんの目指す第４類には、ガソリンや灯油などの石油類から、オリーブ油、イワシ油などの動植物油類まで、私たちの生活に極めて身近な物品が集められています。

　試験では、これら個々の物品についての知識はもちろんのこと、物理学や化学の基礎知識、そして危険物に関する法令について幅広い知識が問われます。

　この本は、受験のために必要な手続きや、各試験科目の内容について予備知識のない人にも無理なく理解でき、受験準備が整えられるように編集してあります。

　主な特長は次のとおりです。

1. 各セクションの冒頭に出題例を掲げることにより、いま勉強している内容が、実際の試験にどのような形ででるのか、常に意識できる構成になっている。
2. 物理・化学が苦手な人でも、基本から理解し、知識を習得できるよう十分なページを割り当てている。
3. 傍注やまとめの工夫をし、本文の要点がわかりやすく整理されている。
4. 適確かつ正確な図解イラストを多用し、難解な内容も目で見て理解できる。

　試験科目は３科目、問題数は全部でわずか35問です。とはいえ覚えなければならない範囲が広いのが危険物取扱者試験の特徴です。この本をうまく活用して、無理なく、効率的に勉強し、最短距離で合格されることを祈っています。

つちや書店編集部

CONTENTS 目次

Chapter 2 基礎的な物理学・化学

本書の使い方

❶ 出題例

各セクションで学習する内容が、実際の試験ではどのような形で出題されるのか、その例を掲げました。はじめに出題例を目にすることにより、出題のポイントを適確につかむことができ、安心して本文の内容を読み進めます。出題例として掲げてあるのは、それぞれ最も典型的なパターンの問題です。

❷ CAUTION（注意）

本文の中で説明した事項に関連して、詳しい説明の必要なものや、注意を要するものを傍注欄に抜き出してまとめてあります。

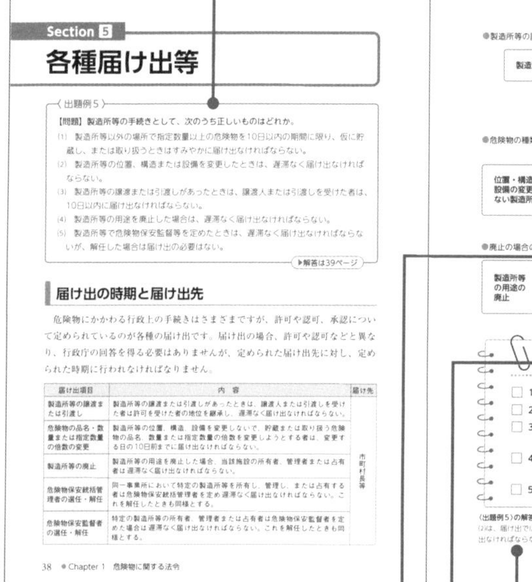

Section 5

各種届け出等

〈出題例5〉

【問題】製造所等の手続きとして、次のうち正しいものはどれか。

(1) 製造所等以外の場所で指定数量以上の危険物を10日以内の期間に限り、仮に貯蔵し、または取り扱うときはすみやかに届け出なければならない。
(2) 製造所等の位置、構造または設備を変更したときは、遅滞なく届け出なければならない。
(3) 製造所等の譲渡または引渡しがあったときは、譲渡人または引渡しを受けた者は、10日以内に届け出なければならない。
(4) 製造所等の用途を廃止した場合は、遅滞なく届け出なければならない。
(5) 製造所等で危険物保安監督等を定めたときは、遅滞なく届け出なければならないが、解任した場合は届け出の必要はない。

▶解答は39ページ

届け出の時期と届け出先

危険物にかかわる行政上の手続きはさまざまですが、許可や認可、承認について定められているのが各種の届け出です。届け出の場合、許可や認可などと異なり、行政庁の回答を得る必要はありませんが、定められた届け出先に対し、定められた時期に行われなければなりません。

届け出項目	内容	届け先
製造所等の譲渡または引渡し	製造所等の譲渡または引渡しがあったときは、譲渡人または引渡しを受けた者は許可を受けた者の地位を継承し、遅滞なく届け出なければならない。	市町村長等
危険物の品名・数量または指定数量の倍数の変更	製造所等の位置、構造、設備を変更しないで、貯蔵または取り扱う危険物の品名、数量または指定数量の倍数を変更しようとする者は、変更する日の10日前までに届け出なければならない。	
製造所等の廃止	製造所等の用途を廃止した場合、当該施設の所有者、管理者または占有者は遅滞なく届け出なければならない。	
危険物保安統括管理者の選任・解任	同一事業所において特定の製造所等を所有し、管理し、または占有する者は危険物保安統括管理者を定め遅滞なく届け出なければならない。これを解任したときも同様とする。	
危険物保安監督者の選任・解任	特定の製造所等の所有者、管理者または占有者は危険物保安監督者を定めた場合は遅滞なく届け出なければならない。これを解任したときも同様とする。	

38 ● Chapter 1 危険物に関する法令

●製造所等の譲渡または引渡しの場合

製造所等 →（譲渡または引渡し）→ 所有者等の地位を継承 →（届け出（遅滞なく））→ 市町村長等

●危険物の種類・数量を変更する場合

位置・構造・設備の変更がない製造所等
- 危険物の種類の変更をする場合（第1石油類→第2石油類）→ 届け出 10日前までに → 市町村長等
- 危険物の数量を変更する場合（重油2,000L→18,000L）→ 届け出 10日前までに → 市町村長等

●廃止の場合の届け出

製造所等の用途の廃止 →（廃止の届け出）→ 市町村長等

義務者：所有者、管理者、または占有者
時　期：遅滞なく
届け出：所定の様式による

CAUTION

●市町村長等の別

各種届け出先の市町村長等は、製造所等のある場所により34ページの表に示す市町村長等となる。

WORD

●「許可」「認可」「承認」

「許可」＝法律上禁止されていることを行政が許し、できるようにすること
「認可」＝ある行為を行政が認め、法的効力を持たせること
「承認」＝ある行為を行政が認め、同意の意思表示を与えること

MEMO

許可や認可を受けることを必要とせず、届け出だけで手続きが済むものは、防災上比較的影響の少ないものである。

これだけは覚えておこう

- □ 1．**危険物施設の譲渡・引渡し**……遅滞なく市町村長等へ、届け出。
- □ 2．**危険物施設の用途を廃止**………遅滞なく市町村長等へ、届け出。
- □ 3．**危険物施設を変更しないで、危険物の品名、数量、指定数量の倍数を変更**……変更する10日前までに市町村長等へ、届け出。
- □ 4．**危険物保安統括管理者の選任・解任**……遅滞なく市町村長等へ届け出。
- □ 5．**危険物保安監督者の選任・解任**……遅滞なく市町村長等へ届け出。

〈出題例5〉の解答　(4)　▶(1)は、届け出ではなく、消防長または消防署長の承認を受けなければならない。(2)は、届け出ではなく変更の許可を申請しなければならない。(3)は、10日以内ではなく、遅滞なく届け出なければならない。(5)は、解任した場合も届け出の必要がある。

Section 5 各種届け出等 ● 39

❸ MEMO（参考）

本文の中で説明した事項に関連して、参考となる情報、内容の理解を深める上で覚えた方がよいことを傍注欄に抜き出してあります。

❹ WORD（用語説明）

危険物関係法令に多用される用語や、危険物取扱者試験において間違えやすい用語などの説明を示してあります。

❺ これだけは覚えておこう（まとめ）

各セクションの最後に、そこで学習した内容のまとめを示しました。試験の直前には、この欄でおさらいしておきましょう。

❻ 出題例の解答

出題例として掲げた問題の解答と解説が、「これだけは覚えておこう」の下に示してあります。

乙種第４類危険物取扱者とは

「乙種第４類危険物取扱者」の「乙種」とは免状の種類を表し、「第４類」とはその免状を受けた者が取り扱うことのできる危険物の種類を表しています。ここでは、その危険物の種類と免状の種類、およびその業務内容について簡単に見ていくことにします。

危険物の種類（第４類とは）

消防法による危険物は、以下の６種類に分類されています。

第４類危険物とはガソリン、灯油など石油類に代表される引火性液体のことで、危険物全体の90％以上を占めています。

類　別	性　質	性質の概要
第１類危険物	酸化性固体	自らは燃えないが、他の可燃物を燃焼・爆発させる危険物
第２類危険物	可燃性固体	容易に着火し、燃焼速度も速い危険物
第３類危険物	自然発火性物質および禁水性物質	空気や水に触れると発火したり、可燃性ガスを発生したりする固体または液体の危険物
第４類危険物	引火性液体	引火性の蒸気をさかんに出し、激しく燃焼する液体（例・ガソリンなど）
第５類危険物	自己反応性物質	加熱などによって激しく反応し、爆発的に反応が進行する危険物
第６類危険物	酸化性液体	自らは燃えないが強い酸化性をもった液体で、他の可燃物を燃焼・爆発させる危険物

危険物取扱者免状の種類と業務内容（乙種とは）

そしてこれらの危険物を取り扱うことのできる免状は、対象危険物によって３種類に分けられ、可能業務内容が決められています。

免状の種類	対象危険物	可能業務内容
甲種危険物取扱者	第１類~第６類のすべての危険物	取扱作業、定期点検、立ち会い、※保安監督者
乙種危険物取扱者	第１類～第６類のうち、免状に指定された類の危険物	取扱作業、定期点検、立ち会い、※保安監督者
丙種危険物取扱者	第４類のうち、自治省令に指定された類の危険物	取扱作業、定期点検

※**保安監督者（危険物保安監督者）**…危険度の高い大量の危険物を取り扱う場合に必要な資格ですが、6か月以上の実務経験が必要です。

危険物取扱者とは

前項でも触れましたが、危険物取扱者とは、危険物を原因とする災害発生を予防することを目的とした実際の取り扱いや、危険物取扱作業が安全で正しく行われるように立ち会いをする資格のある人のことです。定期点検もできます。

第４類危険物取扱者の主な活躍の場

●化学工場

●ボイラー

●ガソリンスタンド

●塗料販売店

●石油コンビナート

●タンクローリー

受験ガイド

試験は各都道府県単位で行われ、自分の居住地以外の都道府県でも受験できます。しかし、日時や願書等の入手・提出方法など各地で違いますので、自分の居住地以外の都道府県で受験を希望する人は、以下特に注意して読んでください。

受験資格

1 甲種危険物取扱者試験

以下の条件のうち、いずれかに該当していれば受験できます。

(1) 大学、短期大学、高等専門学校、専修学校等において、化学に関する学科もしくは課程を修めて卒業した者。

(2) 大学、短期大学、高等専門学校、専修学校等において、化学に関する授業科目を15単位以上修得した者。

(3) 乙種危険物取扱者免状の交付を受けた後、２年以上危険物の製造所、貯蔵所もしくは取扱所において、危険物取り扱いの実務経験がある者。

(4) ４種類以上の乙種免状の交付を受けている者(一部、類の重複制限あり)。

(5) 修士・博士の学位を有し、化学に関する事項を専攻した者。

2 乙種危険物取扱者試験および丙種危険物取扱者試験

資格条件はありません。国籍、年齢、学歴など関係なく誰でも受験できます。

受験資格の注意点

以下のいずれかに該当していると、免状が交付されませんので注意してください。

① 危険物取扱者が消防法または消防法に基づく命令の規定に違反して、危険物取扱者免状の返納を命じられ、その日から起算して１年を経過しない者。

② 消防法または消防法に基づく命令の規定に違反して、罰金以上の刑に処せられた者で、その執行を終わり、または執行を受けることがなくなった日から起算して２年を経過しない者。

問い合わせ先(試験実施機関)

「財団法人　消防試験研究センター」が、危険物取扱者試験の実施機関です。同センターは全国47都道府県に支部を設置しており(12～13ページ参照)、実際の試験はこのセンター支部が行っています。

●問い合わせ先　財団法人　消防試験研究センター一覧

東京都	【財団法人　消防試験研究センター・中央試験センター】 渋谷区幡ヶ谷1-13-20	電話03-3460-7798
北海道	【財団法人　消防試験研究センター　北海道支部】 札幌市中央区北５条西6-2-2　札幌センタービル12階	電話011-205-5371
青森県	【財団法人　消防試験研究センター　青森県支部】 青森市長島2-1-5　みどりやビルディング４階	電話017-722-1902
岩手県	【財団法人　消防試験研究センター　岩手県支部】 盛岡市本町通1-9-14　JT本町通ビル５階	電話019-654-7006
宮城県	【財団法人　消防試験研究センター　宮城県支部】 仙台市青葉区堤通雨宮町4-17　県仙台合同庁舎５階	電話022-276-4840
秋田県	【財団法人　消防試験研究センター　秋田県支部】 秋田市中通6-7-9　秋田県畜産会館６階	電話018-836-5673
山形県	【財団法人　消防試験研究センター　山形県支部】 山形市緑町１丁目9-30　緑町会館６階	電話023-631-0761
福島県	【財団法人　消防試験研究センター　福島県支部】 福島市中町4-20　みんゆうビル２階	電話024-524-1474
茨城県	【財団法人　消防試験研究センター　茨城県支部】 水戸市笠原町978-25　茨城県開発公社ビル４階	電話029-301-1150
栃木県	【財団法人　消防試験研究センター　栃木県支部】 宇都宮市昭和1-2-16　県自治会館１階	電話028-624-1022
群馬県	【財団法人　消防試験研究センター　群馬県支部】 前橋市大渡町1-10-7　群馬県公社総合ビル５階	電話027-280-6123
埼玉県	【財団法人　消防試験研究センター　埼玉県支部】 さいたま市浦和区仲町2-13-8　ほまれ会館２階	電話048-832-0747
千葉県	【財団法人　消防試験研究センター　千葉県支部】 千葉市中央区末広2-14-1　ワクボビル３階	電話043-268-0381
神奈川県	【財団法人　消防試験研究センター　神奈川県支部】 横浜市中区尾上町5-80　神奈川中小企業センタービル７階	電話045-633-5051
新潟県	【財団法人　消防試験研究センター　新潟県支部】 新潟市中央区新光町10-3　技術士センタービルⅡ７階	電話025-285-7774
富山県	【財団法人　消防試験研究センター　富山県支部】 富山市花園町4-5-20　県防災センター２階	電話076-491-5565
石川県	【財団法人　消防試験研究センター　石川県支部】 金沢市彦三町2-5-27　名鉄北陸開発ビル７階	電話076-264-4884
福井県	【財団法人　消防試験研究センター　福井県支部】 福井市松本3-16-10　福井県福井合同庁舎５階	電話0776-21-7090
山梨県	【財団法人　消防試験研究センター　山梨県支部】 甲府市塩部2-2-15　湯村自動車学校内	電話055-253-0099
長野県	【財団法人　消防試験研究センター　長野県支部】 長野市大字南長野字幅下667-6　長野県土木センター１階	電話026-232-0871
岐阜県	【財団法人　消防試験研究センター　岐阜県支部】 岐阜市薮田南1-5-1　第２松波ビル１階	電話058-274-3210
静岡県	【財団法人　消防試験研究センター　静岡県支部】 静岡市葵区常磐町1-4-11　杉徳ビル４階	電話054-271-7140
愛知県	【財団法人　消防試験研究センター　愛知県支部】 名古屋市中区三の丸3-2-1　愛知県東大手庁舎６階	電話052-962-1503

三重県	【財団法人　消防試験研究センター　三重県支部】 津市島崎町314　島崎会館１階	電話059-226-8930
滋賀県	【財団法人　消防試験研究センター　滋賀県支部】 大津市打出浜2-1　コラボしが21　４階	電話077-525-2977
京都府	【財団法人　消防試験研究センター　京都府支部】 京都市上京区出水通油小路東入丁子風呂町104-2　京都府庁西別館３階	電話075-411-0095
大阪府	【財団法人　消防試験研究センター　大阪府支部】 大阪市中央区谷町1-5-4　近畿税理士会館・大同生命ビル６階	電話06-6941-8430
兵庫県	【財団法人　消防試験研究センター　兵庫県支部】 神戸市中央区海岸通３番地　シップ神戸海岸ビル14階	電話078-385-5799
奈良県	【財団法人　消防試験研究センター　奈良県支部】 奈良市大宮町5-2-11　奈良大宮ビル５階	電話0742-27-5119
和歌山県	【財団法人　消防試験研究センター　和歌山県支部】 和歌山市吹上2-1-22　日赤会館６階	電話073-425-3369
鳥取県	【財団法人　消防試験研究センター　鳥取県支部】 鳥取市東町1-271　鳥取県庁第２庁舎８階	電話0857-26-8389
島根県	【財団法人　消防試験研究センター　島根県支部】 松江市母衣町55番地　島根県林業会館２階	電話0852-27-5819
岡山県	【財団法人　消防試験研究センター　岡山県支部】 岡山市北区内山下2-11-16　小山ビル４階	電話086-227-1530
広島県	【財団法人　消防試験研究センター　広島県支部】 広島市中区八丁堀14-4　JEI広島八丁堀ビル９階	電話082-223-7474
山口県	【財団法人　消防試験研究センター　山口県支部】 山口市大手町7-4　KRYビル５階	電話083-924-8679
徳島県	【財団法人　消防試験研究センター　徳島県支部】 徳島市中昭和町1-3　山一興業ビル４階	電話088-652-1199
香川県	【財団法人　消防試験研究センター　香川県支部】 高松市福岡町2-2-2　香川県産業会館４階	電話087-823-2881
愛媛県	【財団法人　消防試験研究センター　愛媛県支部】 松山市千舟町4-5-4　松山千舟454ビル５階	電話089-932-8808
高知県	【財団法人　消防試験研究センター　高知県支部】 高知市菜園場町1-21　四国総合ビル４階401号	電話088-882-8286
福岡県	【財団法人　消防試験研究センター　福岡県支部】 福岡市博多区下呉服町1-15　ふくおか石油会館３階	電話092-282-2421
佐賀県	【財団法人　消防試験研究センター　佐賀県支部】 佐賀市白山２丁目１番12号　佐賀商工ビル４階	電話0952-22-5602
長崎県	【財団法人　消防試験研究センター　長崎県支部】 長崎市興善町6-5　興善町イーストビル５階	電話095-822-5999
熊本県	【財団法人　消防試験研究センター　熊本県支部】 熊本市中央区九品寺1-11-4　熊本県教育会館４階	電話096-364-5005
大分県	【財団法人　消防試験研究センター　大分県支部】 大分市都町1-2-19　大分都町第一生命ビルディング５階	電話097-537-0427
宮崎県	【財団法人　消防試験研究センター　宮崎県支部】 宮崎市橘通東2-7-18　大淀開発ビル４階	電話0985-22-0239
鹿児島県	【財団法人　消防試験研究センター　鹿児島県支部】 鹿児島市鴨池新町6-6　鴨池南国ビル３階	電話099-213-4577
沖縄県	【財団法人　消防試験研究センター　沖縄県支部】 那覇市旭町116-37　自治会館６階	電話098-941-5201

試験時期・場所

試験は、センター支部単位で実施されるため日程は都道府県によって異なります。また、試験会場も願書提出先とは限りませんので、場合によっては事前の確認も必要です。

いずれの支部においても、3月上旬にならないと年間実施計画は決定しませんが、毎年大きく変動することはないので、昨年の実施日をたずねれば大まかな時期や場所は把握できるでしょう。

受験案内・受験願書等の入手先

受験案内・願書等は、各都道府県の消防試験研究センター支部および各消防署に(東京は常時、他の道府県は受験申し込みの時期が近づくと)置いてありますので、受験を希望する都道府県の各所に直接連絡して入手してください。

受験に必要な書類等

受験するには、以下の書類が必要です。

(1) 受験願書

(2) 写真　同一写真1枚

受験前6か月以内に撮影した正面の無帽(宗教上または医療上の理由がある場合を除く)、無背景、上三分身像の縦4.5cm、横3.5cmの大きさの枠なしのもので、顔のよくわかる写真。裏面には撮影年月日、氏名および年齢を記入して受験票に貼付してください。

(3) 郵便振替払込受付証明書

受験願書と一緒に配布されます。それを受験願書の所定欄に貼付します。

願書記入上の注意点

- 第4類以外の乙種危険物取扱者免状を持っている人は、試験科目の一部が免除されます。該当する人は受験願書の所定欄に記入してください。
- 3か月以内に他の都道府県で申請または受験した場合、受験願書の所定欄に必要事項を記入してください。

受験料

4,600円(手数料230円、税込み)

受験願書等の提出方法

各センター支部によって以下のいずれかの方法をとっています。

(1) 郵　送　　(2) 本人か代理の人が案内書で指定されている場所に提出

これも受験案内書での確認が必要です。また、インターネットから電子申請もできます(消防試験研究センターＨＰを参照)。

提出の際の注意点

他の類の乙種危険物取扱者免状を持っている人は、以下の手続きによって試験科目が一部免除されます。

(1)郵送の場合…その資格を証明する免状のコピーを願書の所定欄に貼付し送付。

(2)持参の場合…願書提出の際に免状を提示。(1)(2)とも試験日当日、免状を要持参。

試験について

1 試験方法・時間

マークシートを使う筆記試験のみです。五肢択一式(１つの問題に対して５つの選択肢があり、その中から正解を選ぶ方式)で行われます。試験時間は２時間(他の類の乙種危険物取扱者免状を持っている人は35分)です。

2 試験科目・問題出題数

試験科目は以下のとおりです。合計で35問出題されます。

試験科目	科目内容	問題数
危険物に関する法令	・消防法第三章危険物 ・危険物の規制に関する政令 ・危険物の規制に関する規則 ・危険物の規制に関する技術上の細目を定める告示	15
基礎的な物理学および基礎的な化学	・危険物の取扱作業に関する保安に必要な基礎的な物理学 ・危険物の取扱作業に関する保安に必要な基礎的な化学 ・燃焼および消火に関する基礎的な理論	10
危険物の性質ならびにその火災予防および消火の方法	・すべての類の危険物の性質に関する基礎的な概論 ・第４類の危険物に共通する特性 ・第４類の危険物に共通する火災予防および消火方法 ・第４類の危険物の品名ごとの一般性質 ・第４類の危険物の品名ごとの火災予防および消火方法	10

※他の類の乙種危険物取扱者免状を持っている人の受験科目は、「危険物の性質ならびにその火災予防および消火の方法」の10問のみとなっています。

試験当日の注意点

●試験当日は、写真を貼付した受験票、鉛筆(HBまたはB)、消しゴム、危険物取扱者免状(所有者のみ)を必ず用意してください。

合格の基準・発表

試験科目ごとにそれぞれ60%以上の正解で合格です。しかし、１科目でも60%未満の科目があれば不合格となります。

合格発表は都道府県により多少異なりますが、試験日の１か月後に行われることが多いようです。支部別に合格者の受験番号を公示するとともに、郵送でも通知されます。センターのホームページにも掲示されます。

免状（交付申請・交付）

合格者は、合格通知書を受領後、受験した道府県支部（東京都の場合は中央試験センター）に免状交付申請の手続きを行い（手数料が2,900円必要）、後日、免状交付が行われます。

免状交付申請時に手続きをすることにより、郵送による免状の受領（別途郵送取扱料が必要）もできます。

情報収集	・受験を希望する都道府県の消防研究センターを調べる。 ・試験の日程や願書の入手方法などの情報を収集する。

願書等書類の入手	・受験を希望する都道府県の各センターから入手する。 ※書類提出前に受験料を払込む。

書類の提出	・受験願書 ・写真１枚 ・郵便振替払込受付証明書

受　験	・３科目35問 ・試験時間は２時間

合　格

危険物に関する法令

Section 1

危険物の規制

〈出題例1〉

【問題】消防法別表における性質と品名の組み合わせとして、誤っているものはどれか。

	性質	品名
(1)	酸化性固体	過マンガン酸塩類
(2)	可燃性固体	赤リン
(3)	自然発火性物質および禁水性物質	アルキルアルミニウム
(4)	引火性液体	アルコール類
(5)	自己反応性物質	過酸化水素

▶解答は25ページ

(1) 消防法

1 消防法の基本精神

危険物取扱者が取り扱う危険物、さらには危険物取扱者の資格そのものも含め、これらは消防法に定められています。

消防法の目的については右に示すとおりですが、危険物取扱者をはじめ、危険物に関わるすべての者は、消防法が目的とすることを基本原則とし、常にこの精神を忘れてはなりません。

それは、これから危険物取扱者免状を取得しようとする皆さんが勉強していく上でも、また免状を取得した後、実際に危険物の取扱作業に従事していく上でも、消防法が目的とする"防災"の理念、その基本精神を振り返ることが、何よりも大切だからです。

> 消防法
>
> 第1章　総則
>
> （目的）
>
> 第1条　この法律は、火災を予防し、警戒しおよび鎮圧し、国民の生命、身体および財産を火災から保護するとともに、火災または地震等の災害による被害を軽減するほか、災害等による傷病者の搬送を適切に行い、もって安寧秩序を保持し、社会公共の福祉の増進に資することを目的とする。

2 危険物の定義

では、具体的に「危険物」というものがどのように位置付けられているのか見ていきましょう。消防法の上で、危険物は次のように定義されています。

『危険物とは、別表第１の品名欄に掲げる物品で、同表に定める区分に応じ同表の性質欄に掲げる性状を有するものをいう』(第２条〈用語の定義〉第７項)

危険物とは何か？――それはつまり消防法の「別表第１に示されている物品」ということです。

消防法という法律は、第１章(総則)から第９章(罰則)まで全９章＋附則からなっています。別表第１とは、これら各条文の中で規定される具体的な条件を表にまとめ、条文の最後に付したものです。

次の20～21ページに、その別表第１および備考の全文を示してあるので参照してください。

CAUTION

- 第１類と第２類は固体の物質のみ、第４類と第６類は液体の物質のみが品名に掲げられている。
- 第３類、第５類は「～物質」となっているが、これは固体の物質、液体の物質の両方が品名に掲げられているということ。

(2) 別表第１に示す危険物

1 類とその性質

消防法(以下、法と略す)の別表第１において、規制対象となる危険物はその性質に応じて次のように第１類から第６類まで６種類に区分されています。

これら６つの類別に、それぞれの性質に該当する具体的な品名が、品名欄に掲げられています(20ページ参照)。消防法上の危険物に該当する物品は品名欄に掲げられているものになります。

第１類から第６類までの性質名はすべて覚えておくこと。

●消防法　別表第１

類　別	性　質	品　名
第１類	酸化性固体 ※備考①参照	①塩素酸塩類　②過塩素酸塩類 ③無機過酸化物　④亜塩素酸塩類 ⑤臭素酸塩類　⑥硝酸塩類 ⑦よう素酸塩類　⑧過マンガン酸塩類 ⑨重クロム酸塩類 ⑩その他のもので政令で定めるもの ⑪前各号に掲げるもののいずれかを含有するもの
第２類	可燃性固体 ※備考②参照	①硫化リン　②赤リン ③硫黄　④鉄粉 ⑤金属粉　⑥マグネシウム ⑦その他のもので政令で定めるもの（未制定） ⑧前各号に掲げるもののいずれかを含有するもの ⑨引火性固体
第３類	自然発火性物質 および禁水性物質 ※備考⑧参照	①カリウム　②ナトリウム ③アルキルアルミニウム　④アルキルリチウム ⑤黄リン ⑥アルカリ金属（カリウムおよびナトリウムを除く）およびアルカリ土類金属 ⑦有機金属化合物（アルキルアルミニウムおよびアルキルリチウムを除く） ⑧金属の水素化物　⑨金属のリン化物 ⑩カルシウムまたはアルミニウムの炭化物 ⑪その他のもので政令で定めるもの（塩素化けい素化合物） ⑫前各号に掲げるもののいずれかを含有するもの
第４類	引火性液体 ※備考⑩参照	①特殊引火物　②第１石油類 ③アルコール類　④第２石油類 ⑤第３石油類　⑥第４石油類 ⑦動植物油類
第５類	自己反応性物質 ※備考⑱参照	①有機過酸化物　②硝酸エステル類 ③ニトロ化合物　④ニトロソ化合物 ⑤アゾ化合物　⑥ジアゾ化合物 ⑦ヒドラジンの誘導体　⑧ヒドロキシルアミン ⑨ヒドロキシルアミン塩類 ⑩その他のもので政令で定めるもの（略） ⑪前各号に掲げるもののいずれかを含有するもの
第６類	酸化性液体 ※備考⑳参照	①過塩素酸　②過酸化水素 ③硝酸 ④その他のもので政令で定めるもの（ハロゲン間化合物） ⑤前各号に掲げるもののいずれかを含有するもの

備　考（色文字は第４類の性状）

①酸化性固体とは、固体[液体(１気圧において、温度20℃で液状であるものまたは温度20℃を超え40℃以下の間において液状になるものをいう。以下同じ)または気体(１気圧において、温度20℃で気体状であるものをいう)以外のものをいう。以下同じ]であって、酸化力の潜在的な危険性を判断するための政令で定める試験において政令で定める性状を示すものまたは衝撃に対する敏感性を判断するための政令で定める試験において政令で定める性状を示すものであることをいう。

②可燃性固体とは、固体であって、火炎による着火の危険性を判断するための政令で定める試験において政令で定める性状を示すものまたは引火の危険性を判断するための政令で定める試験において引火性を示すものであることをいう。

③鉄粉とは、鉄の粉をいい、粒度等を勘案して総務省令で定めるものを除く。

④硫化リン、赤リン、硫黄および鉄粉は、備考第２号に規定する性状を示すものとみなす。

⑤金属粉とは、アルカリ金属、アルカリ土類金属、鉄およびマグネシウム以外の金属の粉をいい、粒度等を勘案して総務省令で定めるものを除く。

⑥マグネシウムおよび第２類の項第８号の物品のうちマグネシウムを含有するものにあっては、形状等を勘案して総務省令で定めるものを除く。

⑦引火性固体とは、固形アルコールその他１気圧において引火点が40℃未満のものをいう。

⑧自然発火性物質および禁水性物質とは、固体または液体であって、空気中での発火の危険性を判断するための政令で定める試験において政令で定める性状を示すものまたは水と接触して発火し、もしくは可燃性ガスを発生する危険性を判断するための政令で定める試験において政令で定める性状を示すものであることをいう。

⑨カリウム、ナトリウム、アルキルアルミニウム、アルキルリチウムおよび黄リンは、前号に規定する性状を示すものとみなす。

⑩引火性液体とは、液体(第３石油類、第４石油類および動植物油類にあっては、１気圧において、温度20℃で液状であるものに限る)であって、引火の危険性を判断するための政令で定める試験において引火性を示すものであることをいう。

⑪特殊引火物とは、ジエチルエーテル、二硫化炭素その他１気圧において、発火点100℃以下のものまたは引火点が零下20℃以下で沸点が40℃以下のものをいう。

⑫第１石油類とはアセトン、ガソリンその他１気圧において引火点が21℃未満のものをいう。

⑬アルコール類とは、１分子を構成する炭素の原子の数が１個から３個までの飽和一価アルコール(変性アルコールを含む)をいい、組成等を勘案して総務省令で定めるものを除く。

⑭第２石油類とは、灯油、軽油その他１気圧において引火点が21℃以上70℃未満のものをいい、塗料類その他の物品であって、組成等を勘案して総務省令で定めるものを除く。

⑮第３石油類とは、重油、クレオソート油その他１気圧において引火点が70℃以上200℃未満のものをいい、塗料類その他の物品であって、組成を勘案して総務省令で定めるものを除く。

⑯第４石油類とは、ギヤー油、シリンダー油その他１気圧において引火点が200℃以上250℃未満のものをいい、塗料類その他の物品であって、組成を勘案して総務省令で定めるものを除く。

⑰動植物油類とは、動物の脂肉等または植物の種子もしくは果肉から抽出したものであって、１気圧において引火点が250℃未満のものをいい、総務省令で定めるところにより貯蔵保管されているものを除く。

⑱自己反応性物質とは、固体または液体であって、爆発の危険性を判断するための政令で定める試験において政令で定める性状を示すものまたは加熱分解の激しさを判断するための政令で定める試験において政令で定める性状を示すものであることをいう。

⑲第５類の項第11号の物品にあっては、有機過酸化物を含有するもののうち不活性の固体を含有するもので、総務省令で定めるものを除く。

⑳酸化性液体とは、液体であって、酸化力の潜在的な危険性を判断するための政令で定める試験において政令で定める性状を示すものであることをいう。

㉑この表の性質欄に掲げる性状の２以上を有する物品の属する品名は、総務省令で定める。

2 危険物の判定

法別表第１の品名欄に掲げられているものが危険物に該当すると前述しました。しかし、場合によっては、これだけでは危険物と断定できないケースがでてきます。

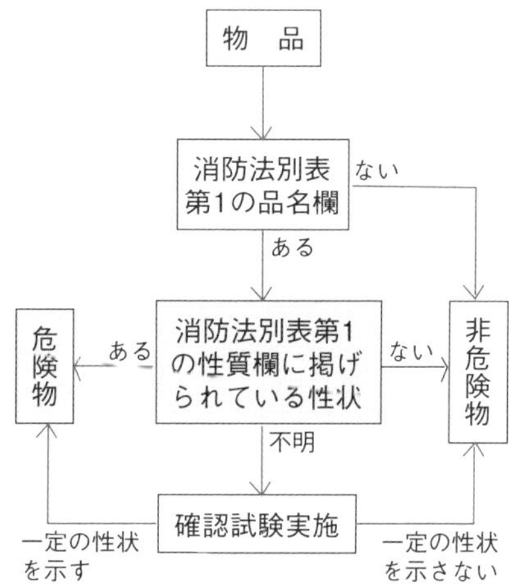

●危険物判定までの流れ

危険物の定義は…

①別表第１の品名欄に掲げる物品

②別表第１の性質欄に掲げる性状を有するもの

とされています。つまり①と②の両方の条件を満たして、はじめて危険物と判定されるのです。

通常は、品名欄に該当する物品であれば同時にその性質欄に示す性状を有しているものです。なぜなら、一定の性状をもとに「酸化性固体」、「引火性液体」などの性質が設定され、それぞれに該当する物品が品名欄に掲げられているからです。

しかし、たとえば何か新しい物品が開発されたときなど、品名は従来のものでも組成などの違いにより所定の性状を示さない可能性があります。その場合、明らかに所定の性状を有していないことが判れば、その段階で危険物の規制の範囲からは外されることになるのです。

3 性状確認の試験

ある物品が品名欄に掲げる物品に該当しても、性質欄に掲げる性状を有しているのかどうか明らかでない場合には、これを確認するための試験が実施されます。性状確認の試験の方法や判定の基準は政令に細かく規定されています。

たとえば、第４類危険物の場合は、「引火性液体」という性質に応じ、引火の危険性を判断するために引火点の測定試験が行われます。この結果、引火点が測定されれば、第４類の危険物に該当すると判定されるのです。

(3) 指定数量

1 危険物の指定数量とは

危険物を無許可・無資格で取り扱うことは処罰の対象となります。とはいえ、どんなに少量の危険物でも消防法の規制が適用されるかといえば、そうではありません。

そこで消防法では、危険物を一定量以上貯蔵したり取り扱ったりする場合には、所定の施設において、所定の基準にしたがって行うように規定しています。この基準となる数量を「**指定数量**」といいます。

指定数量は、それぞれの危険物の有する危険性の度合いに応じて政令の中で規定されており、危険性の高いものほど少なく、危険性が低くなるにつれ多く設定されています。

下に第４類危険物の指定数量を示しましたが、引火の危険性が最も高い特殊引火物が最も少なく、徐々に数量が多くなっています。また同じ石油類でも、非水溶性液体が水溶性液体より少なくなっています。

●第４類危険物の指定数量　政令別表第３より抜粋

第４類	特殊引火物		50L
	第１石油類	非水溶性液体	200L
		水溶性液体	400L
	アルコール類		400L
	第２石油類	非水溶性液体	1,000L
		水溶性液体	2,000L
	第３石油類	非水溶性液体	2,000L
		水溶性液体	4,000L
	第４石油類		6,000L
	動植物油類		10,000L

⚠CAUTION

●指定数量は基準単位

指定数量とは、消防法で危険物を規制する上での最低の基準単位である。「指定数量を超えてはならない」という意味ではなく、逆に指定数量以上となった場合にはじめて規制の対象となる。（危険物の運搬については例外―詳しくは後述102ページ）

重要なのは、貯蔵したり、取り扱ったりする危険物の量が、指定数量をどれだけオーバーしているのかの度合い（倍数）で、これが大きければ危険物施設の規模も大きくなり、それだけ規制が厳しくなる。

MEMO

●第４類以外の指定数量

▶赤リン，硫黄…100kg
▶鉄粉…500kg
▶黄リン…20kg

第４類以外の危険物の単位は「kg」だ。

2 指定数量の倍数計算

危険物を貯蔵したり、取り扱ったりする上で、「指定数量」という量の基準が大切になるわけですが、製造所や貯蔵所、取扱所(これらをまとめて製造所等と呼びます)の規模が大きくなれば、当然そこで貯蔵したり取り扱ったりする危険物の数量は、指定数量を大きく上回ることになります。

たとえばガソリンは、第4類危険物の中の第1石油類の非水溶性液体ですから、指定数量は200Lです。仮にガソリン400Lを貯蔵する貯蔵所があるとすると、この貯蔵所では指定数量のちょうど2倍のガソリンを貯蔵していることになります。このときの「指定数量をどれだけ上回っているか(あるいは下回っているか)」を示す数字を、「**指定数量の倍数**」といいます。

指定数量の倍数とは…

ある危険物の貯蔵または取扱量÷その危険物の指定数量 ⇨ $\dfrac{\text{貯蔵または取扱量}}{\text{指定数量}}$

品名の異なる複数の危険物を同一の製造所等で貯蔵したり、取り扱ったりしている場合は、それぞれの指定数量の倍数の合計が、その製造所等で貯蔵し、取り扱う倍数となります。

- 同一の場所で危険物A、B、Cを貯蔵している場合

$$\frac{\text{Aの貯蔵量}}{\text{Aの指定数量}}+\frac{\text{Bの貯蔵量}}{\text{Bの指定数量}}+\frac{\text{Cの貯蔵量}}{\text{Cの指定数量}}=\text{指定数量の倍数}$$

- たとえば、1つのガソリンスタンド(給油取扱所)で、
  ガソリン2,000L、軽油1,500L、灯油800Lを取り扱っている場合

$$\frac{2{,}000\text{L}}{200\text{L}}+\frac{1{,}500\text{L}}{1{,}000\text{L}}+\frac{800\text{L}}{1{,}000\text{L}}=10+1.5+0.8=12.3\text{(指定数量の倍数)}$$

3 指定数量の倍数による規制

消防活動のために確保する保有空地の幅、定期点検の実施義務、予防規程の策定義務などのさまざまな規制は、指定数量の倍数がいくつであるかを基準に定められています。

●第４類危険物を取り扱う製造所等の例

指定数量の倍数	適用されるおもな規制
10倍未満の製造所	①近隣住宅などからの保安距離を確保する。 ②保有空地は10倍以下まで3m以上に。 ③危険物保安監督者を選任する。
10倍以上の製造所	①＋③のほかに ④保有空地は5m以上に。 ⑤避雷針などの避雷設備を設ける。 ⑥定期点検を実施する。 ⑦予防規程を定め、市町村長等の認可を得る。
100倍以上の製造所	①＋③＋④＋⑤＋⑥＋⑦のほかに ⑧危険物施設保安員を選任する。
3,000倍以上の製造所	①＋③＋④＋⑤＋⑥＋⑦＋⑧のほかに ⑨危険物保安統括管理者を選任する。 ⑩自衛消防組織を編成し、設置する。

⚠CAUTION

●火災時の災害規模

製造所等で貯蔵し、取り扱う危険物の数量が多いということは、万が一火災が発生した場合に災害規模も大きくなるということ。そのため、指定数量の何十倍、何百倍もの危険物を取り扱う施設は、さまざまな面で人的、設備的な規制が加えられ、防災対策となっているのである。

これだけは覚えておこう

- [ ] 1．**危険物とは**……法別表の品名欄に掲げる物品で、性質欄に掲げる性質を有するもの。
  - 第１類（酸化性固体）
  - 第２類（可燃性固体）
  - 第３類（自然発火性物質および禁水性物質）
  - 第４類（引火性液体）
  - 第５類（自己反応性物質）
  - 第６類（酸化性液体）
- [ ] 2．**指定数量**……危険性の高い物品ほど少なく、低いほど多く設定。
- [ ] 3．**指定数量の倍数**……$\frac{\text{貯蔵・取扱量}}{\text{指定数量}}$＝倍数

〈出題例１〉の解答　(5)　▶自己反応性物質（第５類）に該当する品名は、硝酸エステル類、ニトロ化合物など。過酸化水素は、酸化性液体（第６類）に該当する。20ページ参照。

Section 2

危険物に関わる法令体系

〈出題例2〉

【問題】危険物の規制において、次のうち誤っているものはどれか。

(1) 危険物施設は、製造所、貯蔵所、取扱所の3つに区分されている。
(2) 製造所等を設置しようとする者は、市町村長等の許可を受けなければならない。
(3) 指定数量以上の危険物を許可または承認を受けずに貯蔵すると、市町村長等からその危険物の除去を命じられることがある。
(4) 指定数量未満の危険物の場合は、市町村条例により規制を受ける。
(5) 航空機、船舶、鉄道または軌道による危険物の貯蔵および取り扱いの場合も、消防法令の適用を受ける。

▶解答は27ページ

(1) 危険物規制の概要

消防法令における危険物の規制は、大きく分けて次の3つからなっています。

① 指定数量以上の危険物の貯蔵または取り扱い…消防法令で規制
② 指定数量未満の危険物の貯蔵または取り扱い…市町村の火災予防条例で規制
③ 危険物の運搬…消防法令で規制(指定数量以上・未満を問わず)

●危険物規制の概要

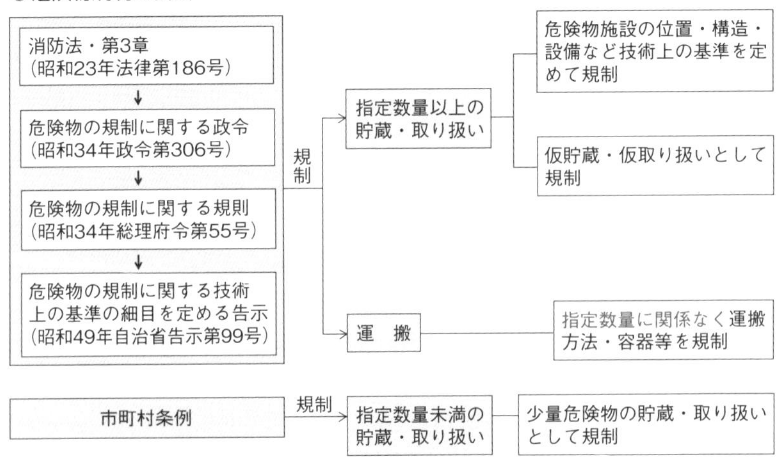

(2) 貯蔵・取り扱いの原則

1 危険物施設以外での貯蔵・取り扱いの禁止

指定数量以上の危険物は、貯蔵所以外の場所で貯蔵したり、製造所等以外の場所で取り扱ったりすることが原則として禁止されています。

補足 **危険物の貯蔵**は、あくまでも貯蔵所でしか行えない。製造所や取扱所に危険物が保管されていたとしても、これは貯蔵目的ではないので「貯蔵」とはいえず、「取り扱い」として位置付けられている。
①貯蔵所では……貯蔵と取り扱いができる。
②製造所・取扱所では……取り扱いができる。

★例外……指定数量以上の危険物を**10日以内**の期間に限って仮貯蔵・仮取り扱いすることができます。この場合、**消防長または消防署長の承認**を受けることが条件となります。

2 許可制度

危険物施設を造る場合、自由に設計、設置できるわけではありません。製造所等を設置しようとする者は、その位置、構造、設備を法令に定める技術上の基準に適合させ、さらに**市町村長等の許可**を受けなければならないと定められています。

⚠CAUTION

●適用除外
航空機、船舶、鉄道または軌道による危険物の貯蔵・取り扱い・運搬については、消防法は適用されません。それぞれ航空法、船舶安全法、鉄道営業法、軌道法など別の法律により安全の確保が図られているため。

●航空機、船舶などへの給油は消防法の規制範囲
消防法の適用除外とされているのは、航空機、船舶、鉄道等の内部における貯蔵・取り扱い・運搬についてであり、航空機、船舶等へ燃料を給油する場合は、消防法の規制を受けるので注意すること。

これだけは覚えておこう

□ 1. **指定数量以上の危険物の貯蔵・取り扱い**
(数量の多少に拘わらず)危険物の運搬
(上記2つ)――消防法令で規制
指定数量未満の危険物の貯蔵・取り扱い――市町村条例で規制

□ 2. **製造所等の設置**……政令で定める技術上の基準に適合させ、許可を得る。

〈出題例2〉の解答 (5) ▶航空機や船舶による危険物の貯蔵・取り扱い・運搬は消防法の適用除外である。

Section 3

製造所等の区分

〈出題例3〉

【問題】貯蔵所に関する次の記述のうち、誤っているものはどれか。

(1) 屋内貯蔵所……屋内において危険物を貯蔵し、または取り扱う貯蔵所。

(2) 屋外貯蔵所……屋外において、第4類危険物の特殊引火物または第1石油類を貯蔵し、または取り扱う貯蔵所。

(3) 簡易タンク貯蔵所……簡易タンクにおいて危険物を貯蔵し、または取り扱う貯蔵所。

(4) 地下タンク貯蔵所……地盤面下に埋没されているタンクにおいて危険物を貯蔵し、または取り扱う貯蔵所。

(5) 移動タンク貯蔵所……車両に固定されたタンクによって危険物を貯蔵し、または取り扱う貯蔵所。

▶解答は33ページ

(1) 危険物施設

指定数量以上の危険物を貯蔵したり、取り扱ったりする施設は、大きく「製造所」、「貯蔵所」、「取扱所」の3つに区分されます。「製造所等」という表現がでてきたときは、この3つの施設の総称です。

製造所等は、さらに形態や設置場所によって12の施設に分類されています。

(2) 製造所

製造所とは、危険物を製造する目的で指定数量以上の危険物を取り扱う施設をいい、建築物その他の工作物、空地および付属設備が含まれます。

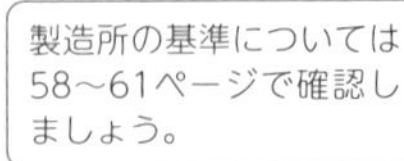

●製造所

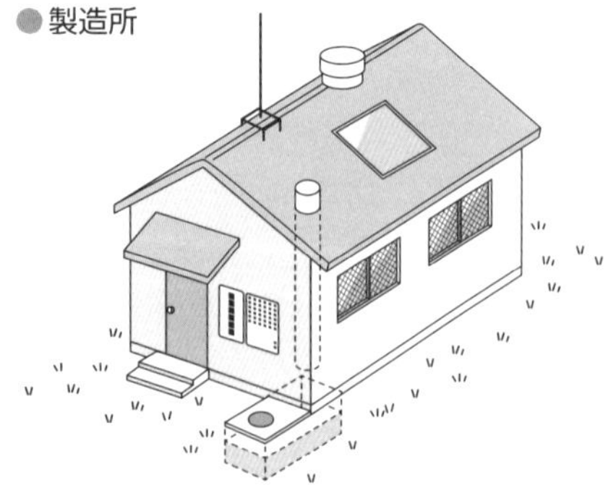

(3) 貯蔵所

貯蔵所とは、危険物を貯蔵する目的で、指定数量以上の危険物を貯蔵したり、取り扱ったりする施設をいい、建築物その他の工作物、空地および付属施設が含まれます。

1 屋内貯蔵所

屋内の場所において危険物を貯蔵し、または取り扱う貯蔵所です。原則として、危険物は定められた容器に収納して貯蔵倉庫(危険物を貯蔵する建物)内に貯蔵します。

●屋内貯蔵所

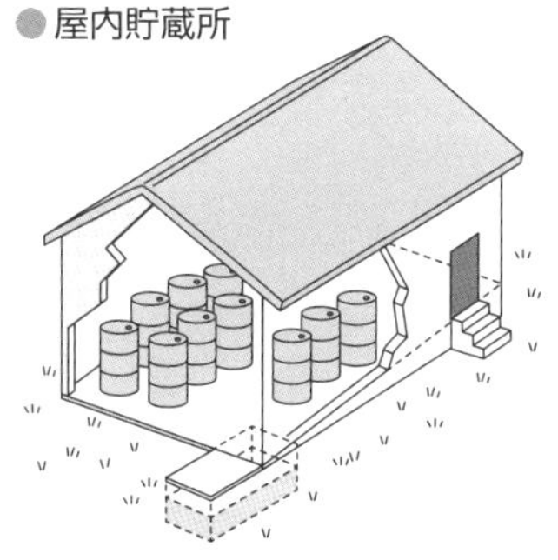

2 屋外貯蔵所

屋外の場所において危険物を貯蔵し、または取り扱う貯蔵所です。貯蔵できる危険物は、以下のとおり第2類、第4類の中のそれぞれの一部に限定されています。

① 硫黄(第2類)
② 硫黄のみを含有するもの(第2類)
③ 引火点0℃以上の引火性固体(第2類)
④ 引火点0℃以上の第1石油類(第4類)
⑤ アルコール類(第4類)
⑥ 第2石油類(第4類)
⑦ 第3石油類(第4類)
⑧ 第4石油類(第4類)
⑨ 動植物油類(第4類)

●屋外貯蔵所

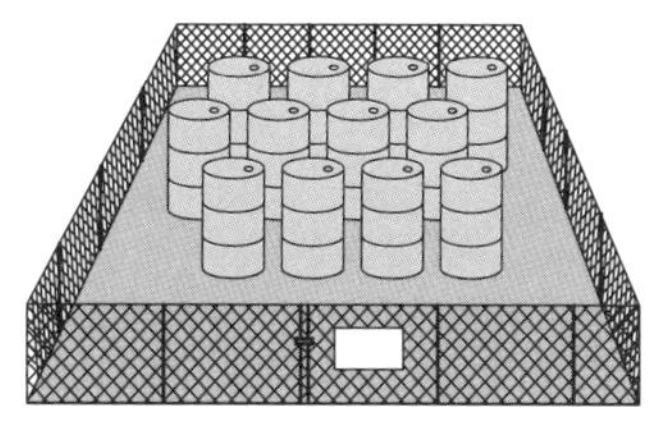

⚠CAUTION

●屋内貯蔵所の貯蔵倉庫の基本3形態

①平屋建ての独立専用建築物
a　軒高6m未満
b　軒高6m以上20m未満
→aはすべての危険物を、bは第2類と第4類の危険物を貯蔵できる。ともに数量制限なし。

②平屋建て以外の独立専用建築物
→引火性固体を除く第2類、引火点70℃以上の第4類の危険物のみ貯蔵できる。数量制限なし。

③他の用途に使用される部分を有する建築物
→すべての危険物を指定数量の20倍以下に限り貯蔵できる。

3 屋内タンク貯蔵所

屋内にあるタンクにおいて危険物を貯蔵し、または取り扱う貯蔵所です。

●屋内タンク貯蔵所

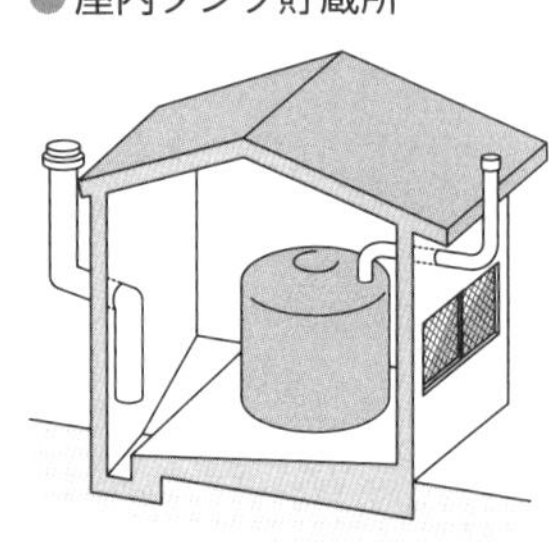

一般的な形態として、タンク専用室と呼ばれるタンクおよびこれに連なる配管、付属設備だけが設けられた室内に、貯蔵タンクが設置されています。このタンク専用室は平屋建ての建築物内に設けるのが原則です。

屋内タンク貯蔵所のタンクには、以下のような容量の制限があります。

① 原則として、指定数量の40倍以下

② 第４類危険物(第４石油類・動植物油類を除く)は、最大20,000L以下

なお、同一のタンク専用室内に２つ以上の屋内貯蔵タンクを設ける場合については、その合計容量が最大容量となります。

4 屋外タンク貯蔵所

屋外にあるタンクにおいて危険物を貯蔵し、または取り扱う貯蔵所です。液体の危険物を大量に貯蔵する施設で、一般的な形態として堅固な基礎および地盤面上に鋼製の円筒形や角形の貯蔵タンクが設置されています。

●屋外タンク貯蔵所

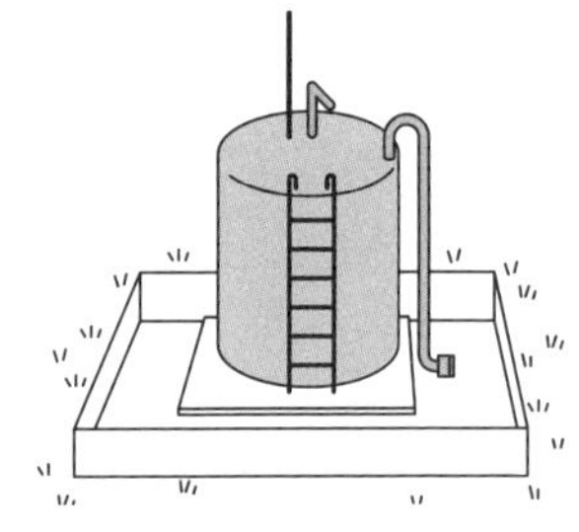

他の施設に比べて危険物の貯蔵量が多いため、万一火災が発生した場合の災害規模は甚大です。ですから、貯蔵する危険物の容量に応じた細かい技術基準が規定されています。

5 簡易タンク貯蔵所

簡易タンクにおいて危険物を貯蔵し、または取り扱う貯蔵所です。簡易タンク貯蔵所のタンクは、屋外に設置するのが原則ですが、一定の基準に適合する構造の専用室内であれば設置することができます。

●簡易タンク貯蔵所

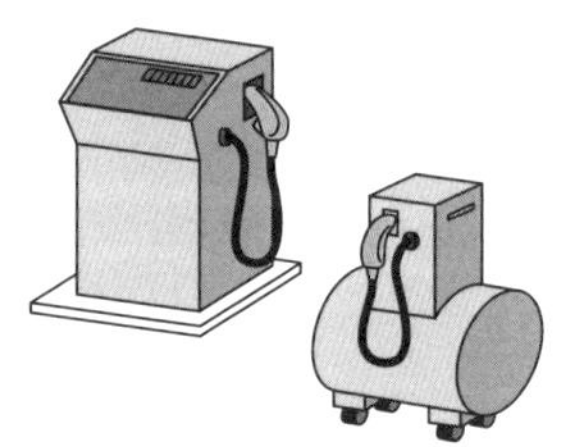

１つの簡易タンク貯蔵所に設置できる簡易貯蔵タンクの数は**３基以内**で、なおかつ同一品質の危険物のタンクを**２基以上**設置することはできません。

6 地下タンク貯蔵所

地盤面下に埋設されているタンクにおいて危険物を貯蔵し、または取り扱う貯蔵所です。

●地下タンク貯蔵所

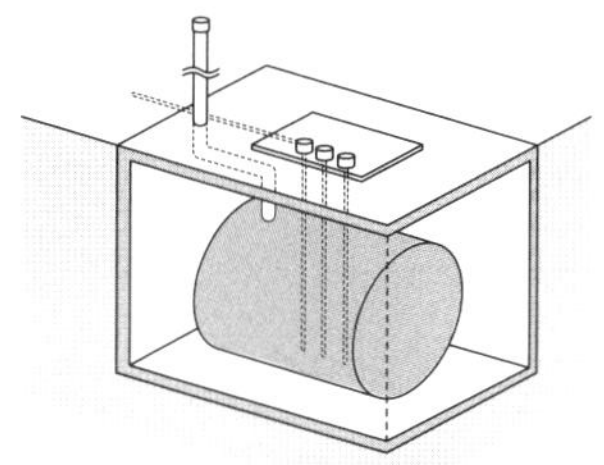

埋設方法には、次の３つがあります。

① 直接、地盤面下に埋設する方法

② コンクリートで被覆して地盤面下に埋設する方法

③ 地盤面下に設けられたタンク室に設置する方法

7 移動タンク貯蔵所

車両に固定されたタンクにおいて危険物を貯蔵し、または取り扱う貯蔵所をいいます。いわゆるタンクローリーのことです。

●移動タンク貯蔵所

移動タンク貯蔵所のタンクは、容量30,000L以下という制限があります。内部は4,000Lごとに区切られ、それぞれ独立したマンホールが設けられています。

補足 移動タンク貯蔵所による危険物の移動は「移送」と呼ばれ、危険物の「運搬」とは根本的に異なるので注意すること。また、移動タンク貯蔵所によって危険物を移送する場合は、危険物取扱者がその免状を携帯して乗車しなければならない(運転者は別人でもよい)。

MEMO

●移動タンク貯蔵所のいろいろ

タンクローリーに代表される単一車形式のものの他、被牽引車形式のものがあり、それぞれに積載式(タンクコンテナを積載する)のものと、積載式以外のものがある。

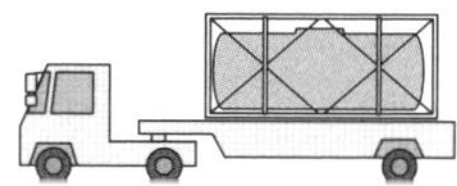

被牽引車形式で積載式の移動タンク貯蔵所の例

(4) 取扱所

取扱所とは、危険物を製造する以外の目的で、指定数量以上の危険物を取り扱う施設をいい、建築物その他の工作物、空地および付属設備が含まれます。

1 給油取扱所

固定した給油設備によって、自動車等の燃料タンクに直接給油するために危険物を取り扱う取扱所をいいます。給油取扱所には、灯油を容器に詰め替えたり、車両に固定されたタンク(容量が4,000L以下のもの)に注入するために、固定した注油設備によって危険物を取り扱う取扱所を含みます。

一般的な給油取扱所には、屋外給油取扱所と屋内給油取扱所があり、構造や設備の基準がそれぞれに規定されています。

また特殊な例として、航空機給油取扱所、船舶給油取扱所の他、鉄道給油取扱所、天然ガス充填設備設置給油取扱所、自家用給油取扱所等があり、それぞれの特殊性に応じ特例基準が適用されています。

●屋外給油取扱所

●屋内給油取扱所

2 第一種販売取扱所

店舗において、容器入りのままで販売するために危険物を取り扱う取扱所で、**指定数量の倍数が15以下**の危険物を取り扱うものをいいます。

●販売取扱所

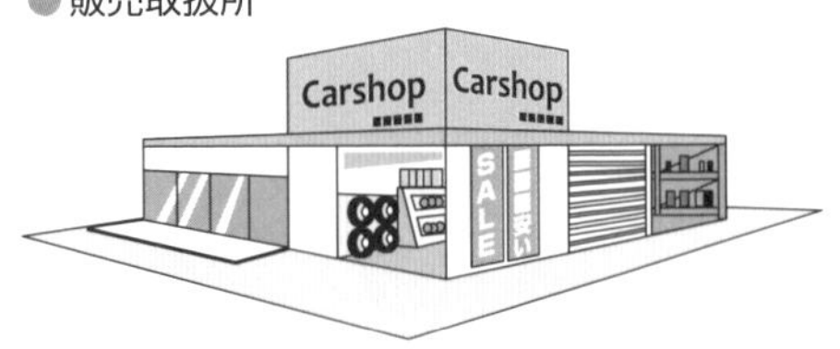

3 第二種販売取扱所

同じく販売取扱所で、指定数量の倍数が**15を超え40以下**の危険物を取り扱うものをいいます。指定数量の倍数が大きいだけに、第一種販売取扱所より、施設の構造に関する基準が厳しくなっています。

4 移送取扱所

配管およびポンプ、ならびにこれらに付属する設備によって、危険物の移送の取り扱いをする取扱所です。

●移送取扱所

5 一般取扱所

給油取扱所、販売取扱所(第一種、第二種)、移送取扱所以外の取扱所をいいます。危険物に該当しない物質の製造を目的として危険物を取り扱う施設がこれに含まれるほか、塗装、吹付、印刷、焼入れなどの作業を行うために危険物を取り扱う、多種多様な設備が該当します。

MEMO

●移送取扱所の基準

移送取扱所の位置、構造、設備の技術上の基準は、石油パイプライン事業法の基準に準じて定められている。

これだけは覚えておこう

危険物施設

製造所(1施設)		危険物の合成、分解、混合等を行う製造工場
貯蔵所(7施設)	屋内貯蔵所	屋内で危険物を貯蔵、取り扱う危険物施設
	屋外貯蔵所	屋外の場所において特定の危険物のみ貯蔵、取り扱う危険物施設
	屋内タンク貯蔵所	屋内に設置したタンクにおいて危険物を貯蔵、取り扱う危険物施設
	屋外タンク貯蔵所	屋外の地上タンクにおいて危険物を貯蔵、取り扱う危険物施設
	簡易タンク貯蔵所	簡易タンクにおいて危険物を貯蔵、取り扱う危険物施設
	地下タンク貯蔵所	地下に埋没したタンクにおいて危険物を貯蔵、取り扱う危険物施設
	移動タンク貯蔵所	車両に固定されたタンクにおいて危険物を貯蔵、取り扱う危険物施設
取扱所(4施設)	給油取扱所	固定給油設備で自動車等の燃料タンクに直接給油するため危険物を扱う施設(ガソリンスタンド)
	販売(第一種・第二種)取扱所	店舗において容器入りのままで危険物を販売するため危険物を取り扱う施設(塗料店等)
	移送取扱所	配管・ポンプ等の設備で危険物を移送するための施設
	一般取扱所	給油取扱所、販売取扱所、移送取扱所以外で危険物を取り扱う施設(ローリー積載場、ボイラー施設等)

〈出題例3〉の解答 (2) ▶屋外貯蔵所は、貯蔵・取り扱いのできる危険物が以下のとおり規定されている。

・第2類危険物…①硫黄等, ②引火性固体(引火点0℃以上のもの) ・第4類危険物…③第1石油類(引火点0℃以上のもの), ④アルコール類, ⑤第2石油類, ⑥第3石油類, ⑦第4石油類, ⑧動植物油類

Section 4

製造所等の設置・変更許可申請等

〈 出題例４ 〉

【問題】製造所等の設置から使用開始までの手続きとして、誤っているものはどれか。

(1) 製造所を設置する場合は、許可を受けなければならない。

(2) 第４類危険物の屋内貯蔵所を設置する場合は、完成検査前検査を受けなければならない。

(3) 第４類危険物の屋内タンク貯蔵所を設置する場合は、完成検査前検査を受けなければならない。

(4) 給油取扱所を設置した場合は、完成検査を受けなければならない。

(5) 移動タンク貯蔵所の変更工事の場合は、完成検査を受ける前の仮使用承認申請はできない。

▶解答は37ページ

(1) 設置および変更の許可申請

製造所等を新たに設置しようとする者、また、すでに使用している製造所等の位置、構造、設備を変更しようとする者は、その区域を管轄する市町村長、都道府県知事または総務大臣(これらを総称して「市町村長等」という)に対して、設置(または変更)の許可を申請し、許可を受けなければなりません。

●製造所等の設置場所により決まる設置の許可権者

製造所等	設置(または変更)しようとする場所	許可権者
移送取扱所以外	消防本部および消防署を置く市町村の区域	その市町村長
	消防本部および消防署を置かない市町村の区域	その区域を管轄する都道府県知事
移送取扱所	消防本部および消防署を置く1つの市町村の区域	その市町村長
	消防本部および消防署を置かない市町村の区域、または2つ以上の市町村の区域にまたがっている場合	その区域を管轄する都道府県知事
	2つ以上の都道府県の区域にまたがっている場合	総務大臣

設置(または変更)許可の申請から、施設を使用開始するまでの手続きは、次のような流れになっています。

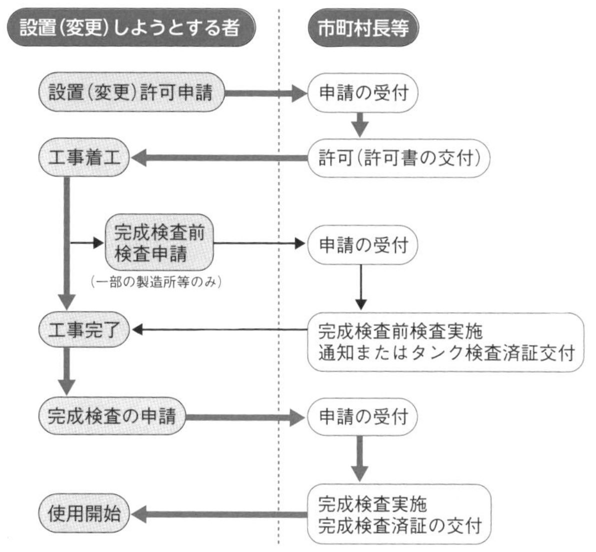

⚠CAUTION

●**許可を与える義務**

製造所等の設置・変更の申請を受け付けた市町村長等は、次の２つの条件を満たす場合、許可を与えなければならない。

①その製造所等の位置、構造、設備が政令で定める技術上の基準に適合している。

②その製造所等において行う危険物の貯蔵・取り扱いが、公共の安全の維持、災害の発生防止に支障をきたすおそれがない。

(2) 完成検査

1 完成検査の申請

設置・変更の許可を受けた者は、工事が完了した時点で市町村長等に完成検査の申請をしなければなりません。

完成検査とは、設置・変更の許可を申請したときの、その申請どおりに工事が行われたかどうかを確認する検査であり、市町村長等の命令を受けて行政府が現場に立ち入り、実施します。

2 完成検査済証の交付

完成検査により、設置・変更が完了した製造所等が政令で定める技術上の基準に適合していると認められれば、「完成検査済証」が交付されます。これでようやく、施設を使用開始できるのです。

●完成検査済証

完　成　検　査　済　証

製造所等の別		貯蔵所又は取扱所の区分	
設置者	住所		
	氏名		
設置場所			
設置又は変更の許可年月日及び番号	年　月　日　第　号		
備考			

設置又は変更の完成検査番号　第　号

年　月　日

市町村長等　印

(3) 変更工事に伴う仮使用

1 施設の仮使用

既存の製造所等について、その一部を変更する場合、変更の許可を受けて着工すれば、工事完了後に完成検査を受けて検査済証を交付されるまで、施設全体が使用できなくなるのが原則です。

しかし、例外的に変更工事にかからない部分については使用できるように認めるのが「仮使用」の制度です。

2 仮使用の承認申請

変更の許可を受けた者は、市町村長等に対し、変更の工事にかかわる部分以外の全部または部分を使用できるよう申請し、承認を受ければ、完成検査を受ける前でも仮に使用することができます。

(4) 完成検査前検査

1 液体危険物タンクが対象

完成検査前検査は、液体の危険物を貯蔵し、取り扱うタンクを設置（または変更）する製造所等を対象に実施されるもので、施設全体の完成検査を受ける前に受けなければなりません。検査を行うのは同じく市町村長等です。

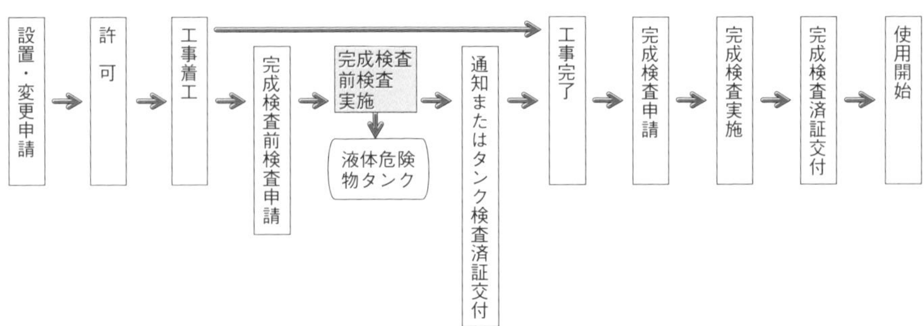

2 検査事項

完成検査前検査には、次の３種類があります。

① 水張検査または水圧検査

② 基礎・地盤検査

③ 溶接部検査

このうち、①はタンク本体の変形・液漏れの有無について調べるものであり、原則として完成検査前検査の対象となるすべての液体危険物タンクについて実施されます（一部除外）。②と③は、容量1,000kL以上の屋外貯蔵タンクに限って実施されます。

3 検査結果の通知

完成検査前検査の結果、技術上の基準に適合すると認められた場合は、**市町村長等より通知またはタンク検査済証の交付**（水張・水圧検査に対して）があります。

MEMO

●水張検査と水圧検査

水張検査→圧力タンク以外のタンクが対象

水圧検査→圧力タンクが対象

これだけは覚えておこう

- □ 1．**設置・変更の許可申請**……工事着工前に、市町村長等に対して行う。申請先の市町村長等の別は、設置場所の区域に消防本部・消防署が置かれているかいないかで変わる。
- □ 2．**許可申請から施設使用開始までの流れ**
  ①許可申請→②許可→③着工→④完成検査前検査申請→⑤完成検査前検査実施→⑥通知・タンク検査済証交付→⑦工事完了→⑧完成検査申請→⑨完成検査実施→⑩完成検査済証交付→⑪使用開始
  ※④～⑥は液体危険物タンクを有する製造所等のみが対象。
- □ 3．**完成検査**……行政側の点検。工事完了時点で市町村長等が実施。
- □ 4．**仮使用承認申請**……一部の変更工事の場合のみ。変更箇所以外の既存部分の仮使用を申請。市町村長等の承認で使用可能。
- □ 5．**完成検査前検査**……液体危険物タンクを設置・変更する施設が対象。実施するのは市町村長等。工事の工程ごとに受ける。

〈出題例４〉の解答　(2)　▶完成検査前検査は、液体危険物タンクを設置する製造所等が、施設全体の完成検査の前に受ける検査。そのため貯蔵タンクの設置が許されていない屋内貯蔵所は、受ける必要がない。

Section 5

各種届け出等

〈出題例5〉

【問題】製造所等の手続きとして、次のうち正しいものはどれか。

(1) 製造所等以外の場所で指定数量以上の危険物を10日以内の期間に限り、仮に貯蔵し、または取り扱うときはすみやかに届け出なければならない。

(2) 製造所等の位置、構造または設備を変更したときは、遅滞なく届け出なければならない。

(3) 製造所等の譲渡または引渡しがあったときは、譲渡人または引渡しを受けた者は、10日以内に届け出なければならない。

(4) 製造所等の用途を廃止した場合は、遅滞なく届け出なければならない。

(5) 製造所等で危険物保安監督等を定めたときは、遅滞なく届け出なければならないが、解任した場合は届け出の必要はない。

▶解答は39ページ

届け出の時期と届け出先

危険物にかかわる行政上の手続きはさまざまですが、許可や認可、承認について定められているのが各種の届け出です。届け出の場合、許可や認可などと異なり、行政庁の回答を得る必要はありませんが、定められた届け出先に対し、定められた時期に行われなければなりません。

届け出項目	内　容	届け先
製造所等の譲渡または引渡し	製造所等の譲渡または引渡しがあったときは、譲渡人または引渡しを受けた者は許可を受けた者の地位を継承し、遅滞なく届け出なければならない。	市町村長等
危険物の品名・数量または指定数量の倍数の変更	製造所等の位置、構造、設備を変更しないで、貯蔵または取り扱う危険物の品名、数量または指定数量の倍数を変更しようとする者は、変更する日の10日前までに届け出なければならない。	
製造所等の廃止	製造所等の用途を廃止した場合、当該施設の所有者、管理者または占有者は遅滞なく届け出なければならない。	
危険物保安統括管理者の選任・解任	同一事業所において特定の製造所等を所有し、管理し、または占有する者は危険物保安統括管理者を定め遅滞なく届け出なければならない。これを解任したときも同様とする。	
危険物保安監督者の選任・解任	特定の製造所等の所有者、管理者または占有者は危険物保安監督者を定めた場合は遅滞なく届け出なければならない。これを解任したときも同様とする。	

● 製造所等の譲渡または引渡しの場合

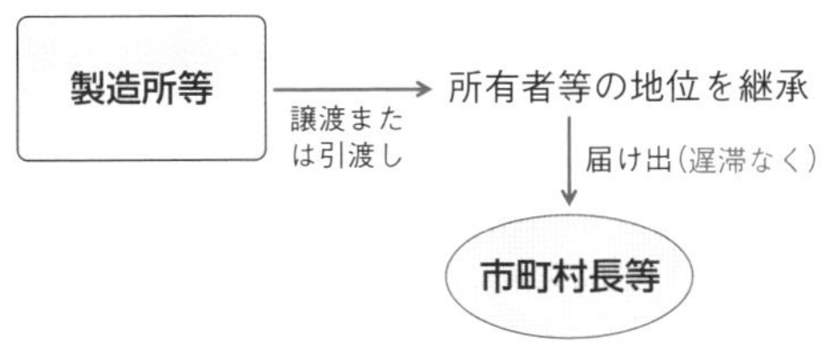

● 危険物の種類・数量を変更する場合

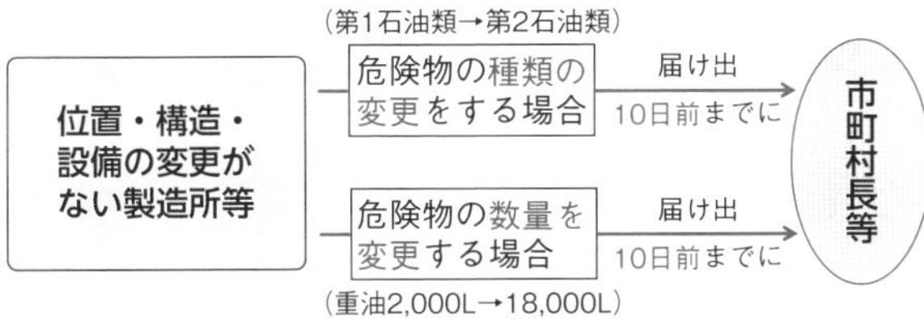

● 廃止の場合の届け出

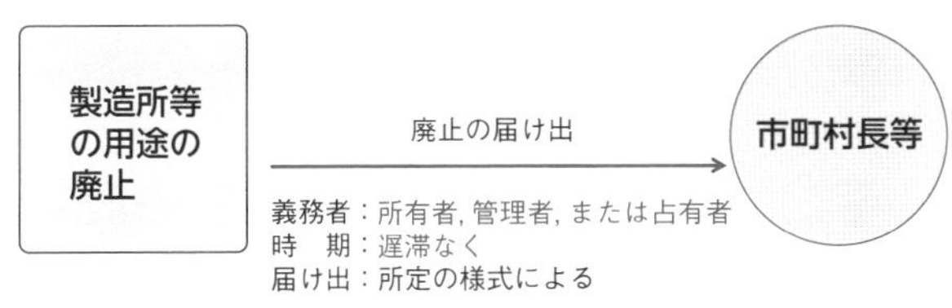

CAUTION

●市町村長等の別

各種届け出先の市町村長等は、製造所等のある場所により34ページの表に示す市町村長等となる。

WORD

●「許可」「認可」「承認」

「許可」＝法律上禁止されていることを行政が許し、できるようにすること

「認可」＝ある行為を行政が認め、法的効力を持たせること

「承認」＝ある行為を行政が認め、同意の意思表示を与えること

MEMO

許可や認可を受けることを必要とせず、届け出だけで手続きが済むものは、防災上比較的影響の少ないものである。

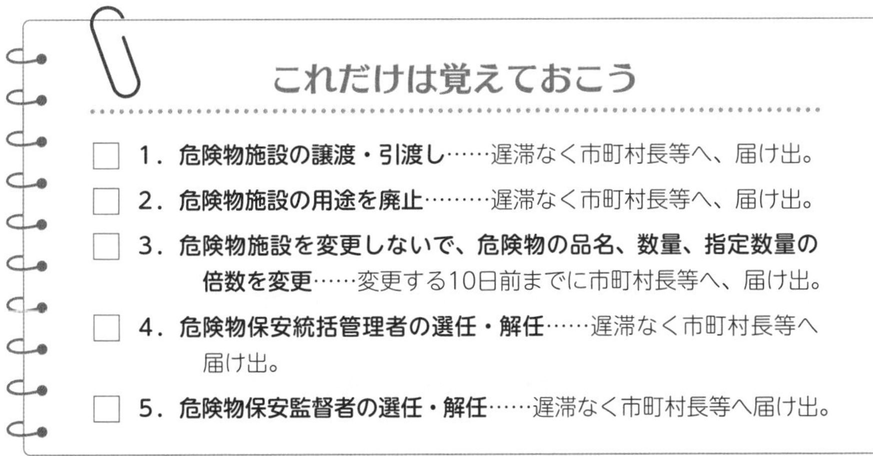

これだけは覚えておこう

- □ 1．**危険物施設の譲渡・引渡し**……遅滞なく市町村長等へ、届け出。
- □ 2．**危険物施設の用途を廃止**………遅滞なく市町村長等へ、届け出。
- □ 3．**危険物施設を変更しないで、危険物の品名、数量、指定数量の倍数を変更**……変更する10日前までに市町村長等へ、届け出。
- □ 4．**危険物保安統括管理者の選任・解任**……遅滞なく市町村長等へ届け出。
- □ 5．**危険物保安監督者の選任・解任**……遅滞なく市町村長等へ届け出。

〈出題例5〉の解答　(4)　▶(1)は、届け出ではなく、消防長または消防署長の承認を受けなければならない。(2)は、届け出ではなく変更の許可を申請しなければならない。(3)は、10日以内ではなく、遅滞なく届け出なければならない。(5)は、解任した場合も届け出の必要がある。

Section 6

危険物取扱者制度

〈 出題例6 〉

【問題】危険物取扱者免状について、次のうち正しいものはどれか。

(1) 免状は、甲種および乙種の２種類がある。

(2) 免状を亡失した場合は、10日以内にその免状を交付した都道府県知事に届け出なければならない。

(3) 免状を亡失し、再交付を受ける場合は、一部科目免除により再試験を受けなければならない。

(4) 免状を亡失して、免状の再交付を受けた者が亡失した免状を発見した場合は、これを10日以内に再交付を受けた都道府県知事に提出しなければならない。

(5) 消防法令に違反して、免状の返納を命じられても、30日を経過すれば改めて免状の交付を受けることができる。

▶解答は43ページ

(1) 危険物取扱者

1 責　務

製造所等における危険物の取扱作業の安全を確保するため、人的な面から規制を行うために設けられたのが危険物取扱者制度です。危険物の取り扱いは危険物取扱者が行い、それ以外の者が取扱作業を行う場合は、甲種または乙種の危険物取扱者が立ち会うことが法第13条第３項によって定められています。

2 免状の区分

危険物取扱者免状は、試験の合格者に都道府県知事が交付します。免状は甲種、乙種、丙種の３つで、それぞれ取り扱うことのできる危険物が決まっています。

●免状の種類と取り扱いおよび立ち会いのできる危険物

免状の種類	取扱作業	立ち会い
甲　種	全　類	全　類
乙　種	指定された類	指定された類
丙　種	指定された危険物	×

(2) 免状の交付等

1 交　付

危険物取扱者免状は、危険物取扱者試験の合格者に都道府県知事が交付します。免状の交付を受ける場合は、試験合格を証明する書類を申請書に添え、試験を行った地域を管轄する都道府県知事に申請します。

CAUTION

●免状が見つかったら

免状を亡失して再交付を受けた後で、なくした免状が見つかった。この場合は、10日以内に再交付を受けた都道府県知事になくしたと思っていたその免状を提出しなければならない。

2 書き換え

免状の記載事項に変更を生じたときは、居住地または勤務地を管轄する都道府県知事に書き換えを申請しなければなりません。記載事項とは、

①免状の交付年月日および交付番号

②氏名、生年月日

③本籍地の属する都道府県

④免状の種類と取り扱うことのできる危険物、および甲種危険物取扱者または乙種危険物取扱者がその取り扱い作業に関して立ち会うことのできる危険物の種類

⑤その他総務省令で定める事項　の５つです。

補足 免状に貼付した写真が10年経過した場合は、書き換えが必須。

3 再交付

免状を亡失、滅失、汚損、破損した場合は再交付を申請することができます。申請先は免状の交付または書き換えをした都道府県知事へ。汚損または破損により再交付を申請するときは、申請書にその汚損、破損した免状を添えて提出しなければなりません。

●免状の申請について

申請項目	申請事由	申請義務	申請先	添付書類
交　付	試験に合格	なし	試験を行った知事	試験合格書
書き換え	氏名や本籍を変更、または写真が撮影から10年経過する前	あり	居住地または勤務地の知事	戸籍抄本等・6か月以内に撮影した写真
再交付	亡失、滅失、汚損、破損	なし	免状を交付または書き換えした知事	汚損、破損の場合は旧免状
	亡失免状を発見	あり	再交付を受けた知事	発見した旧免状

(3) 免状の不交付と返納

1 不交付

危険物取扱者試験に合格した者であっても、次に該当する場合、免状が交付されない場合があります。

① 都道府県知事から危険物取扱者免状の返納を命じられ、その日から起算して1年を経過しない者。

② 消防法または消防法に基づく命令の規定に違反して罰金以上の刑に処せられた者で、その執行を終わり、または執行を受けることがなくなった日から起算して2年を経過しない者。

2 返納命令

危険物取扱者が消防法または消防法に基づく命令の規定に違反しているとき、都道府県知事は免状の返納を命じることができます。返納を命じられた者は、この命令により、危険物取扱者としての資格を失います。

(4) 保安講習

・保安講習の規定

製造所等において危険物の取扱作業に従事している危険物取扱者は、都道府県知事が行う保安に関する講習を前回受講日以後の最初の4月1日から3年以内に受講する義務があります。保安講習は全国どこでも受講できます。

危険物取扱作業に従事していなかった者が、新たに従事することになった場合は、その従事することになった日から1年以内に受講しなければなりません。

ただし、危険物の取扱作業に従事することになった日から過去2年以内に危険物取扱者の免状の交付を受けている場合、または講習を受けている場合には、免状交付日または講習を受けた日以後の最初の4月1日から3年以内に受講すればよいとされています。

危険物取扱者であっても、実際に危険物の取扱作業に従事していない場合には、受講する義務はありません(右ページの図参照)。

●保安講習の受講時期

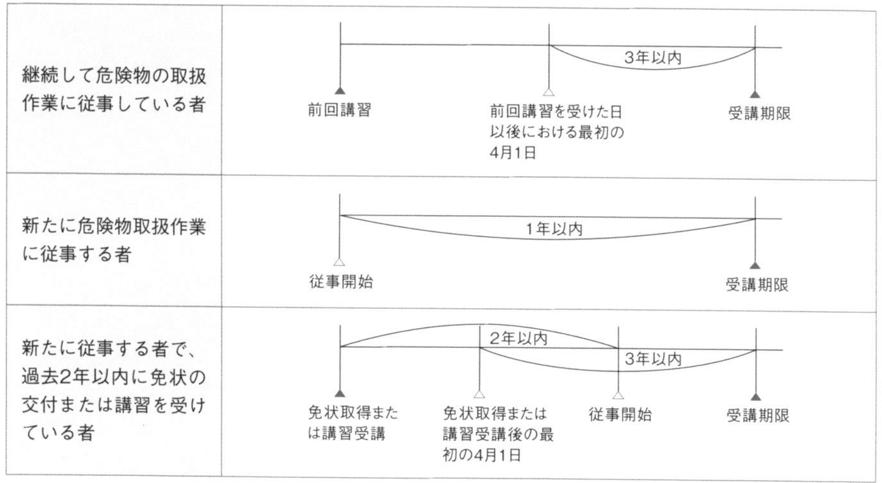

▲印が受講期限

これだけは覚えておこう

- □ 1．**免状の区分**……危険物取扱者の免状は、甲種、乙種、丙種の3種類に区分される。取り扱うことのできる危険物は、甲種が全類、乙種が指定された類、丙種は指定された危険物となっている。資格のない者の取扱作業の立ち会いができるのは、甲種と乙種の免状を持つ者と定められている。
- □ 2．**免状の書き換え**……氏名や本籍地の変更、免状に貼付されている写真が撮影後10年を経過した場合は、居住地または勤務地を管轄する都道府県知事に書き換えを申請しなければならない。
- □ 3．**免状の再交付**……免状を亡失、滅失、汚損、破損した場合は、交付または書き換えをした都道府県知事へ再交付を申請することができる。申請時は、汚損、破損した免状を申請書に添えて提出する。再交付後に亡失免状を発見した場合は、発見した免状を再交付を受けた知事に10日以内に提出しなければならない。
- □ 4．**保安講習**……受講は原則として3年ごとだが、起算日は本文の通り。受講場所の特定はなく、全国どこの講習でも受講できる。

〈出題例6〉の解答　⑷　▶免状を亡失しても届け出の義務はなく、再交付を受けたいときは申請することができる。この場合、再試験を受ける必要はない。⑸については、都道府県知事は、免状返納を命じられたその日から1年を経過しない者には、免状の交付を行わないことができる。

Section 7

危険物の保安体制と予防規程

〈出題例7〉

【問題】予防規程について、次のうち正しいものはどれか。

(1) 製造所等における位置、構造、設備の点検項目について定めた規程をいう。
(2) 製造所等における貯蔵、取り扱う危険物の数量について定めた規程をいう。
(3) 製造所等における危険物取扱者の遵守事項を定めた規程をいう。
(4) 製造所等の火災を予防するため、危険物の保安に関し必要な事項を定めた自主的な規程をいう。
(5) 製造所等の労働災害を予防するための安全管理マニュアルを定めた規程をいう。

▶解答は49ページ

(1) 危険物保安統括管理者

1 選解任

同一の事業所で複数の製造所等があり、大量の危険物を貯蔵、取り扱っている場合は、それらの製造所等の保安業務を統括管理して事業所全体の安全を確保する必要があります。そのため、危険物保安統括管理者を選任し、市町村長等に遅滞なく届け出ることが義務づけられています。

解任したときも届け出の義務がある。

2 資格と業務内容

危険物保安統括管理者は、特別な資格は必要ありませんが、事業所における事業に関して統括管理できる者でなければなりません。危険物取扱者の免状の有無は関係ありません。製造所ごとに規定された危険物保安監督者、危険物施設保安員よりも上の立場から、事業所全体の危険物施設の保安業務を統括的に管理し、効果的な保安管理活動および体制をとって、安全の確保を図ります。

3 選任を必要とする事業所

危険物保安統括管理者の選任が必要な事業所は、右の表の通りです。

対象となる製造所等	取り扱う第4類の危険物の数量
製造所	指定数量の3,000倍以上
一般取扱所	指定数量の3,000倍以上
移送取扱所	指定数量以上

⑵ 危険物保安監督者

1 選解任

政令で定める製造所等の所有者、管理者または占有者は、危険物の取扱作業の安全を図るため、危険物保安監督者を選任し、その者が取り扱うことができる危険物の取扱作業に関して保安の監督をさせなければなりません。また、選解任は遅滞なく市町村長等に届け出る必要があります。

2 資格と業務内容

危険物保安監督者として選任されるためには、甲種または乙種危険物取扱者で、製造所等で6か月以上の危険物取扱実務経験が必要です。

危険物保安監督者の業務は次の通りです。

①危険物取扱作業場所での作業者に対し、貯蔵または取り扱いに関する技術上の基準、予防規程に定める保安基準に適合するように必要な指示を与える。

②火災等の災害発生時に作業者を指揮して応急の措置を講じ、ただちに消防機関等へ連絡する。

③危険物施設保安員を置く製造所等にあっては、危険物施設保安員に必要な指示をし、置かない製造所等の場合は危険物施設保安員の業務を行う。

④火災等の災害防止のため、隣接する製造所等、その他関連する施設の関係者との連絡を保つ。

⑤この他、危険物取扱作業の保安に関して必要な監督業務を行う。

⚠CAUTION

●危険物保安監督者の制限

乙種危険物取扱者が危険物保安監督者になる場合は、免状に記載されている危険物の種類に限る。

3 選任を必要とする製造所等

危険物保安監督者を選任しなければならない製造所等は、下の表の通りです。

●危険物保安監督者の選任を必要とする製造所等

危険物の種類 / 貯蔵・取扱危険物の数量 / 貯蔵・取扱危険物の引火点 / 製造所等の区分	第４類のみの危険物				左欄以外の危険物	
	指定数量の倍数が30以下		指定数量の倍数が30を超えるもの		指定数量の倍数が30以下	指定数量の倍数が30を超えるもの
	40℃以上	40℃未満	40℃以上	40℃未満		
製造所	○	○	○	○	○	○
屋内貯蔵所		○	○	○	○	○
屋外貯蔵所			○	○		○
屋内タンク貯蔵所		○		○	○	○
屋外タンク貯蔵所	○	○	○	○	○	○
簡易タンク貯蔵所		○		○	○	○
地下タンク貯蔵所		○	○	○	○	○
移動タンク貯蔵所						
給油取扱所	○	○	○	○	○	○
第一種販売取扱所		○			○	
第二種販売取扱所		○		○	○	○
移送取扱所	○	○	○	○	○	○
一般取扱所	○	○	○	○	○	○
容器詰替用 消費用		○	○	○		

○印が選任を必要とする対象施設。

(3) 危険物施設保安員

1 選任の義務

危険物施設保安員は、危険物保安監督者の下で製造所等の構造および設備にかかる保安業務の補佐を行う者で、一定の製造所等で選任が義務づけられています。

2 資格と業務内容

危険物施設保安員は、特に資格は必要とされていません。ただし、その業務内容から、施設の構造、設備に精通している者を選任すべきであり、さらに危険物取扱者の免状を持っている者が望ましいです。

危険物施設保安員の業務は次のとおりです。

①製造所等の構造および設備を法第10条第４項の技術上の基準に適合するように維持するため、定期および臨時の点検を行う。

②点検場所の状況および保安のために行った措置を記録し、保存する。

③製造所等の構造および設備に異常を発見した場合は、危険物保安監督者その他関係のある者に連絡し、状況を判断して適当な処置を講じる。

④火災が発生したとき、またはその危険性が著しいときは、危険物保安監督者と協力し、応急の措置を講じる。

⑤製造所の計測装置、制御装置、安全装置等の機能が適正に保持されるように保安管理する。

⑥その他、製造所等の構造および設備の保安に関しての必要な業務を行う。

3 選任を必要とする製造所等

選任しなければならない製造所等の原則は次の通りです。

●選任を必要とする製造所等

対象となる製造所等	取り扱う危険物の数量等
製造所	指定数量の100倍以上取り扱うもの
一般取扱所	
移送取扱所	すべてのもの

危険物施設保安員は、一定の製造所等において、その選任が義務づけられているが、届け出は義務づけられていない。

MEMO

危険物施設保安員を置かない製造所等の場合、危険物保安監督者が危険物施設保安員の業務を行う。(45ページ参照)

⚠CAUTION

危険物施設保安員の選任を必要とする製造所等のうち、以下のものは対象外となる。

①ボイラー、バーナー、炉等で危険物を消費する一般取扱所。

②車両に固定されたタンクその他これに類するものに危険物を注入する一般取扱所。

③容器に危険物を詰め替える一般取扱所。

④油圧装置、潤滑油循環装置その他これに類する装置で危険物を取り扱う一般取扱所。

⑤鉱山保安法の適用を受ける製造所、移送取扱所または一般取扱所。

⑥火薬類取締法の適用を受ける製造所または一般取扱所。

(4) 解任命令

市町村長等は、危険物保安統括管理者または危険物保安監督者が消防法あるいは消防法に基づく命令の規定に違反したとき、またはその業務を行わせることが公共の安全の維持もしくは災害の発生防止に支障をきたすおそれがあると認めるときは、製造所等の所有者、管理者または占有者に対し、危険物保安統括管理者または危険物保安監督者の解任を命じることができます。

(5) 予防規程

1 意 義

予防規程とは、政令で定められた技術基準の他に個々の製造所等の実状に合った、より具体的な保安基準によって安全を確保するためのもので、防災上の見地から作成し、従業者等が遵守しなければならない自主保安に関する規程のことです。

2 認 可

一定の製造所等の所有者、管理者または占有者は、予防規程を定めたときや変更するときに、市町村長等の**認可**を受けることが義務づけられています。また、製造所等の所有者、管理者または占有者およびその従業者は、予防規程を守る義務があります。

補足 市町村長等は、予防規程が危険物の貯蔵、取り扱いの技術上の基準に適合していないとき、その他火災の予防のために適当でないと認めるときは認可してはならないとされている。また、火災の予防のために必要があるときは、予防規程の変更を命じることができる。

3 予防規程を必要とする施設

予防規程を定めなければならない製造所等は右の表の通りです。

●予防規程を定めなければならない製造所等

対象となる製造所等	貯蔵し、または取り扱う危険物の数量等
製造所	指定数量の倍数が10以上
屋内貯蔵所	指定数量の倍数が150以上
屋外貯蔵所	指定数量の倍数が100以上
屋外タンク貯蔵所	指定数量の倍数が200以上
給油取扱所	すべて定める
移送取扱所	すべて定める
一般取扱所	指定数量の倍数が10以上

4 予防規程に定めるべき主な事項

①危険物の保安に関する業務を管理する者の職務および組織に関すること。
②危険物保安監督者がその職務を行うことができない場合に、その職務を代行する者に関すること。
③化学消防自動車の設置その他自衛の消防組織に関すること。
④危険物の保安にかかわる作業の従事者への保安教育。
⑤危険物の保安のための巡視、点検および検査。
⑥危険物施設の運転または操作に関すること。
⑦危険物の取扱作業の基準に関すること。
⑧補修等の方法に関すること。
⑨災害その他の非常の場合に取るべき措置。
⑩危険物の保安に関する記録に関すること。
⑪製造所等の位置、構造および設備を明示した書類および図面の整備に関すること。

⚠CAUTION

●予防規程対象外施設

前ページの予防規程を定めなければならない製造所等のうち、次の施設は対象外となる。

①鉱山保安法第19条第1項の規定による保安規程を定めている製造所等。
②火薬類取締法第28条第1項の規定による危害予防規程を定めている製造所等。
③自家用給油取扱所のうち屋内給油取扱所以外のもの。
④指定数量の倍数が30以下で、かつ、引火点が40℃以上の第4類の危険物のみを容器に詰め替える一般取扱所。

これだけは覚えておこう

□ 1．**危険物保安統括管理者**……自主保安体制を確立し、災害の発生を防止するため、危険物保安監督者、危険物施設保安員の上の立場から事業所全体の危険物の保安に関する業務を統括する者である。

□ 2．**選任と解任**……選任および解任を市町村長等に届け出る義務があるのは、危険物保安統括管理者と危険物保安監督者の場合。また、消防法に違反した場合等に市町村長等が解任命令を出せるのもこの2つの資格者の場合である。

□ 3．**予防規程**…… 個々の施設の実状にあった保安基準を自主的に定めたもの。

〈出題例7〉の解答 (4) ▶予防規程とは、政令で定める技術基準のほかに、安全を確保するために各製造所等の実状に合わせて定める具体的な自主基準をいう。政令で定める製造所等では、火災を予防するために予防規程を定め、認可を受けなければならない。

Section 8

定期点検

〈出題例８〉

【問題】製造所等における定期点検についての説明で、次のうち誤っているものはどれか。

(1) 製造所等の所有者、管理者または占有者は、定期点検記録を作成し、これを保存しなければならない。
(2) 丙種危険物取扱者は、定期点検を行うことができない。
(3) 危険物施設保安員は、定期点検を行うことができる。
(4) 定期点検は、法第10条第４項の技術上の基準に適合しているかどうかについて行わなければならない。
(5) 危険物取扱者の立ち会いを受けたときは、取扱者以外の者でも定期点検を行うことができる。

▶解答は53ページ

(1) 定期点検の義務

政令で定める製造所等の所有者、管理者または占有者は、定期的に点検を行い、点検記録を作成して、一定の期間、これを保存することが義務づけられています。

また市町村長等は、製造所等の位置、構造、設備が法第10条第４項の技術上の基準に適合していないと認めるときは、製造所等の所有者、管理者、占有者で権限を有する者に対し、技術上の基準に適合するように修理、改造または移転すべきことを命じることができます。

補足 製造所等は、常に安全な状態が維持され、災害の防止が図られていなければならない。そのため、製造所等の所有者、管理者または占有者は、製造所等の位置、構造および設備が常に技術上の基準に適合するように維持管理する義務がある。

(2) 実施対象施設

・定期点検の実施対象施設

定期点検を実施しなければならない製造所等は、下の表の通りです。

●対象別定期点検の条件

対象となる製造所等	定期点検をしなければならない条件
製造所	指定数量の倍数が10以上のものおよび地下タンクを有するもの(一部例外あり)
屋内貯蔵所	指定数量の倍数が150以上のもの
屋外貯蔵所	指定数量の倍数が100以上のもの
屋外タンク貯蔵所	指定数量の倍数が200以上のもの
給油取扱所	地下タンクを有するもの
移送取扱所	すべてのもの(一部例外あり)
地下タンク貯蔵所	すべてのもの
移動タンク貯蔵所	すべてのもの
一般取扱所	指定数量の倍数が10以上のものおよび地下タンクを有するもの(一部例外あり)

ただし、以下の製造所等は定期点検の義務から除外されます。

① 鉱山保安法第19条第1項の規定による保安規程を定めている製造所等。

② 火薬類取締法第28条第1項の規定による危害予防規程を定めている製造所等。

③ 移送取扱所のうち、配管の延長が15kmを超えるもの、および配管にかかる最大常用圧力が0.95 MPa以上で、かつ、配管の延長が7km以上15km以下のもの。

④ 指定数量の倍数が30以下で、かつ引火点が40℃以上の第4類の危険物のみを容器に詰め替える一般取扱所。

CAUTION

●**地下タンク貯蔵所と移動タンク貯蔵所の定期点検実施**

・**地下タンク貯蔵所**は、地上から見ても危険物の漏れがあるかどうかが確認できない
→すべての場合で対象となる

・**移動タンク貯蔵所**は、走行中に危険物が漏れたら大事故になる
→すべての場合で対象となる

(3) 点検事項等

1 点検事項

点検は、製造所等の位置、構造および設備が法第10条第４項の技術上の基準に適合しているか否かについて行います。

2 点検実施者

点検は、甲種、乙種および丙種の危険物取扱者または危険物施設保安員が行わなければなりません。

ただし、危険物取扱者の立ち会いを受けた場合は、危険物取扱者以外の者でも点検を行うことができます。

3 点検時期

点検は、原則として１年に１回以上。

ただし、移動貯蔵タンクの水圧試験については、設置の完成検査済証の交付を受けた日または前回の水圧試験を行った日から５年を超えない日までの期間内に１回以上行わなければなりません。

また、引火性液体の危険物を貯蔵し、または取り扱う屋外タンク貯蔵所で容量が1,000kL以上10,000kL未満のものは、原則として13～15年周期で内部点検を行わなければなりません。

●定期点検時期と記録の保存期間

点検の種類		点検の時期	点検記録の保存期間
定期点検		1年に1回以上	3年間
移動タンク→水圧試験		5年に1回以上	10年間
特定の屋外タンク貯蔵所→タンクの内部点検	1,000kL以上 10,000kL未満	13～15年周期	点検周期の2倍 (26～30年間)

4 点検の記録事項

点検の記録には、以下の事項を記載しなければなりません。

①点検をした製造所等の名称

②点検の方法および結果

③点検の年月日

④点検を行った危険物取扱者、もしくは危険物施設保安員、または点検に立ち会った危険物取扱者の氏名

これだけは覚えておこう

- □ 1．**定期点検の意義**……政令で定める製造所等について、その所有者等が自らの製造所等が法第10条第4項に定める基準に適合しているかを確実にチェックするために行うのが定期点検である。定期的に点検を行い、点検記録を作成して、原則3年間保存することが義務づけられている。
- □ 2．**実施対象施設**……定期点検の実施が義務づけられる対象施設は、政令で定められている。定期点検の対象とならない施設は、屋内タンク貯蔵所、簡易タンク貯蔵所、販売取扱所である。
- □ 3．**点検実施者**……定期点検は、甲種、乙種および丙種の危険物取扱者、または危険物施設保安員が行うと定められている。ただし、危険物取扱者が立ち会った場合は、危険物取扱者以外の者でも点検を行うことができる。
- □ 4．**点検の時期**……定期点検は原則として1年に1回以上行わなければならない。ただし、移動タンクの水圧試験は5年に1回以上、また特定の屋外タンク貯蔵所で容量が1,000kL以上10,000kL未満のものは、原則として13～15年周期で、タンクの内部点検を行わなければならない。
- □ 5．**点検の記録事項**……点検をした製造所等の名称、点検の方法および結果、点検の年月日、点検を行った危険物取扱者もしくは危険物施設保安員、または立ち会った危険物取扱者の氏名。

〈出題例8〉の解答 (2) ▶定期点検の実施者は危険物取扱者または危険物施設保安員。ただし、危険物取扱者の立ち会いがあれば、免状のない者でも点検を行うことができる。

Section 9

保安検査

〈出題例9〉

【問題】消防法第14条の３の保安検査に関する記述として、誤っているものは次のうちどれか。

⑴　保安検査の対象となる製造所等は、屋外タンク貯蔵所および移送取扱所のうち特定のものである。
⑵　保安検査の義務者は、危険物保安監督者または危険物保安員である。
⑶　保安検査の中には臨時の保安検査も含まれる。
⑷　移送取扱所についての検査事項は、移送取扱所の構造および設備について行うことと規定されている。
⑸　保安検査を行うのは市町村長等である。

▶解答は55ページ

⑴ 保安検査の意義

規模の大きな屋外タンク貯蔵所および移送取扱所において、設備の不備や欠陥による事故が発生した場合、その被害や社会的影響は非常に大きなものとなります。そこで、こうした規模の大きな屋外タンク貯蔵所および移送取扱所の所有者、管理者または占有者は、市町村長等が行う保安検査を受けることが義務づけられています。

保安検査は、政令で定める時期ごとに、その屋外タンク貯蔵所または移送取扱所にかかわる構造および設備に関する事項で政令に定めるものが技術上の基準に従って維持されているかどうかについて行うものです。

保安検査は、定期的に受ける義務のある定期保安検査と、不等沈下その他の政令で定める事由が生じた場合に屋外タンク貯蔵所の所有者等が受けなければならない臨時保安検査の２種類があります。

(2) 定期保安検査・臨時保安検査

定期保安検査と臨時保安検査の対象施設、検査の時期、検査事項は下の表の通りです。

対象施設 / 項目	定期保安検査		臨時保安検査
	屋外タンク貯蔵所	移送取扱所	屋外タンク貯蔵所
検査対象	容量10,000kL以上のもの	配管の延長が15kmを超えるもの 配管の最大常用圧力が0.95MPa以上でかつ延長が7～15km以下のもの	容量1,000kL以上のもの
検査時期 検査事由	原則として8年に1回 岩盤タンクは原則として10年に1回 特殊液体危険物タンクのうち地中タンクは原則として13年に1回	原則として1年に1回	1/100以上の不等沈下発生 岩盤タンクおよび地中タンクにあっては、危険物または可燃性蒸気の漏洩のおそれがあること等
検査事項	タンク底部の板厚および溶接部 岩盤タンクの構造および設備	移送取扱所の構造および設備	タンク底部の板厚および溶接部、岩盤タンクの構造および設備

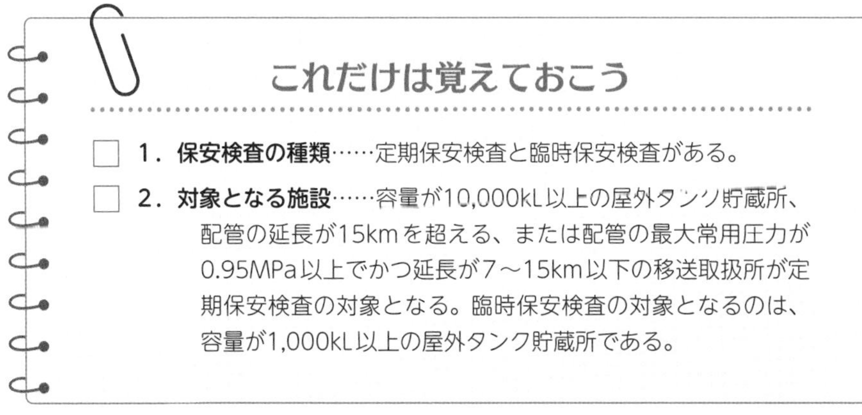

これだけは覚えておこう

- [ ] **1．保安検査の種類**……定期保安検査と臨時保安検査がある。
- [ ] **2．対象となる施設**……容量が10,000kL以上の屋外タンク貯蔵所、配管の延長が15kmを超える、または配管の最大常用圧力が0.95MPa以上でかつ延長が7～15km以下の移送取扱所が定期保安検査の対象となる。臨時保安検査の対象となるのは、容量が1,000kL以上の屋外タンク貯蔵所である。

〈出題例9〉の解答 (2)　▶保安検査を受ける義務があるのは、特定された施設の所有者等である。

Section 10

製造所等の位置・構造・設備の基準

〈出題例10〉

【問題】製造所の基準について、次のうち誤っているものはどれか。

(1) 学校、病院から20m以上の保安距離を確保すること。
(2) 危険物を取り扱う建築物の窓または出入口にガラスを用いる場合は、網入りガラスとすること。
(3) 地階は設けないこと。
(4) 指定数量の倍数が10以上の製造所には、避雷設備を設けること。
(5) 建築物その他の工作物の周囲には、定められた幅の空地を保有すること。

▶解答は87ページ

製造所、貯蔵所、取扱所の位置・構造・設備は、政令で定めるそれぞれの技術上の基準に従わなければなりません。爆発事故や災害の防止、延焼の防止を前提にした細かい基準が、施設ごとに規定されています。

位置とは、他の建築物等から離さなければならない距離のこと。構造は、建物の造り方、設備は備えていなければならない工作物などのことをいう。

(1) 保安距離と保有空地(くうち)

1 保安距離

製造所等を設置する上で、位置の基準の中心となるのが保安距離です。保安距離は、製造所等で火災などの災害が発生した場合、近隣の住宅、学校、病院、文化財等(これらを保安対象物という)に被害がおよぶのを防ぐためのもので、一定の距離を保つことにより、延焼の防止、避難確保を図ります。

保安距離を必要とする製造所等は、右の5つです。

これ以外の施設は、

①タンクとそれを収容する建築物等により二重にガードされている

②防火上有効な隔壁を周囲に設けている

③タンクが地下に埋設されている

などの理由により保安距離の確保が免除されています。

●保安距離を必要とする製造所等

製造所
屋内貯蔵所
屋外貯蔵所
屋外タンク貯蔵所
一般取扱所

● 政令に定める保安距離の例

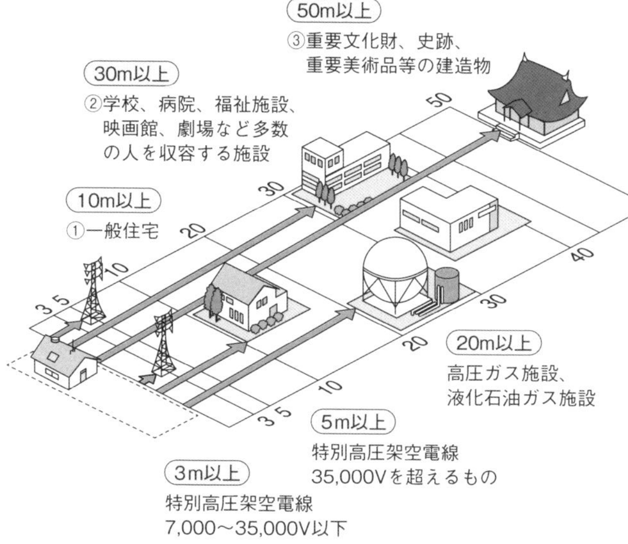

2 保有空地

保有空地は、製造所等あるいは隣接する建築物等が火災になった場合、相互の延焼を防止するとともに、消防活動を円滑に進めるため、製造所等の周囲に確保する空地です。

保有空地も、保安距離と同様に確保を必要とする製造所等が決められています。また保有空地の幅は、貯蔵し取り扱う危険物の指定数量の倍数や、施設の構造により異なり、製造所等ごとにそれぞれ規定されています。

● 保有空地を必要とする製造所等

製造所
屋内貯蔵所
屋外貯蔵所
屋外タンク貯蔵所
簡易タンク貯蔵所（屋外に設けるもの）
一般取扱所
移送取扱所（地上設置のもの）

⚠ CAUTION

● 保安距離の特例

保安対象物のうち、左図の①〜③については保安距離の緩和措置がある。製造所と保安対象物との間に、不燃材料で造った防火上有効な塀を設け、この安全性が市町村長等に認められれば、市町村長等の判断で保安距離が短縮できる。

これは製造所等に変更がなくても、製造所等の周辺に保安対象物が設置された場合の救済措置。あくまでも市町村長等が判断するものです。

保安距離は、火災から他の建築施設を守るためのもの。保有空地は、消防活動のためのものと覚えるのじゃぞ！

(2) 製造所の基準

製造所とは、危険物を製造する目的により指定数量以上の危険物を取り扱う施設で、建築物その他の工作物、空地および付属設備が含まれます。

1 位 置

① 保安距離

保安対象物ごとに政令で定める保安距離を確保しなければなりません。

② 保有空地

取り扱う危険物の数量により、下の表のとおり確保しなければなりません。ただし、防火上有効な隔壁を設けた場合は、緩和措置があります。

●製造所の保有空地

製造所の区分	空地の幅
指定数量の倍数が10以下	3m以上
指定数量の倍数が10を超える	5m以上

2 構 造

●製造所の構造、設備の例

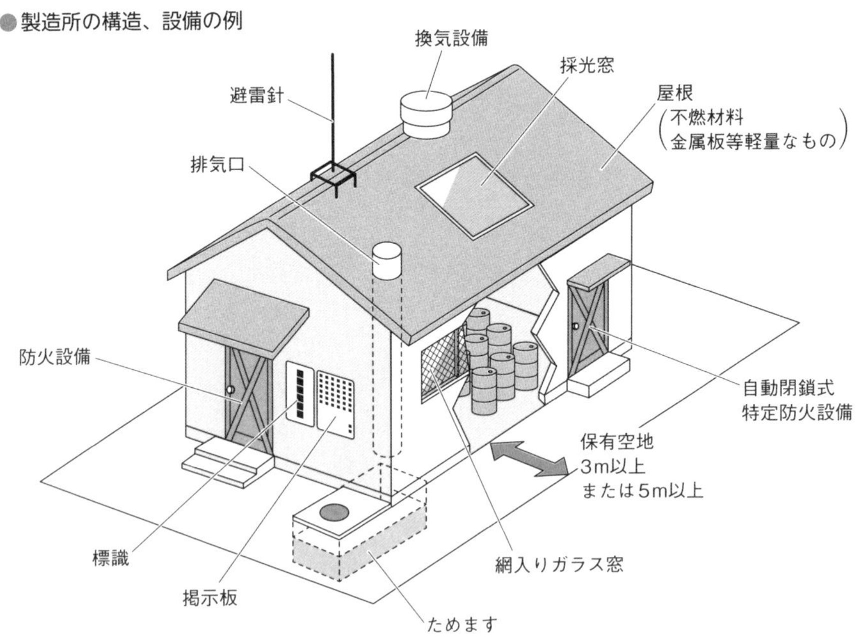

① 建築物は、地階を有しないものに限られます。

② 建築物の壁、柱、床、梁、階段は、不燃材料で造ること。また、延焼のおそれがある外壁は耐火構造とし、出入口以外の開口部(窓など)を設けてはなりません。

③ 屋根は不燃材料で造るとともに、金属板等の軽量な不燃材料でふくことになっています。

④ 窓および出入口は、防火設備を設けるとともに、延焼のおそれのある外壁に設ける出入口については、随時、開けることができる自閉式の特定防火設備とします。それぞれガラスを使用する場合は、網入りガラスにしなければなりません。

⑤ 液状の危険物を取り扱う場合、床は危険物が浸透しない構造とした上で適当な傾斜をつけ、さらに貯留設備を設けなければなりません。

CAUTION

●耐火構造

建築基準法に定める耐火構造の規定を準用している。

①鉄筋コンクリート造
②れんが造　など

MEMO

●軽量な不燃材料でふく屋根(放爆構造)

万が一、爆発事故が起こったとき、屋根を吹き飛ばして圧力を上方に逃がし、横方向への被害を抑える構造にする。

CAUTION

●第4類用のためます(溜枡)

第4類危険物で水に溶けないものを取り扱う設備では、ためますに油分離装置を設け、危険物が直接排水溝に流れるのを防がなければならない。

3 設　備

① 建築物には、採光、照明、換気の設備を設けます。

② 可燃性の蒸気または可燃性の微粉が滞留するおそれがある建築物には、屋外の高所に蒸気または微粉を排出する設備(排気口など)を設けます。

③ 危険物を取り扱う設備は、危険物が漏れたり、あふれたり、飛散したりしない構造とします。

④ 危険物を加熱もしくは冷却して温度変化が生じる設備には、温度測定装置を設けます。また、危険物の加熱・乾燥には原則として直火を用いないことになっています。

⑤ 危険物を加圧する設備、または圧力が上昇するおそれのある設備には、圧力計および総務省令で定める安全装置を設けます。

⑥ 屋外で液状の危険物を取り扱う設備には、その直下の地盤面の周囲に高さ15cm以上の囲いを設けるか、側溝等を設けるなどの措置を講じます。また、その地盤面は危険物が浸透しないコンクリート等の構造とした上で、適当な傾斜および貯留設備を設けます。

⑦ 電気設備は、電気工作物にかかわる法令に基づいて設置します。また、可燃性ガス等が滞留するおそれのある場所に設置する機器は防爆構造としなければなりません。

⑧ 静電気が発生するおそれのある設備には、**接地(アース)等**の静電気を有効に除去する装置を設けなければなりません。

⑨ 指定数量の倍数が**10以上**の製造所には原則として、**避雷設備**を設けなければなりません。

⑩　液体の危険物を取り扱うタンク(20号タンクという)が屋外の場所にある場合は、その周囲に防油堤を設けなければなりません。防油堤は、危険物がタンクから漏れ出した場合に、その流出を防ぐための堤です。

防油堤には2種類あり、屋外タンク貯蔵所の周囲に設ける防油堤が一般的ですが、製造所や一般取扱所の屋外にあるタンクに設けるものは若干基準が異なるため、20号防油堤と呼んで区別しています。

補足 20号タンクや20号防油堤の「20号」とは、政令第9条第1項第20号のこと。政令第9条は、製造所の基準を規定したもので、同条1項第20号に「危険物を取り扱うタンク」の位置、構造、設備の基準が示されていることから、このように呼ばれている。

20号防油堤の基準は、屋外タンク貯蔵所の周囲に設ける防油堤の基準を一部準用していますが、容量の基準は20号防油堤特有のものなので覚えておきましょう。

- 1つのタンクの周囲に設ける20号防油堤の容量
  →タンクの容量の50%以上
- 2つ以上のタンクの周囲に設ける20号防油堤の容量
  →容量が最大であるタンクの容量の50%以上
  　＋ 他のタンクの容量の10%以上

● 20号防油堤の例

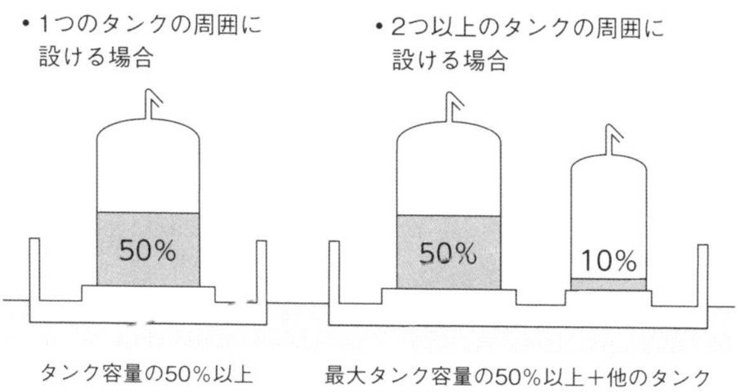

タンク容量の50%以上　　最大タンク容量の50%以上＋他のタンク容量の10%以上

⚠CAUTION

●高引火点危険物の特例

高引火点危険物(引火点が100℃以上の第4類危険物)のみを取り扱う製造所等には、保安距離・保有空地・屋根・静電気除去装置・避難設備について、緩和措置の特例が適用

→高引火点危険物の危険性が比較的小さいことを考慮しての緩和措置

MEMO

●20号防油堤その他の基準(屋外タンク貯蔵所の防油堤の基準を準用)

- 高さは0.5m以上。
- 鉄筋コンクリートまたは土で造る
- 内部にたまった水を排出する水抜口を設ける。
- 高さが1mを超えるものは、おおむね30mごとに出入用の階段を設けるか、または土砂の盛り上げ等をする。

(3) 屋内貯蔵所の基準

屋内貯蔵所とは、屋内の場所において危険物を貯蔵し、または取り扱う施設で、建築物その他の工作物、空地および付属設備が含まれます。

1 位 置

① 保安距離

保安対象物ごとに政令で定める保安距離を確保しなければなりません(一部例外あり)。

② 保有空地

貯蔵・取り扱いをする危険物の数量、および貯蔵倉庫の構造の違いにより、次のように定められています(一部例外あり)。

●屋内貯蔵所の保有空地

区 分		空地の幅	
		壁、柱、床が耐火構造の場合	壁、柱、床が耐火構造以外の場合
指定数量の倍数	5以下	0m	0.5m以上
	5を超え10以下	1m以上	1.5m以上
	10を超え20以下	2m以上	3m以上
	20を超え50以下	3m以上	5m以上
	50を超え200以下	5m以上	10m以上
	200を超える	10m以上	15m以上

2 構 造

① 独立した専用の建築物で、平屋建てとする。

② 軒高(地盤面から軒までの高さ)は、6m未満とし、床は地盤面以上とする。

③ 床面積は、1,000m^2以下とする。

④ 壁、柱、床は耐火構造、梁は不燃材料で造る。また、延焼のおそれのある外壁に出入口以外の開口部は設けない。

⑤ 屋根は不燃材料で造り、金属板等の軽量な不燃材料でふく。天井は設けてはならない(放爆構造)。

⑥ 窓および出入口には防火設備を設ける(延焼のおそれがある外壁に設ける出入口は自閉式特定防火設備)。また、ガラスを使用する場合は網入りガラスとする。

⑦　液状の危険物を貯蔵する場合、床は危険物が浸透しない構造とした上で適当な傾斜をつけ、さらに貯留設備を設ける。

●屋内貯蔵所　構造・設備の例

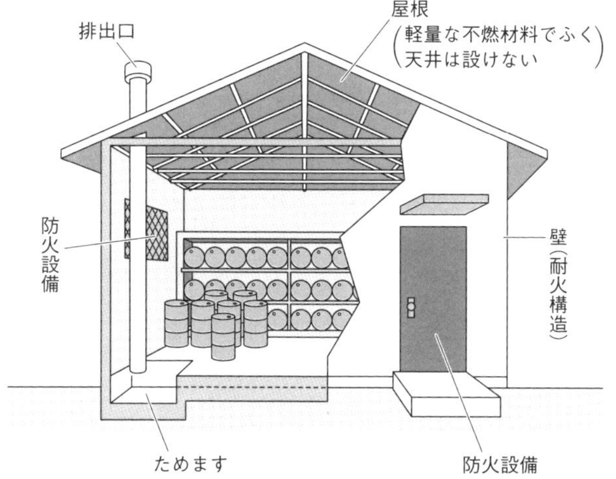

3 設　備

①　貯蔵倉庫に架台(ラック)を設ける場合は、不燃材料で造り、堅固な基礎に固定します。

②　貯蔵倉庫には、採光、照明、換気の設備を設けます。また、引火点が70℃未満の危険物を貯蔵する場合は、滞留した可燃性蒸気を屋根上に排出する設備を設ける必要があります。

③　電気設備、避雷設備は製造所等の基準と同じです。

MEMO

●軒高を6m以上にできる場合

第2類または第4類の危険物のみを貯蔵する場合、平屋建て(独立専用)貯蔵倉庫の軒高を6m以上20m未満とすることができる。

ただし、以下のとおり基準が厳しくなる。

①壁、柱、床に加え、梁も耐火構造で造る。

②窓および出入口には、特定防火設備を設ける。

③避雷設備は指定数量の倍数に関係なく設ける。

●屋内貯蔵所において基準の緩和や特例がある場合

・平屋建て以外の屋内貯蔵所
・階層設置の屋内貯蔵所
・高引火点危険物の屋内貯蔵所
・アルキルアルミニウム等の屋内貯蔵所

(4) 屋外貯蔵所の基準

屋外貯蔵所とは、屋外の場所において定められた種類の危険物のみを貯蔵し、または取り扱う施設で、空地および付属設備が含まれます。

1 位　置

① 保安距離

製造所の基準に準じます。

② 保有空地

貯蔵し、取り扱う危険物の数量により、右表のとおり空地を確保しなければなりません。空地は、屋外貯蔵所の場所を区画するための柵等の周囲に必要です。

補足 硫黄または硫黄のみを含有する危険物のみを貯蔵し、取り扱う場合は、緩和措置がある。

●屋外貯蔵所の保有空地

区　分		空地の幅
指定数量の倍数	10以下	3m以上
	10を超え20以下	6m以上
	20を超え50以下	10m以上
	50を超え200以下	20m以上
	200を超える	30m以上

③ 設置場所

容器の種類・材質によっては腐食が起こり、危険物の漏洩につながる危険性もあるため、湿潤でなく、かつ、排水のよい場所に設置する必要があります。

④ 区　画

危険物を貯蔵する場所が明確にわかるよう、周囲を柵等で区画しなければなりません。

2 貯蔵・取扱品の限定

屋外貯蔵所では、貯蔵し、取り扱うことのできる危険物が、右表のとおり限定されています。なお、塊状の硫黄等のみを、地盤面に設けた囲いの内側で貯蔵し、または取り扱う屋外貯蔵所には、基準の特例が認められています。

●屋外貯蔵所で貯蔵・取り扱いできる危険物

第２類	①硫黄 ②硫黄のみを含有するもの } 「硫黄等」という ③引火性固体（引火点が0℃以上のもの）
第４類	④第1石油類（引火点が0℃以上のもの） ⑤アルコール類 ⑥第２石油類 ⑦第３石油類 ⑧第４石油類 ⑨動植物油類

●屋外貯蔵所　設備の例

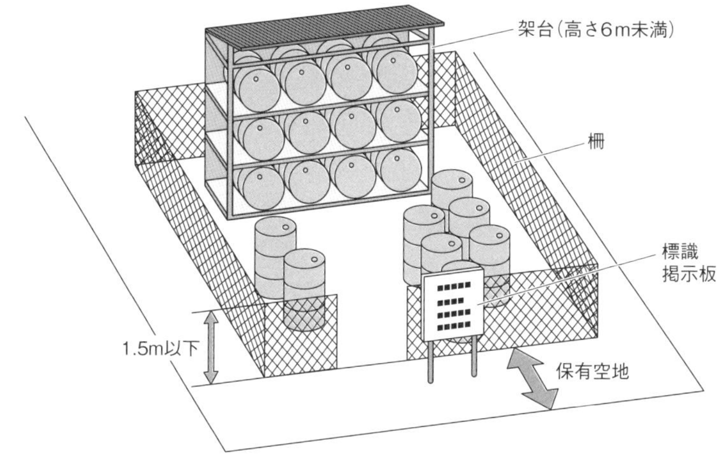

3 設　備

・架　台

屋外貯蔵所には、危険物を貯蔵するための架台(ラック)を次の基準に基づいて設けることができます。

a　架台は、不燃材料で造るとともに、堅固な地盤面に固定すること。

b　架台およびその付属設備の自重、貯蔵する危険物の重量、風荷重、地震の影響等の荷重によって生じる応力に対し、安全なものであること。

c　架台の高さは、6m未満とすること。

d　架台には、危険物を収納した容器が容易に落下しない措置を講じること。

4 基準の特例

高引火点危険物(引火点130℃以上の第4類危険物)のみを貯蔵し、取り扱う屋外貯蔵所には次のような基準の特例があります。

①　保安距離は、不活性ガスの高圧ガス施設および特別高圧架空電線について対象外とする。

②　保有空地は、右表のとおり幅が減じられる。

●高引火点危険物の屋外貯蔵所の保有空地

指定数量の倍数	空地の幅
50以下	3m以上
50を超え200以下	6m以上
200を超える	10m以上

(5) 屋内タンク貯蔵所の基準

屋内タンク貯蔵所とは、屋内にあるタンクにおいて危険物を貯蔵し、または取り扱う施設で、建築物その他の工作物、空地および付属設備が含まれます。

1 位　置

保安距離、保有空地ともに必要はありません。

2 構　造

① 屋内タンク貯蔵所の屋内貯蔵タンクは、原則として**平屋建てのタンク専用室**に設置します(一部例外あり)。

② **屋内貯蔵タンクは、タンク専用室の壁から0.5m以上の間隔を保って設置し**なければなりません。また、同一のタンク専用室に2つ以上のタンクを設置する場合、タンク相互の間隔も、同様に0.5m以上保つ必要があります。

③ **屋内貯蔵タンクは、容量に制限があります**。原則は、貯蔵する危険物の指定**数量の40倍以下ですが、第4類危険物のうち第4石油類と動植物油類以外についでは、指定数量の40倍が20,000Lを超えるものは、20,000L以下に制限**されます(20,000Lが最大容量)。具体的には下の表のとおりです。

④ タンク本体の構造は、屋外貯蔵タンクと同じです。

⑤ タンク専用室の構造は、原則として壁、柱、床を耐火構造、梁、屋根を不燃材料で造ります。なお、**天井を設けてはなりません**。

●屋内貯蔵タンクの最大容量

貯蔵する危険物		最大容量
第4類危険物	特殊引火物	2,000L ※
	第1石油類　非水溶性	8,000L ※
	第1石油類　水溶性	16,000L ※
	アルコール類	
	第2石油類　非水溶性	20,000L (指定数量の40倍が20,000L超えるもの)
	第2石油類　水溶性	
	第3石油類　非水溶性	
	第3石油類　水溶性	
	第4石油類	240,000L ※
	動植物油類	400,000L ※
その他の危険物		指定数量の40倍

※はそれぞれの指定数量の40倍の数量

同一のタンク専用室に2つ以上の屋内貯蔵タンクを設置する場合は、それらの合計が、最大容量を超えないようにする。

⑥　窓および出入口は、防火設備を設けます。

⑦　延焼のおそれのある外壁には、出入口以外の開口部を有してはなりません。また出入口に設ける防火戸は、自閉式の特定防火設備とします。

⑧　液状の危険物の屋内貯蔵タンクを設置しているタンク専用室の場合、床は危険物が浸透しない構造とした上で適当な傾斜をつけ、貯留設備を設けます。

⑨　タンク専用室の出入口の敷居の高さは、床面から0.2m以上とします。

3 設　備

①　圧力タンクには安全装置を、圧力タンク以外のタンクには、無弁通気管を設けます。(傍注参照)

②　液体危険物の屋内貯蔵タンクには、危険物の量を自動的に表示する装置を設けます。

③　弁、注入口は、屋外貯蔵タンクの基準を準用します。

④　採光、照明、換気、排出設備は、製造所の基準を準用します。

⚠CAUTION

●無弁通気管の技術基準

屋外貯蔵タンクの無弁通気管の基準に加え、次の基準がある。

①先端は、屋外にあって地上4m以上の高さとし、建築物の窓、出入口等から1m以上離す。

②引火点40℃未満の危険物を貯蔵するタンクでは、先端を敷地境界線から1.5m以上離す。

③高引火点危険物のみを100℃未満で貯蔵し、取り扱うタンクでは先端をタンク専用室内とすることができる。(危険度が相対的に低いので、基準が緩められている)

●屋内タンク貯蔵所　構造・設備の例

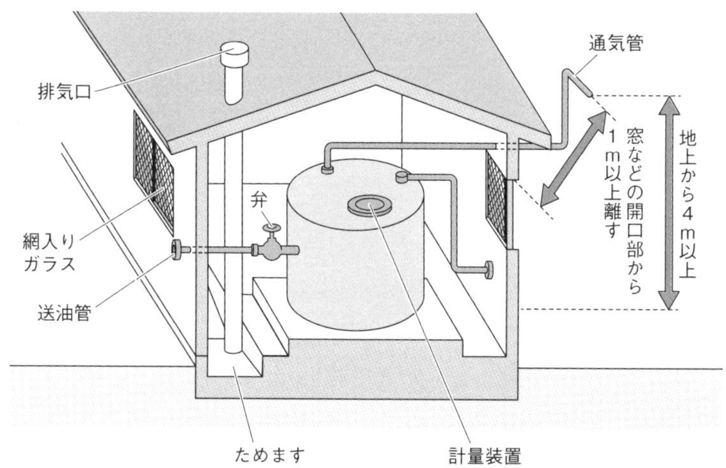

(6) 屋外タンク貯蔵所の基準

屋外タンク貯蔵所とは、屋外にあるタンクにおいて危険物を貯蔵し、または取り扱う施設で、建築物その他の工作物、空地および付属設備が含まれます。

1 位 置

① 保安距離

製造所の基準を準用します。

② 敷地内距離

屋外タンク貯蔵所だけに義務づけられているもので、引火性液体危険物の屋外貯蔵タンクの側板から敷地境界線まで一定の距離を確保しなければなりません。敷地内距離は、貯蔵する液体危険物の引火点、タンクの直径・高さによって異なります。

③ 保有空地

貯蔵・取り扱いをする危険物の数量により右の表のように定められています。

補足 引火点70℃以上の第4類危険物を貯蔵し、取り扱う屋外タンク貯蔵所を2つ以上隣接して設置する場合には、空地の幅を緩和できる。

●屋外タンク貯蔵所の保有空地

区 分		空地の幅
指定数量の倍数	500以下	3m以上
	500を超え1,000以下	5m以上
	1,000を超え2,000以下	9m以上
	2,000を超え3,000以下	12m以上
	3,000を超え4,000以下	15m以上
	4,000を超える	タンクの直径または高さのうち大なるものに等しい距離以上。ただし15m未満とすることはできない。

●屋外タンク貯蔵所の位置

・指定数量の倍数が500以下の場合

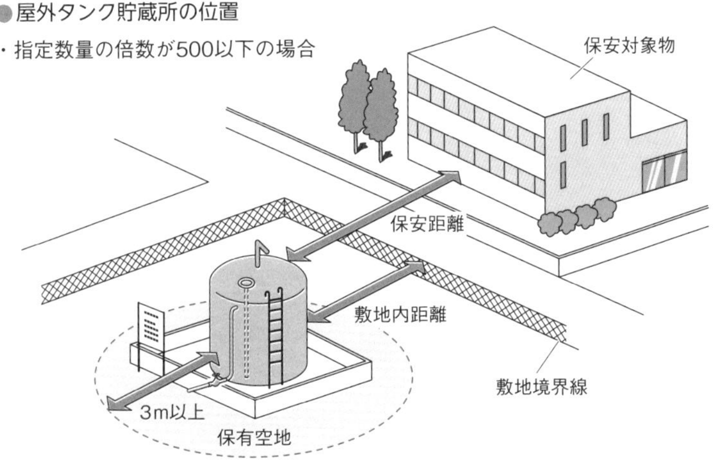

2 構　造

① 屋外貯蔵タンク(特定屋外貯蔵タンク等を除く)は、厚さ3.2mm以上の鋼板で造ります。なお、圧力タンクの場合は規定の水圧試験に、それ以外のタンクの場合は水張試験にそれぞれ合格したものでなければなりません。(傍注参照)

② タンクは、地震、風圧に耐える構造とし、その支柱は鉄筋コンクリート造、鉄骨コンクリート造、その他これらと同等以上の耐火性能を有するものでなければなりません。

③ 危険物の爆発等によりタンクの内圧が異常に上昇した場合、内部のガスや蒸気を上部に放出できる構造(放爆構造)にしなければなりません。

④ タンクの外面には、錆止めの塗装をします。

⑤ 底板を地盤面に接して設置するタンクについては、その底板の外面の腐食を防止する措置を講じます。

⚠ CAUTION

●特定屋外貯蔵タンク
貯蔵し、取り扱う液体危険物の最大数量が1,000kL以上のもの。基礎、地盤、材質、溶接方法などにつき、別途厳しい基準が設定されている。
なお、500kL以上1,000kL未満のものは、準特定屋外貯蔵タンクとされる。

●圧力タンクの水圧試験
最大常用圧力の1.5倍の圧力で10分間行う試験。この結果、タンクに漏れ、変形が生じないと確認できれば、合格となる。

●屋外タンク貯蔵所　構造・設備の例

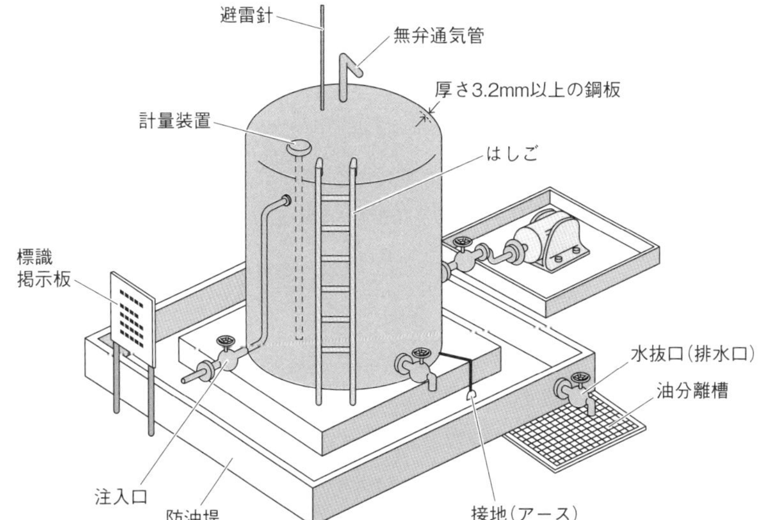

3 設　備

屋外タンク貯蔵所に設けるべき設備は多数ありますが、中でも重要なのは「通気管」と「防油堤」です。この2つは試験にも頻繁に出題されますし、特に通気管のうちの無弁通気管については、屋内タンク貯蔵所、地下タンク貯蔵所、簡易タンクの通気管の基準に準用されますので、しっかり覚えておきましょう。

【通気管・安全装置】

屋外貯蔵タンクには、タンクの種別に応じて、**通気管もしくは安全装置**を設けなければなりません。これは、危険物の出し入れを行う際にタンク内に**設計条件を超える圧力変動が生じてタンクが損傷するのを防止するため**です。

圧力タンク――――→**安全装置**を設ける（基準は製造所の安全装置の基準と同じ）

その他のタンク――→**通気管**（無弁通気管・大気弁付通気管）を設ける

と定められています。

●無弁通気管の構造

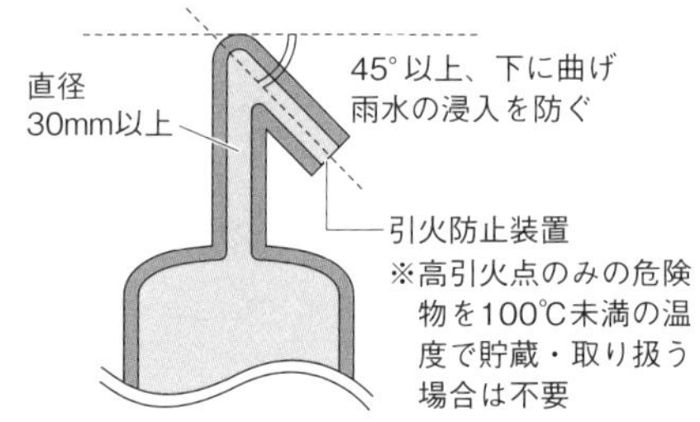

【防油堤】

液体危険物（二硫化炭素を除く）の屋外貯蔵タンクの周囲には、危険物が漏れ出した場合にその流出を防ぐため、**防油堤を設けなければなりません。**防油堤の主な基準は次のとおりです。

- **防油堤の主な基準**

① **高さは0.5m以上**

② **防油堤内の面積は80,000m²以下**

③ 材質は鉄筋コンクリートまたは土で造り、かつ、その中に収納された危険物が防油堤の外に流出しない構造とする。

④ 高さが1mを超えるものは、おおむね30mごとに、階段を設置するか土砂の盛り上げを行って堤内に出入りできるようにする。

⑤　内部の滞水を外部に排水するための水抜口を設け、開閉のための弁等を防油堤の外部に設ける。

⑥　防油堤の容量は、タンクの容量の**110%以上**（非引火性の危険物の場合は100%以上）、２つ以上のタンクの周囲に設ける場合は**最大のタンクの容量の110%以上**とする。

●屋外タンク貯蔵所の防油堤

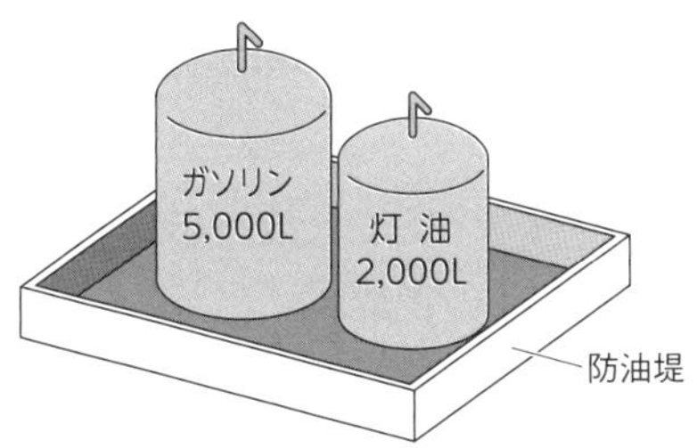

【その他の設備】

①　液体危険物の屋外貯蔵タンクには、危険物の量を自動的に表示する装置を設けます。

②　タンクの注入口は、注入ホースまたは注入管と結合が可能で、かつ漏れがないものでなければなりません。また注入口には弁またはふたを設けます。

③　静電気が発生するおそれのある液体危険物（第４類など、電気の不良導体であるもの）を貯蔵するタンクの注入口付近には、接地電極（アース）など静電気を有効に除去する装置を設けます。

④　ポンプ設備は、原則として周囲に３m以上の空地を確保して設置しなければなりません。

⑤　タンクの弁は、鋳鋼またはこれと同等以上の機械的性質を有する材料で造らなければなりません。

⑥　電気設備、避雷設備は、製造所の基準と同じです。

たとえば、ガソリン5,000Lと灯油2,000Lをそれぞれ貯蔵するタンクの周囲に設ける防油堤の容量は、
最大タンクの容量の110%以上だから
5,000×1.1＝5,500L以上となる。

CAUTION

●二硫化炭素の屋外貯蔵タンク

二硫化炭素を貯蔵する屋外タンクは、厚さ0.2m以上の鉄筋コンクリート造の水槽に水没するように定められている。この水槽が防油堤の機能をも果たしているため、あえて防油堤を設ける必要がないのである。

MEMO

●防油堤容量は＋10%分

防油堤の容量はタンク容量に10%が上乗せされている。これは引火性液体が流出した際、消火剤で液面をおおう必要が生じるため、その消火剤の量を計算に入れている。

(7) 簡易タンク貯蔵所の基準

簡易タンク貯蔵所とは、簡易貯蔵タンクにおいて危険物を貯蔵し、または取り扱う施設で、建築物その他の工作物、空地および付属設備が含まれます。

1 位　置

① 保安距離・保有空地

保安距離は必要ありませんが、屋外に設置する場合にはタンクの周囲に**1m以上の幅の空地**を保有し、また専用室内に設置する場合にはタンクと専用室の壁との間に0.5m以上の間隔を保ちます。

② 設置場所

簡易貯蔵タンクは、原則として屋外に設置します。ただし、次に掲げる条件のすべてに適合する専用室内に設置する場合は、屋内に設置することができます。

a　建築物の構造、窓、出入口、床が、屋内タンク貯蔵所のタンク専用室の例によるもの。(67ページ参照)

b　採光、照明、換気および排出の設備が、屋内貯蔵所の例によるもの。(63ページ参照)

●簡易タンク貯蔵所　構造・設備の例

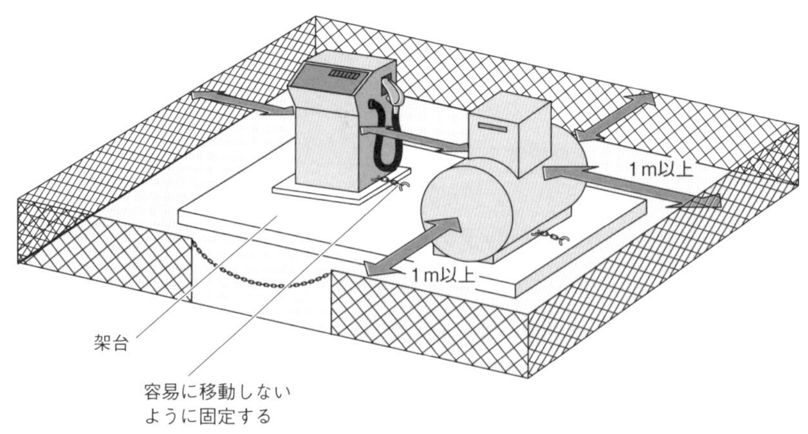

2 構　造

① 簡易貯蔵タンク１基の容量は、600L以下です。

② １つの簡易タンク貯蔵所には、**最大３基まで**簡易貯蔵タンクを設置することができます。ただし、同一品質の危険物の簡易貯蔵タンクは２基以上設置できません。

- 同じガソリンでも、オクタン価の異なるものは同一品質にはあたらない。

●設置が可能な組み合わせの例

③ 簡易貯蔵タンクは、厚さ3.2mm以上の鋼板で気密に造るとともに、70kPaの圧力で10分間行う水圧試験において、漏れや変形のしないものでなければなりません。

④ タンクの外面には、錆止めのための塗装をします。

⑤ タンクは、容易に移動しないように地盤面、架台等に固定する必要があります。

3 設　備

簡易貯蔵タンクには通気管を設けます。このうち、第４類危険物を貯蔵する圧力タンク以外のタンクに設けるものは、無弁通気管とします。

●簡易貯蔵タンクの通気管

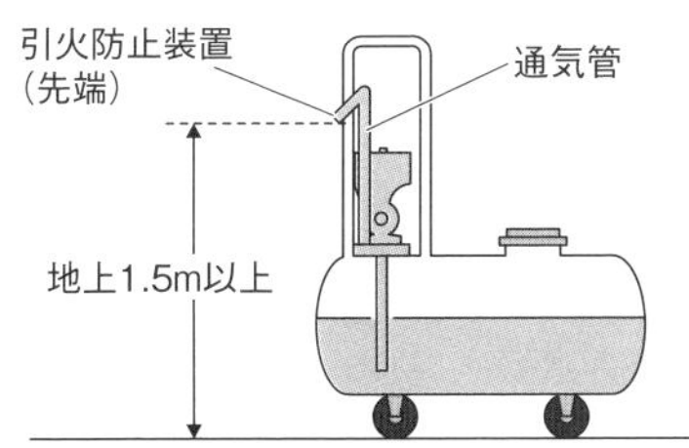

簡易タンク貯蔵所の試験での出題ポイントは
①容量600L以下
②1つの貯蔵所にタンク3基まで
③同一品質2基以上はだめ
④無弁通気管の構造
これだけは覚えるのじゃぞ！

CAUTION

●給油設備

簡易貯蔵タンクに給油また注油のための設備を設ける場合は、給油取扱所の固定給油設備または灯油用固定注油設備と同様の設備とする。

(8) 地下タンク貯蔵所の基準

地下タンク貯蔵所とは、地盤面下に埋設されているタンクにおいて危険物を貯蔵し、または取り扱う貯蔵所で、建築物その他の工作物、付属設備が含まれます。

1 位　置

① 保安距離・保有空地ともに必要ありません。これは、貯蔵タンクが一定の基準のもと地盤面下に埋設されていることにより、保安上十分な措置がとられているとみなされるからです。

② 地下貯蔵タンクの形態と設置(埋設)方法の組み合わせは、下図のとおりです。

●地下貯蔵タンクの設置パターン

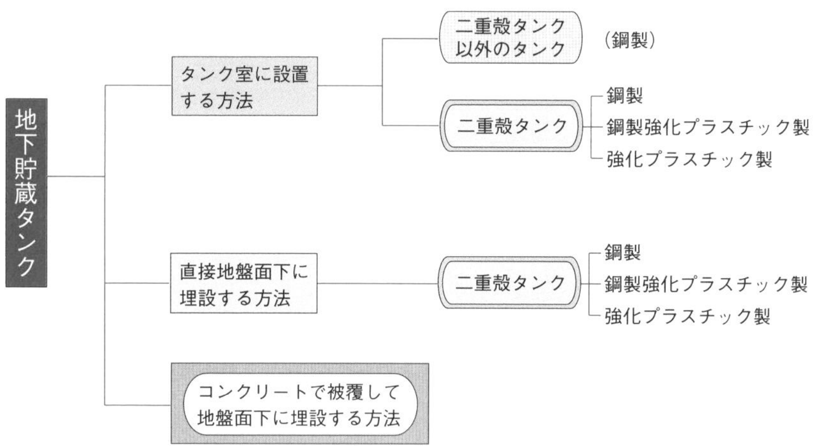

かつて、一定の要件を満たす場合において、鋼製一重殻タンク(二重殻タンク以外のタンク)を地盤面下に直接埋設する設置方法が認められていました。しかし、法改正により、平成17年4月1日以降は禁止されました。また、その後、既設の直接埋設タンクについては、腐食のおそれの度合い等に応じて、それぞれの事故防止対策を講じるよう規定されています。

●鋼製の地下貯蔵タンクをタンク室に設置する場合

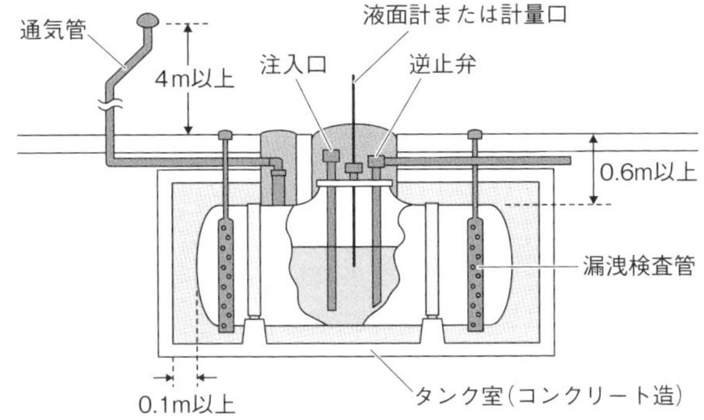

2 構　造

① タンク室の内側とタンクとの間隔は0.1m以上保ち、タンクの周囲に乾燥砂を詰めます。

② タンクの頂部は、**0.6m以上地盤面から下**になければなりません。

③ タンクは、厚さ3.2mm以上の鋼板で造ります。これは規定の水圧試験において、漏れや変形のしないものでなければなりません。

④ タンクを2つ以上隣接して設置する場合は、タンク相互の間隔を1m以上（タンクの総量が指定数量の100倍以下のときは0.5m以上）とります。

3 設　備

① 圧力タンクには安全装置を、それ以外のタンクには通気管（第4類の場合は無弁通気管）を設けます。

② 二重殻タンク以外のタンクには、危険物の漏れを検査する「漏洩検査管」を周囲の4か所以上、二重殻タンクには「漏洩検知装置」を設けます。

③ 液体危険物のタンクには、危険物の量を自動的に表示する装置を設けます。

MEMO

●規定の水圧試験

圧力タンクの場合は最大常用圧力の1.5倍の圧力で、それ以外のタンクの場合は70kPaの圧力でそれぞれ10分間行う水圧試験。

⚠CAUTION

●無弁通気管

屋内タンク貯蔵所の基準によるほか、

①地下貯蔵タンクの頂部に取り付ける

②地下埋設部分はその上部の地盤面にかかる重量が、直接かからないように保護すること

⑼ 移動タンク貯蔵所の基準

移動タンク貯蔵所とは、車両に固定されたタンクにおいて危険物を貯蔵し、または取り扱う施設で、一般にいうタンクローリーのことです。

1 位　置

保安距離、保有空地についての規制はありませんが、車両を常置する場所について以下のとおり規定されています。

屋外…防火上安全な場所

屋内…耐火構造または不燃材料で造った建築物の１階

2 構　造

●移動タンク貯蔵所　構造・設備の例

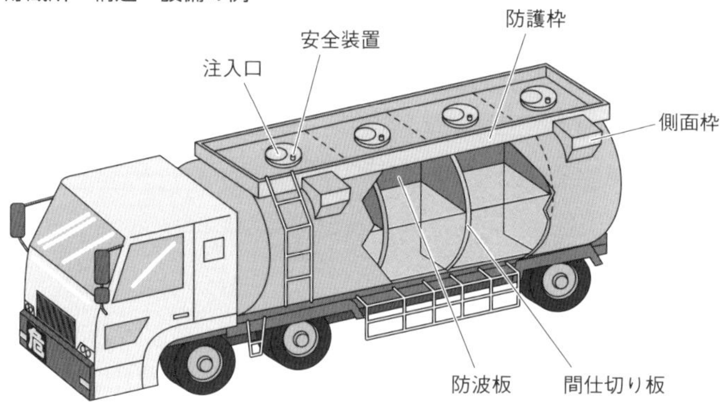

① 移動貯蔵タンクは、厚さ3.2mm以上の鋼板等で造ります。また、圧力タンクの場合は規定の水圧試験において、漏れや変形のしないものでなければなりません。

② 移動貯蔵タンクの容量は、**30,000L以下**と定められています。また内部には、4,000L以下ごとに区切る完全な間仕切り板を、厚さ3.2mm以上の鋼板か、これと同等以上の機械的性質を有する材料によって設けなければなりません。

③　間仕切り板で区切られたタンク室のうち、容量が2,000L以上のものには、防波板を設けます。

④　事故等により移動タンク貯蔵所が横転、転覆した場合、マンホール等の付属装置を保護するため、タンク両側面の上部には側面枠を、付属装置の周囲には防護枠を設けます。

●側面枠と防護枠

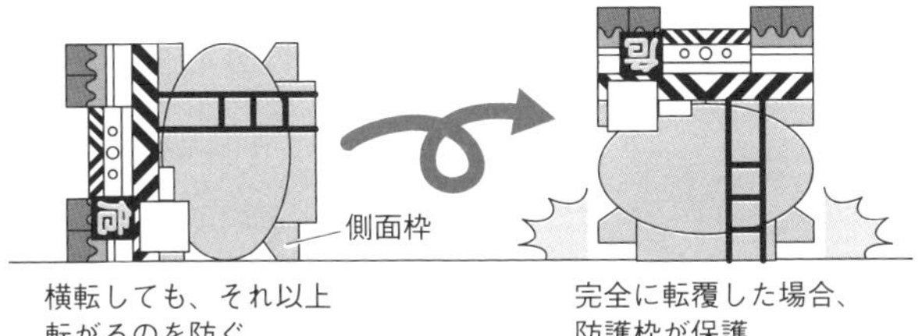

CAUTION

●移動タンク貯蔵所の標識

・黒地に黄色の反射塗料等で表示する
・車両の前後に掲げる

3 設　備

①　移動貯蔵タンクの下部に排出口を設ける場合は、排出口に底弁を設けます。また非常時に備え、その底弁にはレバーの長さ15cm以上の手動閉鎖装置および自動閉鎖装置を設けます。

②　移動貯蔵タンクの配管は、先端に弁等を設けます。

③　ガソリン、ベンゼン等、静電気による災害が発生するおそれのある液体危険物を貯蔵する場合には、**接地導線（アース）**を設けなければなりません。

④　液体の危険物を貯蔵し、取り扱う場合には、注入口と結合できる結合金具を備えた注入ホースを設けなければなりません。

⑤　可燃性蒸気が滞留するおそれのある場所に設ける電気設備は、可燃性蒸気に引火しないような構造とします。

⑽ 給油取扱所の基準

給油取扱所とは、固定した給油設備(以下「固定給油設備」)により自動車等の燃料タンクに直接給油するために危険物を取り扱う施設で、建築物その他の工作物、空地および付属設備が含まれます。

給油取扱所には、灯油もしくは軽油を容器に詰め替えたり、車両に固定された容量4,000L以下のタンクに注入するために、固定した注油設備(以下「固定注油設備」)により危険物を取り扱う施設を含みます。

一般の給油取扱所の形態として、屋外に設置するものと、建築物内に設置する(一定以上の面積の上屋を有するものを含む)屋内給油取扱所があります。

1 位　置

①　保安距離・保有空地

いずれも必要としません。

●給油取扱所　構造・設備の例

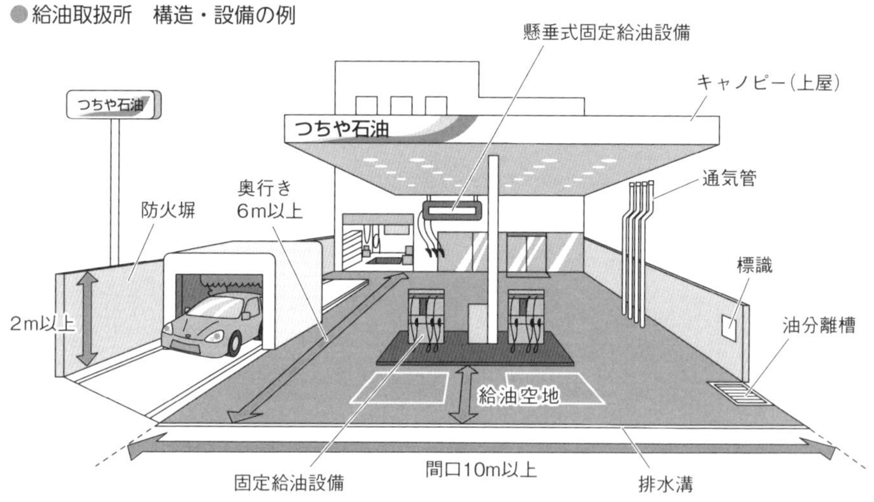

②　給油空地

自動車等に直接給油するための固定給油設備のホース機器の周囲には、**間口10m以上、奥行き6m以上(10m×6m)**の空地を保有しなければなりません。

給油空地は、自動車等が出入りするため、またこれに直接給油するために最低限必要な空地です。

③　注油空地

給油取扱所に灯油もしくは軽油を容器に詰め替えるための固定注油設備を設置する場合は、ホース機器の周囲に、詰め替え等のために必要な空地を保有しなければなりません。

注油空地は、給油空地以外の場所に確保しなければなりません。注油空地の面積に具体的な規定はありませんが、容器または空地から車両がはみ出すことなく詰め替え作業が行えるだけの面積が必要です。

2 構　造

給油取扱所には、給油またはこれに付帯する業務のための建築物を除き、建築物その他の工作物を設けることはできません。

●給油取扱所に設けることのできる建築物

給油・注油の作業場　事務所　店舗，飲食店，展示場

点検・整備のための施設

洗車施設

① 給油空地および注油空地は、漏れた危険物が浸透しないための舗装をしなければなりません。さらに、漏れた危険物が空地以外の部分に流出しないような措置として、排水溝および油分離装置等を設ける必要があります。

⚠CAUTION

●10m×6mとは

給油空地の間口10m×奥行き6mとは、小型自動車を基準にその最小回転半径等を考慮して決められている。

●建築物の構造

①壁、柱、床、梁、屋根は、耐火構造もしくは不燃材料で造る。

②窓および出入口(自動車等の出入口を除く)には、防火設備を設ける。

③所有者等の住居とそれ以外の部分(給油取扱所の用に供する部分)とは、開口部のない耐火構造の床または壁で区画し、給油取扱所の敷地に面する側の壁には出入口を設けない。

④係員以外の者が出入りする建築物の部分の床面積は、合計300m²以下とする。

② 給油取扱所の周囲には、自動車等の出入りする側を除き、高さ2m以上の耐火構造または不燃材料で造った塀または壁を設けます。給油取扱所に近接して、延焼のおそれのある建築物があるときは、この塀または壁の高さを防火上安全な高さにしなければなりません。

3 設　備

① 固定給油設備および固定注油設備は、先端に弁を設けた全長5m以下の給油ホースまたは注油ホースを設けます。なお、これらのホースの先端に蓄積される静電気を、有効に除去する装置も設けなければなりません。

●懸垂式以外の給油ホースの長さ

② 固定給油設備および固定注油設備のポンプ機器は、ホースの先端における最大吐出量が下の表のとおり定められています。

危険物の種類	固定給油設備	固定注油設備
ガソリン	50L以下	
メタノール等		
軽　油	180L以下	60L以下
灯　油		60L以下

③ 固定給油設備および固定注油設備は、道路境界線等から下の表のような間隔をとります。

●固定給油設備・灯油用固定注油設備の位置

	懸垂式		懸垂式以外	
	固定給油設備	固定注油設備	固定給油設備	固定注油設備
道路境界線から	4m以上		最大ホース全長3m以下のもの……4m以上 最大ホース全長3mを超え4m以下のもの……5m以上 最大ホース全長4mを超え5m以下のもの……6m以上	
敷地境界線から	2m以上	1m以上	2m以上	1m以上
建物の壁から	2m以上（壁に開口部がない場合は1m以上）			
固定給油設備から		道路境界線からの距離に同じ		道路境界線からの距離に同じ

④　給油取扱所には、固定給油設備もしくは固定注油設備に接続する専用タンク、または容量10,000L以下の廃油タンクを、地盤面下に埋設して設けることができます。

また、防火地域および準防火地域以外の地域に限って、容量600L以下の簡易タンクを３基まで設けることができます(ただし、同一品質の危険物は１基のみ)。

専用タンク、廃油タンク10,000Lこれは試験でよくでるポイントだ！

【屋内給油取扱所の基準】

●屋内給油取扱所の例

屋内給油取扱所とは、建築物内に設置する給油取扱所およびそれ以外のもので、上屋(キャノピー)等の面積が、敷地面積から事務所等の建築物の１階の床面積を除いた面積の1/3を超えるものとされています(傍注参照)。

屋内給油取扱所の構造・設備は、基本的に屋外に設置する給油取扱所の例によります。

屋内給油取扱所は、病院、福祉施設、幼稚園などがある建築物内には設置できんぞ。
また、１階の２方向については、原則として壁を設けてはならんのじゃ。

⚠CAUTION

●屋内給油取扱所の定義

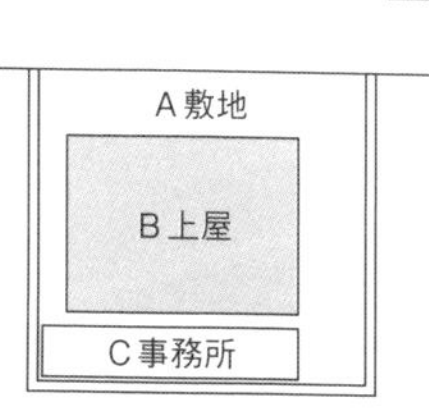

B－Cの面積が、A－Cの面積の1/3を超えるものが屋内給油取扱所となる。
たとえば敷地面積が$100m^2$、事務所床面積が$20m^2$、上屋面積が$60m^2$とした場合、
$100m^2-20m^2=80m^2$
$60m^2-20m^2=40m^2$
で、$\frac{40m^2}{80m^2}>\frac{1}{3}$となりこの給油取扱所は屋内給油取扱所となる。

4 顧客に自ら給油等をさせる給油取扱所の基準

① 位　置

保安位置・保有空地のいずれも必要としません。

② 構造・設備

a　顧客自ら給油等をさせる給油取扱所である旨を表示しなければなりません。

b　給油ホースの先端部に手動開閉装置を備え、静電気を有効に除去する給油ノズルを設置します。また、燃料タンクが満量になったときには、危険物の給油が自動的に停止する構造でなくてはなりません。

c　ガソリンおよび軽油相互の誤給油を防止でき、1回の連続した給油量および給油時間の上限を設定できる構造でなくてはなりません。

d　給油ホースは、著しい引張力が加わったときに安全に分離し、分離した部分から漏洩を防止する構造でなくてはなりません。

e　地震等の災害時に給油取扱所内のすべての危険物の供給を自動的に停止する構造でなくてはなりません。

f　顧客用固定給油設備等には顧客用の固定給油設備である旨の表示をします。

g　地盤面に、自動車等の給油のための停止位置、注油のための容器の置き場所を表示しなければなりません。

h　給油および注油の設備の直近に、使用方法や危険物等の表示を行います。

●取り扱う危険物の主な種類

危険物の種類	文字	彩色
自動車ガソリン （日本産業規格K2202に規定するもののうち1号に限る。）	「ハイオク」または 「ハイオクガソリン」	黄
自動車ガソリン （日本産業規格K2202に規定するもののうち2号に限る。）	「レギュラー」または 「レギュラーガソリン」	赤
軽油	「軽油」	緑
灯油	「灯油」	青

⑾ 販売取扱所の基準

販売取扱所とは、店舗において容器入りのまま販売するために危険物を取り扱う施設で、建築物その他の工作物および付属設備が含まれます。

●販売取扱所の区分

販売取扱所の例	取り扱う危険物の数量
第一種販売取扱所	指定数量の15倍以下
第二種販売取扱所	指定数量の15倍を超え40倍以下

【第一種販売取扱所】

1 位　置

保安距離、保有空地ともに必要ありませんが、防災上の観点から、店舗は建築物の１階に設置しなければなりません。

2 構　造

① 建築物の店舗に使用する部分は、壁を準耐火構造とすること。また、店舗に使用する部分とその他の部分との隔壁は、耐火構造としなければなりません。

② 店舗に使用する部分の梁は不燃材料で造り、天井を設ける場合は、これも不燃材料で造ります。

③ 店舗に使用する部分に上階がある場合は、上階の床を耐火構造とします。上階がない場合は、屋根を耐火構造とするか、不燃材料で造ります。

●第一種販売取扱所の例

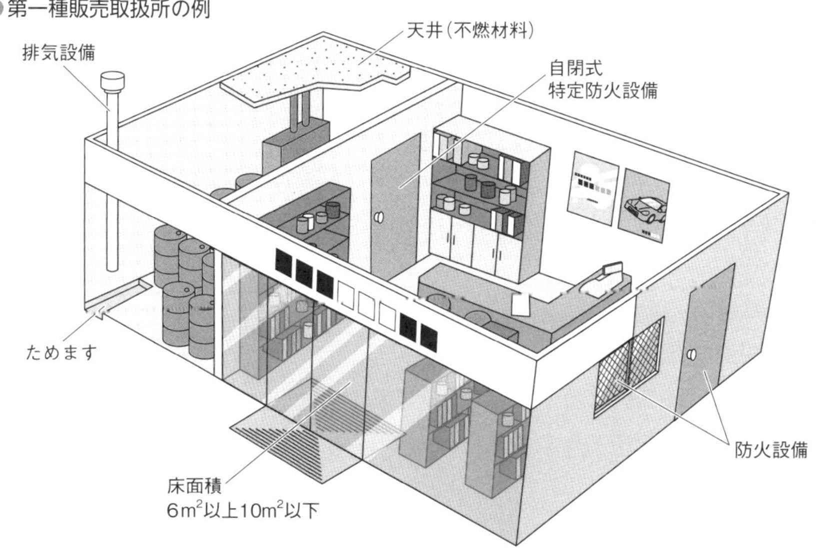

④　店舗に使用する部分の窓および出入口には、防火設備を設けます。

⑤　窓および出入口にガラスを用いる場合は、網入りガラスとします。

⑥　販売取扱所には、危険物を容器から取り出して調合等を行うための配合室を設けることができますが、この配合室の構造は、店舗内の販売に使用する部分と比べて、次のとおり基準が強化されます。

a　床面積は、6 m^2以上10m^2以下とする。

b　前記①と同様の壁で区画する。

c　床は危険物が浸透しない構造とした上で適当な傾斜をつけ、かつ、貯留設備を設ける。

d　出入口には随時開けることができる自閉式の特定防火設備を設ける。

e　出入口の敷居の高さは、床面から0.1m以上とする。

f　内部に滞留した可燃性の蒸気または可燃性の微粉を、屋根上に排出する設備を設ける。

【第二種販売取扱所】

第一種販売取扱所に対して取り扱うことのできる危険物が多いため、構造についての基準も強化されています。

1 位置・設備

位置および設備の基準は、第一種販売取扱所と同じです。

2 構　造

①　建築物の店舗に使用する部分は、壁、床、柱、梁を耐火構造とし、天井を設ける場合は、不燃材料で造ります。

②　店舗に使用する部分に上階がある場合は、上階の床を耐火構造とし、上階への延焼を防止するための措置を講じます。上階のない場合は、屋根を耐火構造とします。

③　窓は、延焼のおそれのない部分に限って設けることができ、かつ、窓には防火設備を設けます。

④　出入口には、防火設備を設けます。また、延焼のおそれのある壁に設ける出入口には、随時、開けることができる自閉式の特定防火設備を設けなければなりません。

このほかについては、第一種販売取扱所の基準と同じです。

⑿ 移送取扱所の基準

移送取扱所とは、配管およびポンプ、ならびにこれらに付属する設備によって危険物の移送の取り扱いを行う施設で、建築物その他の工作物、空地および付属設備が含まれます。

1 位　置

・設置禁止場所

保安上、移送取扱所を設置してはならない場所が、次のように定められています。

⚠CAUTION

●移送配管の位置制限

道路下に埋設する場合、配管の外面と路面との距離は、市街地では1.8m以下としてはならない。

●市街地の道路下に設置する場合

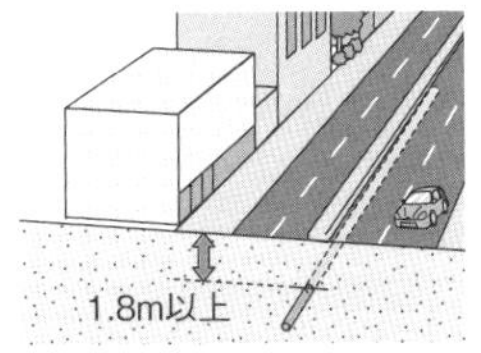

●防災計画に定める避難空地

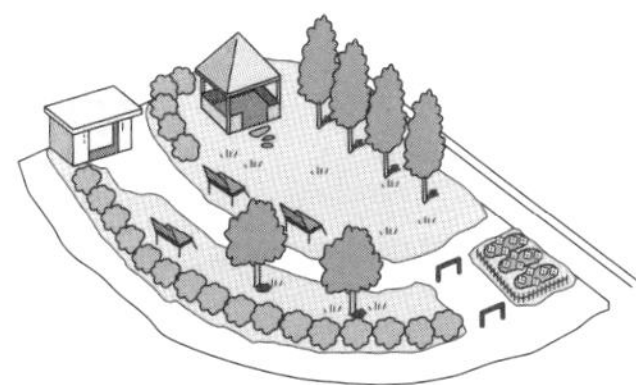

●鉄道・道路のトンネル内

●高速道路の車道など

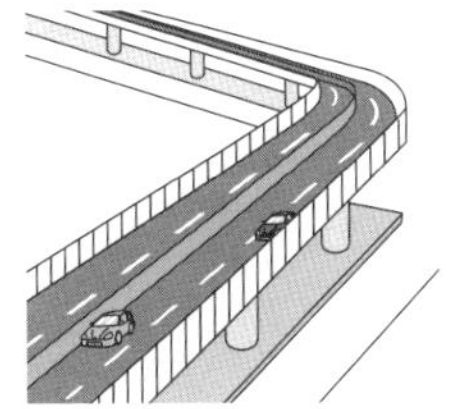

その他
- 利水上の水源である湖沼、貯水池など
- 急傾斜地の崩壊危険区域など
- 海岸保全施設およびその敷地

2 構　造

① 配管等の材料は、一定のJIS規格に適合するものを使用します。

② 配管等の構造は、移送される危険物の重量、配管等の自重、内圧等に対して安全なものでなければなりません。

③ 配管等の接合は、原則として一定基準に適合する方法の溶接により行います。

④ 配管に、その許容応力度を超える圧縮、引張、曲げるなど有害な伸縮が生じるおそれのある箇所には、これを吸収する措置を講じなければなりません。

3 設　備

① ポンプおよび付属設備は一定の基準に適合するものを使用します。

② その他、漏洩拡散防止装置、可燃性蒸気の滞留防止装置、運転状態の監視装置、安全制御装置、圧力安全装置等の設備を設けることとされています。

⒀ 一般取扱所の基準

一般取扱所とは、給油取扱所、販売取扱所、移送取扱所以外のすべての取扱所のことで、その形態はさまざまです。

一般取扱所の位置、構造、設備の基準については、製造所の基準を準用しています。しかし、以下の一般取扱所に対しては、基準の特例として緩和措置がとられています。

●基準の特例が認められる一般取扱所

<table>
<tr><th>一般取扱所の別</th><th>取扱形態など</th><th>取扱数量</th></tr>
<tr><td>吹付塗装作業等の一般取扱所</td><td>塗装、印刷等のため第２類危険物および特殊引火物を除く第４類危険物のみを取り扱う。</td><td rowspan="4">指定数量の30倍未満</td></tr>
<tr><td>洗浄作業の一般取扱所</td><td>洗浄のために危険物を取り扱うため、引火点が40℃以上の第４類危険物のみを取り扱う。</td></tr>
<tr><td>焼き入れ作業等の一般取扱所</td><td>焼き入れまたは放電加工のため引火点70℃以上の第４類危険物のみを取り扱う。</td></tr>
<tr><td>ボイラー、バーナー等で危険物を消費する一般取扱所</td><td>ボイラー、バーナー等で引火点40℃以上の第４類危険物のみを消費する。</td></tr>
<tr><td>充塡の一般取扱所</td><td>車両に固定されたタンクに液体の危険物（一部を除く）を注入する。</td><td>数量制限なし</td></tr>
<tr><td>油圧装置等を設置する一般取扱所</td><td>油圧装置などを設置する一般取扱所で、高引火点危険物のみを、100℃未満で取り扱う。</td><td>指定数量の50倍未満</td></tr>
<tr><td>詰め替えの一般取扱所</td><td>固定した注油設備により引火点40℃以上の第４類危険物のみを容器に詰め替える等する。</td><td rowspan="4">指定数量の30倍未満</td></tr>
<tr><td>切削装置等を設置する一般取扱所</td><td>切削油として危険物を用いた切削装置または研削装置その他これらに類する装置を設置する一般取扱所で、高引火点危険物のみを、100℃未満の温度で取り扱う。</td></tr>
<tr><td>熱媒体油循環装置等を設置する一般取扱所</td><td>危険物以外のものを加熱するために危険物を用いた熱媒体油循環装置を設置する一般取扱所で、高引火点危険物のみを取り扱う。</td></tr>
<tr><td>蓄電池設備を設置する一般取扱所</td><td>危険物を用いた蓄電池設備を設置する一般取扱所で、第４類の危険物のみを取り扱う。</td></tr>
</table>

これだけは覚えておこう

- □ 1．**保安距離**……
  - 一般住宅から10m以上、高圧ガス施設などから20m以上、学校・病院などから30m以上、重要文化財から50m以上、特別高圧架空電線から水平距離３m以上(7,000～35,000V)、５m以上(35,000V～)。
- □ 2．**保有空地**……・指定数量の倍数、構造により0.5～30m。
- □ 3．**製造所の基準**……・位置・構造・設備ともすべての施設の基準になる。
- □ 4．**屋内貯蔵所の基準**……・床面積の制限あり→1,000m^{2}以下。
- □ 5．**屋外貯蔵所の基準**……
  - 硫黄等、引火性固体(引火点０℃以上のもの)、第１石油類(引火点が０℃以上のもの)、アルコール類、第２、第３、第４石油類、動植物油類のみ貯蔵可。
- □ 6．**屋内タンク貯蔵所の基準**……
  - 容量制限あり→原則指定数量の40倍以下。第４類(第４石油類・動植物油類以外)は最大20,000L以下。
- □ 7．**屋外タンク貯蔵所の基準**……・敷地内距離の規定あり。
  - 防油堤の最大容量(タンクの110％以上)。
- □ 8．**簡易タンク貯蔵所の基準**……・容量制限あり→１基600L以下。
  - １施設に３基まで、品質は別々で。
- □ 9．**地下タンク貯蔵所の基準**……
  - 設置法に３種→①タンク室に設置、②直接地盤面下に埋設、③コンクリート被覆で埋設
- □ 10．**移動タンク貯蔵所の基準**(タンクローリー)……
  - 容量制限あり→30,000L以下。
  - 内部は4,000L以下ごとに間仕切り。
- □ 11．**給油取扱所の基準**……
  - 固定給油設備等の設置位置、給油空地、注油空地。
  - 屋内給油取扱所→上屋面積が敷地の２/３以上。
- □ 12．**販売取扱所の基準**……
  - 第一種は指定数量の15倍以下、第二種は15倍を超え40倍以下。

〈出題例10〉の解答 (1) ▶学校、病院からは、30m以上の保安距離を確保しなければならない。

Section 11

標識・掲示板

〈 出題例11 〉

【問題】製造所等に掲げる、注意事項を表示した掲示板について、次のうち誤っているものはどれか。

(1) 第２類(引火性固体を除く) …………火気注意
(2) 禁水性物品………………………………禁　水
(3) 自然発火性物品…………………………火気厳禁
(4) 第４類……………………………………火気注意
(5) 第５類……………………………………火気厳禁

▶解答は89ページ

製造所等には、設備の１つとして見やすい箇所に標識および掲示板を表示しなければなりません。

(1) 標　識

製造所等(移動タンク貯蔵所を除く)に掲げる標識は、幅0.3m以上×長さ0.6m以上で、地は白色、文字を黒色とし、製造所等の名称(「危険物製造所」など)を記載します。

移動タンク貯蔵所の標識は、一辺が0.3m以上0.4m以下の正方形の板に、地が黒色、文字は黄色の反射塗料等で「危」と表示し、車両の前後の見やすい位置に掲げなければなりません。

運搬車両の場合は、同じ形状で大きさが0.3m×0.3mとなります。

●製造所等の標識

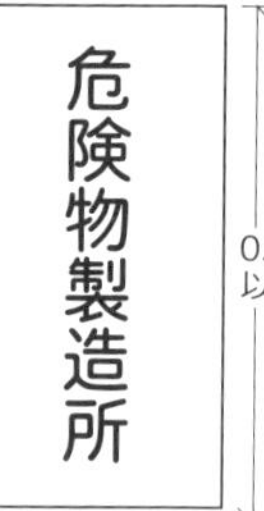

●移動タンク貯蔵所の標識

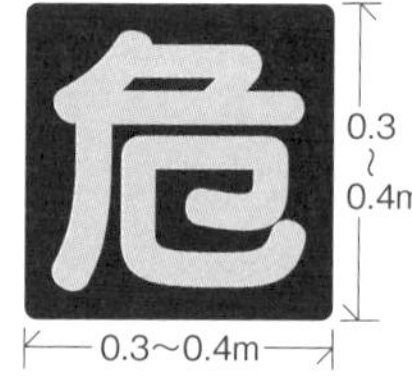

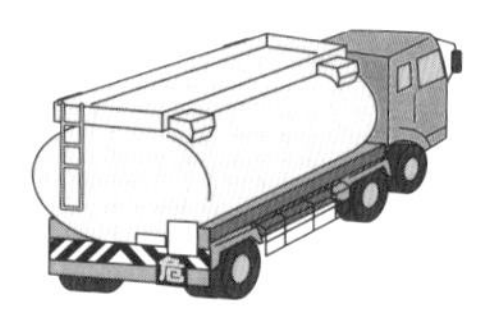

●危険物運搬車両の標識

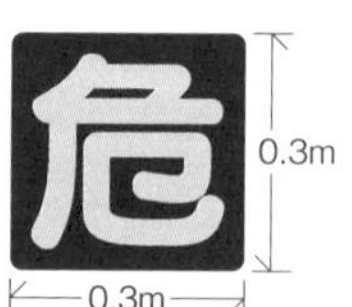

(2) 掲示板

1 類別等の掲示板

幅0.3m以上×長さ0.6m以上の地が白色の板に黒色の文字で、以下の内容を記載します。

- 危険物の類
- 危険物の品名
- 貯蔵または取り扱いの最大数量、指定数量の倍数
- 危険物保安監督者の氏名または職名

2 注意事項の掲示板

大きさは同じく幅0.3m以上×長さ0.6m以上で、貯蔵・取扱危険の性質に応じて次の3種類があります。

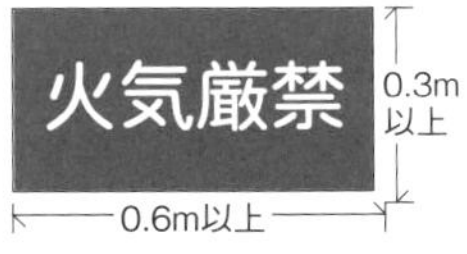

- 色→地は赤色、文字は白
- 対象危険物
  第2類（引火性固体）
  第3類（自然発火性物品ほか）
  第4類、第5類

火気注意
0.3m以上
0.6m以上

- 色→地は赤色、文字は白
- 対象危険物
  第2類（引火性固体を除く）

禁　水
0.3m以上
0.6m以上

- 色→地は青色、文字は白
- 対象危険物
  第1類（アルカリ金属の過酸化物ほか）
  第3類（禁水性物品ほか）

CAUTION

●類別等の掲示板

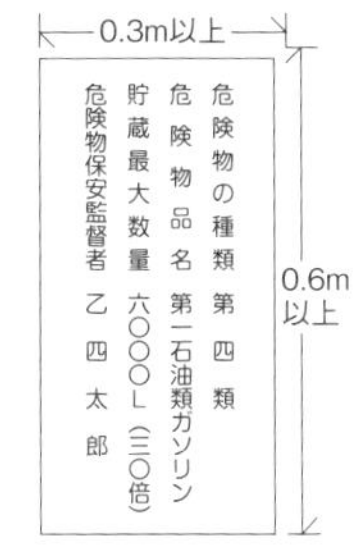

●その他の掲示板

▶給油取扱所では次の掲示板の設置も必要

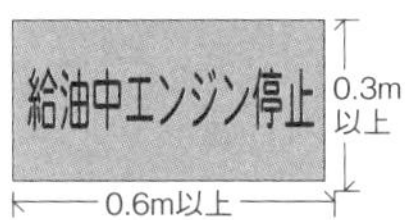

色→地は黄赤色（オレンジ色）、文字は黒

▶引火点21℃未満の危険物を貯蔵し、取り扱う屋外タンク貯蔵所、屋内タンク貯蔵所、地下タンク貯蔵所の「タンク注入口」または「ポンプ設備」に掲げる掲示板

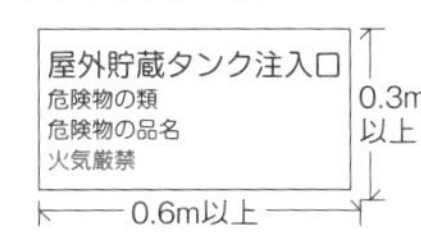

これだけは覚えておこう

- □ 1. 標識（移動タンク貯蔵所以外）と掲示板は0.3m以上×0.6m以上。
- □ 2. 移動タンク貯蔵所の標識は0.3m平方以上0.4m平方以下、運搬車両の標識は0.3m×0.3m。

〈出題例11〉の解答　(4)　▶貯蔵・取り扱いをする危険物と、その施設に掲げる掲示板の組み合わせに関する問題である。第4類危険物の貯蔵・取り扱いをする施設には「火気厳禁」の掲示板を表示しなければならない。

Section 12 消火設備の基準

〈 出題例12 〉

【問題】消火設備の区分で、次のうち誤っているものはどれか。

(1)　第１種　屋内消火栓設備または屋外消火栓設備

(2)　第２種　スプリンクラー設備

(3)　第３種　泡消火設備または泡を放射する車輪付きの消火器

(4)　第４種　二酸化炭素を放射する大型消火器

(5)　第５種　乾燥砂

▶解答は93ページ

製造所等の区分や規模、貯蔵・取り扱いをする危険物の品名・最大数量等に応じて、それぞれ適応する消火設備の設置義務が規定されています。

(1) 消火設備の種類と適応性

1 消火設備の種類

消火設備は、第１種から第５種までに分類されており、第３種～第５種消火設備には、形式や消火剤の異なる多くの消火設備・消火器がまとめられています。

●第１種消火設備

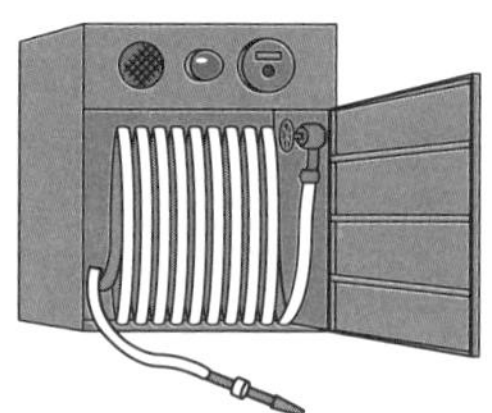

●第２種消火設備

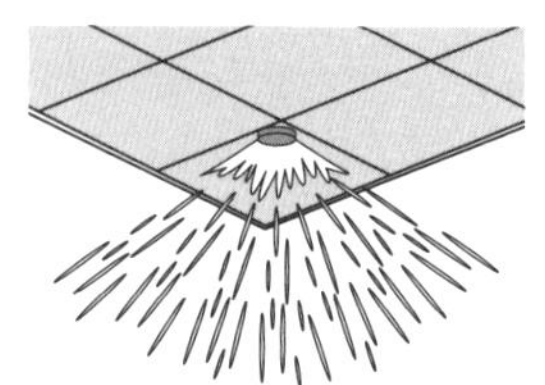

●第３種消火設備

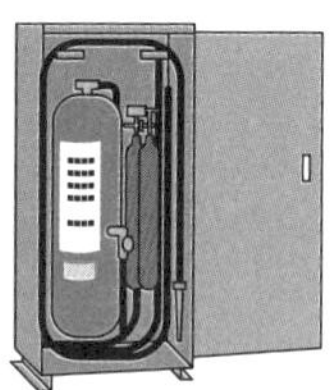

●第４種消火設備

●第５種消火設備

●消防設備の適応一覧（政令別表第５）

消火設備の区分			対象物の区分：建築物その他の工作物	電気設備	第1類の危険物：アルカリ金属の過酸化物またはこれを含有するもの	第1類の危険物：その他の第1類の危険物	第2類の危険物：鉄粉、金属粉もしくはマグネシウムまたはこれらのいずれかを含有するもの	第2類の危険物：引火性固体	第2類の危険物：その他の第2類の危険物	第3類の危険物：禁水性物品	第3類の危険物：その他の第3類の危険物	第4類の危険物	第5類の危険物	第6類の危険物
第１種	屋内消火栓設備または屋外消火栓設備		○			○		○	○		○		○	○
第２種	スプリンクラー設備		○			○		○	○		○		○	○
第３種	水蒸気消火設備または水噴霧消火設備		○	○		○		○	○		○	○	○	○
第３種	泡消火設備		○			○		○	○		○	○	○	○
第３種	不活性ガス消火設備			○				○				○		
第３種	ハロゲン化物消火設備			○				○				○		
第３種	粉末消火設備	リン酸塩類等を使用するもの	○	○		○		○	○			○		○
第３種	粉末消火設備	炭酸水素塩類等を使用するもの		○	○		○	○		○		○		
第３種	粉末消火設備	その他のもの			○		○			○				
第４種または第５種	棒状の水を放射する消火器		○			○		○	○		○		○	○
第４種または第５種	霧状の水を放射する消火器		○	○		○		○	○		○		○	○
第４種または第５種	棒状の強化液を放射する消火器		○			○		○	○		○		○	○
第４種または第５種	霧状の強化液を放射する消火器		○	○		○		○	○		○	○	○	○
第４種または第５種	泡を放射する消火器		○			○		○	○		○	○	○	○
第４種または第５種	二酸化炭素を放射する消火器			○				○				○		
第４種または第５種	ハロゲン化物を放出する消火器			○				○				○		
第４種または第５種	消火粉末を放射する消火器	リン酸塩類等を使用するもの	○	○		○		○	○			○		○
第４種または第５種	消火粉末を放射する消火器	炭酸水素塩類等を使用するもの		○	○		○	○		○		○		
第４種または第５種	消火粉末を放射する消火器	その他のもの			○		○			○				
第５種	水バケツまたは水槽		○			○		○	○		○		○	○
第５種	乾燥砂				○	○	○	○	○	○	○	○	○	○
第５種	膨張ひる石または膨張真珠岩				○	○	○	○	○	○	○	○	○	○

備　考

1　○印は、対象物の区分の欄に掲げる建築物その他の工作物、電気設備および第１類から第６類までの危険物に、当該各項に掲げる第１種から第５種までの消火設備がそれぞれ適応するものであることを示す。

2　消火器は、第４種の消火設備については大型のものをいい、第５種の消火設備については小型のものをいう。

3　リン酸塩類等とは、リン酸塩類、硫酸塩類その他防炎性を有する薬剤をいう。

4　炭酸水素塩類等とは、炭酸水素塩類および炭酸水素塩類と尿素との反応生成物をいう。

2 消火の困難性

火災が発生した場合、比較的容易に消火できる施設もあれば、極めて消火が困難な施設もあり、すべて同レベルの消火設備で十分ということはありません。

製造所等に設ける消火設備は、それぞれの施設の規模や形態、貯蔵・取り扱いをする危険物の種類や数量をもとに定められた「消火の困難性」に応じて、次のように３つに区分されています。

消火困難性の区分	消火設備
①著しく消火が困難と認められるもの	(第１種、第２種、第３種のうちいずれか)＋第４種＋第５種
②消火が困難と認められるもの	第４種＋第５種
③それ以外のもの(移動タンク貯蔵所を除く)	第５種

3 消火設備の設置基準

すべての製造所等は、上の表に示す消火の困難性に応じて分類されています。たとえば同じ製造所でも延べ面積や建築物の構造、取り扱う危険物の種類の違いにより３段階に分かれているのです。ここでは給油取扱所について、消火の困難性を決める基準について示します。

●給油取扱所に設ける消火設備の基準

消火の困難性の区分	給油取扱所の規模など
①著しく消火が困難と認められるもの	屋内給油取扱所のうち1階の一方向のみ開放され、かつ他の用途に使用する上階を有するもの
	顧客に自ら給油等をさせるもの
②消火が困難と認められるもの	上記①以外の屋内給油取扱所、およびメタノールまたはエタノールを取り扱う屋外の給油取扱所
③それ以外のもの	上記①、②以外の給油取扱所

(2) 所要単位と能力単位

1 所要単位

製造所等に対して、それぞれどの程度の消火能力を有する消火設備が必要なのか定める単位で、建築物等の構造や規模、危険物の数量をもとに計算されます。

●所要単位の計算表

	耐火構造の外壁	非耐火構造の外壁
製造所または取扱所の建築物	延べ面積100m²で1所要単位	延べ面積50m²で1所要単位
貯蔵所の建築物	延べ面積150m²で1所要単位	延べ面積75m²で1所要単位
屋外にある製造所または取扱所の工作物	水平最大面積を建坪とする建物とみなして100m²で1所要単位	
危険物	指定数量の10倍で1所要単位	

2 能力単位

所要単位に対する、消火設備の消火能力の基準単位のことです。

●小型消火器を除く第５種消火設備の能力単位

消火設備	種類	容量または重量	対象物に対する能力単位	
			第１類から第６類までの危険物に対するもの	電気設備および第４類の危険物を除く対象物に対するもの
水バケツまたは水槽	消火専用バケツ	8L		3個にて1.0
	水槽（消火専用バケツ3個付）	80L		1.5
	水槽（消火専用バケツ6個付）	190L		2.5
乾燥砂	乾燥砂（スコップ付）	50L	0.5	
膨張ひる石または膨張真珠岩	膨張ひる石または膨張真珠岩（スコップ付）	160L	1.0	

これだけは覚えておこう

- [ ] 1．**第１種消火設備**……屋内消火栓設備または屋外消火栓設備
- [ ] 2．**第２種消火設備**……スプリンクラー設備
- [ ] 3．**第３種消火設備**……泡消火設備、不活性ガス消火設備など
- [ ] 4．**第４種消火設備**……大型消火器（消火剤は小型消火器と共通する）
- [ ] 5．**第５種消火設備**……小型消火器、水バケツ、乾燥砂、膨張ひる石など

〈出題例12〉の解答　(3)　▶「泡消火設備」は第３種消火設備に該当するが、「泡を放射する車輪付きの消火器」は第４種消火設備に該当する。

Section 13

警報設備・避難設備

〈 出題例13 〉

【問題】警報設備について、次のうち誤っているものはどれか。

(1) 製造所等で指定数量の倍数が50以上の施設は、自動火災報知設備を設置しなければならない。

(2) 指定数量の倍数が10以上の施設は、警報設備を設置しなければならない。

(3) 拡声装置、警鐘、非常ベル装置は、警報設備に該当する。

(4) 消防機関に報知できる電話は、警報設備である。

(5) 自動火災報知設備は、警報設備である。

▶解答は95ページ

(1) 警報設備

警報設備は、火災や危険物の流出事故などが発生したときに、従業員等へいち早く知らせ、安全を確保するために必要な設備です。

1 設置義務のある製造所等

指定数量の10倍以上の危険物を貯蔵し、または取り扱う製造所等(移動タンク貯蔵所を除く)には、火災が発生した場合、自動的に作動する火災報知設備その他の警報設備を設けなければならないと規定されています。

2 警報設備の種類

警報設備には、右のようなものがあり、いずれも規則で定められています。

●自動火災報知設備

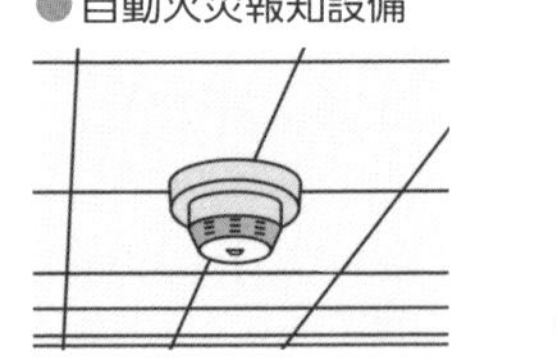

●拡声装置

●消防機関に報知できる電話

●非常ベル装置　●警　鐘

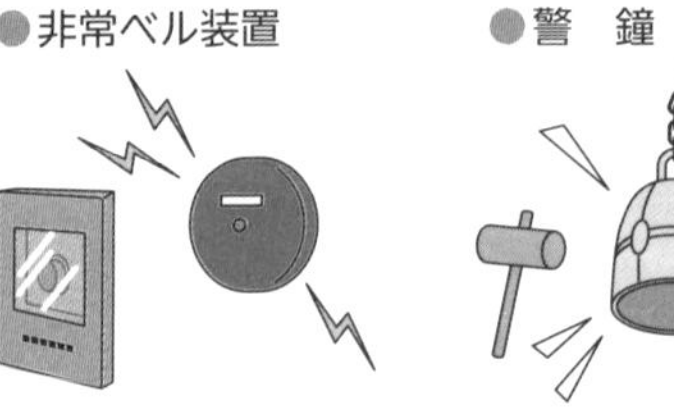

3 設置基準

警報設備の設置基準は、製造所等ごとに、さらには貯蔵・取り扱いの数量に応じて詳しく規定されています。たとえば、給油取扱所に限ってみると、次のようになります。

●給油取扱所における警報設備の設置基準

給油取扱所の形態	設置すべき警報設備
1階に1方向が開放されている屋内給油取扱所、および上部に上階を有する屋内給油取扱所	自動火災報知設備
その他(自動火災報知設備を有しないもの)	その他の警報設備(前ページ参照)1種類以上

●自動火災報知設備を備える給油取扱所

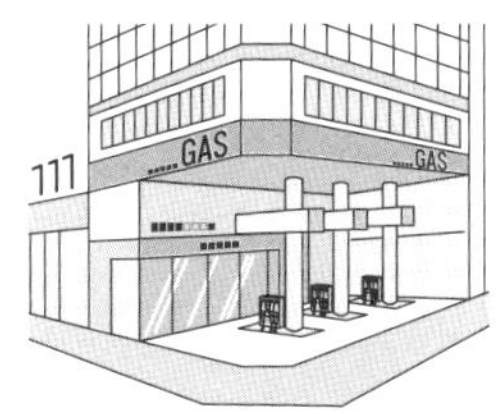

(2) 避難設備

避難設備の設置義務があるのは、危険物施設と直接かかわりのない者が施設の一部を通過する場合が想定される、次の特定給油取扱所のみです。

●避難設備の設置基準

製造所等の区分	設置対象	設置すべき避難設備
給油取扱所	建築物の2階の部分を店舗等の用途に供するものまたは一方開放の屋内給油取扱所のうち給油取扱所の敷地外へ直接通じる避難口を設ける事務所等を有するもの	誘導灯

誘導灯は、1つあればいいというわけではない。避難口をはじめ、避難口に通じる通路、階段、出入口に設けるよう、規定されている。

●避難設置

⚠CAUTION

●非常電源

誘導灯には、非常電源を備えなければならない。

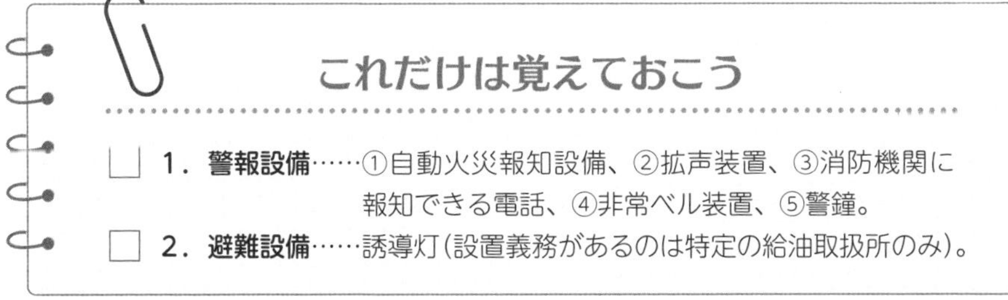

これだけは覚えておこう

- □ **1. 警報設備**……①自動火災報知設備、②拡声装置、③消防機関に報知できる電話、④非常ベル装置、⑤警鐘。
- □ **2. 避難設備**……誘導灯(設置義務があるのは特定の給油取扱所のみ)。

〈出題例13〉の解答 (1) ▶自動火災報知設備を設置しなければならない製造所等で、指定数量の倍数を基準に規定されているのは製造所、一般取扱所、屋内貯蔵所の一部にすぎない。しかも、その指定数量は100倍以上である。

Section 14

貯蔵・取り扱いの基準

〈出題例14〉

【問題】危険物の貯蔵・取り扱いの基準として、誤っているものの組み合わせはどれか。

ア　すべての製造所等は許可、届け出された数量、もしくは指定数量の倍数を超える危険物を貯蔵、取り扱ってはならない。

イ　危険物のくず、かす等は、一定量になれば危険物の性質に応じて安全な場所で廃棄等の適切な処置をしなければならない。

ウ　第４類危険物の貯蔵、取り扱いにあたっては、炎、火花もしくは高温体との接近または過熱を避けるとともに、みだりに蒸気を発生させない。

エ　屋内貯蔵所においては、第４類危険物と可燃性固体または第４類を含む危険物は、それぞれ別々にまとめ、相互に２m以上離せば、同時貯蔵ができる。

オ　給油取扱所において、自動車等の洗浄を行う場合、引火点を有する液体の洗剤を使用してはならない。

(1)　ア、イ　　(2)　イ、エ　　(3)　ウ、カ　　(4)　ア、ウ、エ　　(5)　イ、ウ、カ

▶解答は101ページ

製造所等において、危険物を貯蔵、取り扱う場合には、その数量にかかわらず、法令で定められた技術上の基準に従わなければなりません。

技術上の基準には、①すべての製造所等に共通する共通基準、②危険物の類ごとに共通する基準、③貯蔵の基準、④取り扱いの基準があります。

(1) 共通基準

1　すべての製造所等に共通する基準

①　許可もしくは届け出された数量、指定数量の倍数を超える危険物や、許可、届け出されていない危険物を貯蔵し、取り扱ってはならない。

②　みだりに火気を使用しない。

③　係員以外の者をみだりに出入りさせない。

④　常に整理および清掃を行い、みだりに空箱その他の不必要な物件を置かない。

⑤　貯留設備または油分離装置にたまった危険物は、あふれないように随時汲み上げる。

⑥　危険物のくず、かす等は、1日に1回以上、危険物の性質に応じ、安全な場所および方法で処理する。

⑦　危険物を貯蔵、取り扱う建築物その他の工作物または設備は、当該危険物の性質に応じて有効な遮光または換気を行う。

⑧　危険物の貯蔵・取り扱いに際しては、温度計、湿度計、圧力計などの計器を監視して、当該危険物の性質に応じた適正な温度、湿度または圧力を保つ。

⑨　危険物を貯蔵、取り扱う場合には、危険物が漏れたり、あふれたり、飛散しないように必要な措置を講じる。

⑩　危険物を貯蔵または、取り扱う場合には、危険物の変質、異物の混入などにより危険物の危険性が増大しないように必要な措置を講じる。

⑪　危険物が残存している設備、機械器具、容器等を修理する場合には、安全な場所において危険物を完全に除去した後に行う。

⑫　危険物を容器に収納して貯蔵したり、取り扱うときは、その容器は危険物の性質に適応し、かつ破損、腐食、さけめ等がないようにする。

⑬　危険物を収納した容器を貯蔵し、または取り扱う場合は、みだりに転倒させたり落下させたり、衝撃を加える、または、引きずるなどの粗暴な行為をしない。

⑭　可燃性の液体、可燃性の蒸気・ガスが漏れたり、滞留するおそれのある場所、または可燃性の微粉が著しく浮遊するおそれのある場所では、電線と電気器具とを完全に接続し、かつ、火花を発する機械器具、工具、履物等を使用しない。

⑮　危険物を保護液中に保存する場合は、危険物が保護液から露出しないようにする。

CAUTION

●許可もしくは届け出された危険物

許可は消防法第11条第1項(製造所等の設置変更の許可等)の規定。届け出は消防法第11条の4第1項(品名、数量および指定数量の倍数の変更の届け出)の規定。

WORD

●可燃性の蒸気・ガス

可燃性の蒸気：
液体が気化して気体になったもので、ガソリン等の可燃性液体の蒸気をいう。

可燃性のガス：
常温で気体の状態にあるもので、水素、メタン、プロパン等の可燃性のもの。

●保護液

空気に接触させると著しく危険となる危険物を保護するための液。

2 類ごとの共通基準

危険物の類ごとに共通する基準は、類ごとに共通する危険性に着目し、保安確保のための貯蔵、取り扱い上の基本的事項を規定したものです。ただし、この基準によらないことが通常である場合は、この基準は適用されません。その際には、災害の発生防止を十分に講じる必要があります。

●類ごとの共通基準

類別(性質)	共通基準
第１類 (酸化性固体)	・可燃物との接触もしくは混合、分解を促す物品との接近または過熱、衝撃もしくは摩擦を避ける。 ・アルカリ金属の過酸化物(含有するものも含む)にあっては水との接触を避ける。
第２類 (可燃性固体)	・酸化剤との接触や混合、また、炎、火花、高温体との接近または過熱を避ける。 ・鉄粉、金属粉およびマグネシウム(いずれかを含有するものも含む)にあっては、水または酸との接触を避ける。 ・引火性固体にあっては、みだりに蒸気を発生させない。
第３類 (自然発火性物質および禁水性物質)	・自然発火性物品(アルキルアルミニウム、アルキルリチウムおよび黄リン等)にあっては、炎、火花、高温体との接近、過熱または空気との接触を避ける。 ・禁水性物品にあっては、水との接触を避ける。
第４類 (引火性液体)	・炎、火花、高温体との接近または過熱を避ける。 ・みだりに蒸気を発生させない。
第５類 (自己反応性物質)	・炎、火花、高温体との接近、過熱、衝撃または摩擦を避ける。
第６類 (酸化性液体)	・可燃物との接触や混合、分解を促す物品との接近または過熱を避ける。

(2) 貯蔵・取り扱いの基準

1 貯蔵の基準

製造所等において危険物を貯蔵する場合には、次の技術上の基準に従わなければなりません。

① 貯蔵所においては、危険物以外の物品を貯蔵しない。ただし、屋内貯蔵所または屋外貯蔵所においては、危険物と危険物以外の物品をそれぞれまとめて貯蔵し、かつ、相互に1m以上の間隔を置く場合には、同時に貯蔵できる(次ページ表参照)。

また、第４類の危険物を貯蔵、取り扱う屋外タンク貯蔵所、屋内タンク貯蔵所、地下タンク貯蔵所、移動タンク貯蔵所において、可燃性固体類、可燃性液体類、合成樹脂類、第４類を主成分として含有する危険物以外の物品などを貯蔵する場合も、同時貯蔵できる。

② 貯蔵所においては、類の違う危険物は、同一の場所に同時に貯蔵しない。ただし、屋内貯蔵所、屋外貯蔵所では、危険物は危険物の類別ごとにそれぞれをまとめ、かつ相互に１m以上の間隔を置く場合、同一の貯蔵所で同時貯蔵ができる（下表参照）。

CAUTION

●同一の場所

耐火構造の隔壁で完全に区分された室が2以上ある貯蔵所においては、同一の室が同一の場所とされる。

同時貯蔵ができる危険物と危険物以外の物品
・危険物（引火性固体と第４類を除く）と当該危険物が属する類の項の品名欄に掲げる物品を主成分として含有する物品で非危険物となるもの ・第２類の引火性固体と危険物に該当しない固体または液体で非危険物 ・第４類と合成樹脂類等またはこれらのいずれかもしくは消防法別表第１第４類の項の品名欄に掲げる物品を主成分として含有するもので危険物に該当しないもの（可燃性液体類を含む） ・第４類危険物のうち有機過酸化物（含有品含む）と有機過酸化物または有機過酸化物のみを含有するもので非危険物 ・塩素酸塩類、硝酸エステル類等（含有品含む）危険物の火薬類と非危険物の火薬類

同時貯蔵ができる場合
・第１類（アルカリ金属の過酸化物またはその含有品を除く）と第５類 ・第１類と第６類 ・第２類と自然発火性物品（黄リンまたはその含有品に限る） ・第２類（引火性固体）と第４類 ・アルキルアルミニウム等と第４類のうちアルキルアルミニウム等の含有品 ・第４類（有機過酸化物またはその含有品に限る）と第５類（有機過酸化物またはその含有品に限る）

③　屋内貯蔵所において、同一品名の自然発火するおそれのある危険物、または災害が著しく増大するおそれのある危険物を、多量に貯蔵する場合には、指定数量の10倍以下ごとに区分し、かつ、0.3m以上の間隔を置いて貯蔵する。

④　屋外貯蔵所、屋内貯蔵所では、危険物を収納する容器を積み重ねる場合、その高さは３m以下(第３・４石油類や動植物油類の収納する容器のみの場合は４m以下)とする。屋外貯蔵所で危険物を収納した容器を架台で貯蔵する場合には、貯蔵の高さは６m以下とする。

⑤　屋内貯蔵所においては、容器に収納して貯蔵する危険物の温度が55℃を超えないように必要な措置を講じる。

⑥　屋外貯蔵タンク、屋内貯蔵タンクまたは地下貯蔵タンク、簡易貯蔵タンクの計量口は、計量時以外は閉鎖しておく。元弁、注入口、ふたについても、危険物を入れたり出したりするとき以外は閉鎖しておく。

⑦　屋外タンク貯蔵所の防油堤の水抜口は通常は閉鎖しておく。防油堤内部に油が滞留し、または滞水した場合は、すみやかに排出する。

⑧　移動貯蔵タンクの安全装置、ならびにその他の付属配管は、さけめ、結合不良、極端な変形、注入ホースの切損等による漏れが起きないようにし、タンクの底弁は使用時以外は完全に閉鎖しておく。

⑨　移動タンク貯蔵所には、完成検査済証の他、定期点検記録、譲渡・引渡し届け出書、品名・数量または指定数量の倍数の変更の届け出書を備えつけておく。

2　取り扱いの基準

①　取り扱い別の基準

製造	・**蒸留工程**　圧力変動等による液体、蒸気、ガス漏れがないようにする。 ・**抽出工程**　圧力の異常上昇が起こらないようにする。 ・**乾燥工程**　危険物の温度が局部的に上昇しない方法で加熱または乾燥させる。 ・**粉砕工程**　危険物の粉末が著しく浮遊し、またはそれが著しく付着した状態で機械器具を使用しない。
詰替	・危険物の容器への詰替は、規則別表第３および第３の２で定める基準に適合する内装容器に収納するとともに防火上安全な場所で行う。
消費	・**吹付塗装作業**　防火上有効な隔壁等で区画された安全な場所で行う。 ・**焼き入れ作業**　危険物が危険な温度に達しないようにする。 ・**染色または洗浄作業**　可燃性蒸気の換気をよくして行い、廃液は適正に処理する。 ・**バーナーを使用する場合**　逆火防止と燃料のあふれに注意する。

廃棄	・焼却する場合は、安全な場所で、燃焼、爆発によって他に危害または損害をおよぼさない方法で行い、必ず見張人をつける。 ・埋没する場合は、危険物の性質に応じ安全な場所で行う。 ・危険物は、海中や水中に流出、または投下しない。

② 施設区分による基準(抜粋)

給油取扱所	・給油は、固定給油設備を使用し、直接給油を行う。 ・自動車等のエンジンを停止し、給油空地から自動車等をはみ出さない。 ・移動貯蔵タンクから専用タンクまたは廃油タンク等に危険物を注入するときは、移動タンク貯蔵所を注入口の付近に停車させる。 ・物品の販売等の業務は、原則として建築物の1階のみで行う。 ・自動車等の洗浄は、引火点を有する液体の洗剤を使用しない。
販売取扱所	・運搬容器の基準に適合した容器に収納し、かつ、容器入りで販売する。 ・危険物の配合または詰替えは、配合室以外で行わない。
移動タンク貯蔵所	・危険物をタンクに注入する際は、注入ホースを注入口に緊結する。所定の注入ノズルで指定数量未満のタンクに引火点40℃以上の第4類の危険物を注入する場合はこの限りでない。 ・移動貯蔵タンクから液体の危険物を容器に詰め替えない。引火点40℃以上の第4類危険物で、基準通りであれば、この限りでない。 ・静電気による災害発生のおそれがある液体危険物を移動貯蔵タンクに入れまたは出すときは、注入管は先端を底部に着け、接地して出し入れする。 ・引火点40℃未満の危険物の注入は、エンジンを停止して行う。 ・ガソリンを貯蔵していた移動貯蔵タンクに灯油または軽油を注入する、あるいはその逆を行うときは、静電気等による災害を防止するための措置を講じる。

これだけは覚えておこう

☐ **1．共通基準**……許可、届け出に基づく数量、物品を貯蔵、取り扱う。

☐ **2．類ごとの共通基準**……第4類は、炎、火花もしくは高温体との接近または過熱を避けるとともに、みだりに蒸気を発生させない。

☐ **3．貯蔵の基準**……貯蔵所では、危険物以外の物品を貯蔵しない。

〈出題例14〉の解答 (2) ▶イ　一定量になれば→1日に1回以上　エ　2m以上→1m以上(規則第38条の4)

Section 15

運搬・移送の基準

〈出題例15〉

【問題】危険物の運搬、移送にあたって、次のうち正しいのはどれか。

(1) 運搬の基準は、指定数量の５分の１以上の危険物について適用される。

(2) 指定数量以上の危険物を運搬する車両の前後に、0.4m×0.4mの「危」の標識を表示した。

(3) 第４類危険物と指定数量の10分の１の第１類危険物を混載した。

(4) 第４類危険物の運搬容器の外部に「衝撃注意」を表示した。

(5) 移動タンク貯蔵所でアセトンを移送するにあたり、丙種危険物取扱者を同乗させた。

▶解答は107ページ

(1) 運搬の基準

危険物の「運搬」とは、移動タンク貯蔵所(タンクローリー)を除いた車両等によって規定の運搬容器に収納した危険物をある場所から別の場所へ運ぶことをいいます。

運搬は、運搬容器、積載方法、運搬方法の３つの基準に従って行います。また、運搬に関する規定は、指定数量未満の危険物についても適用となります。

1 運搬容器

① 運搬に使用する容器は、鋼板、アルミニウム板、ブリキ板、ガラス等を材質とする。

② 容器の構造は堅固で容易に破損するおそれがなく、収納された危険物がその口から漏れるおそれのないものでなくてはならない。

③ 構造、最大容積は４種類別に規則別表第３～第３の４で定められている。

機械により荷役する構造を有する容器以外で
- ・固体の危険物を収納するもの(別表第３)
- ・液体の危険物を収納するもの(別表第３の２)

機械により荷役する構造を有する容器で
- ・固体の危険物を収納するもの(別表第３の３)
- ・液体の危険物を収納するもの(別表第３の４)

● 機械により荷役する構造を有する容器以外で液体の危険物を収納するもの
（規則別表第３の２より）

運搬容器（液体用のもの）				危険物の類別および危険等級の別							
内装容器		外装容器		第３類		第４類			第５類		第６類
容器の種類	最大容積または最大収容重量	容器の種類	最大容積または最大収容重量	Ⅰ	Ⅱ	Ⅰ	Ⅱ	Ⅲ	Ⅰ	Ⅱ	Ⅰ
ガラス容器	5L	木箱またはプラスチック箱（不活性の緩衝材を詰める）	75kg	○	○	○	○	○	○	○	○
	10L		125kg		○		○	○		○	
			225kg					○			
	5L	ファイバ板箱（不活性の緩衝材を詰める）	40kg	○	○	○	○	○	○	○	○
	10L		55kg					○			
プラスチック容器	10L	木箱またはプラスチック箱（必要に応じ不活性の緩衝材を詰める）	75kg	○	○	○	○	○	○	○	○
			125kg		○		○	○		○	
			225kg					○			
		ファイバ板箱（必要に応じ不活性の緩衝材を詰める）	40kg	○	○	○	○	○	○	○	○
			55kg					○			
金属製容器	30L	木箱またはプラスチック箱	125kg	○	○	○	○	○	○	○	○
			225kg					○			
		ファイバ板箱	40kg	○	○	○	○	○	○	○	○
			55kg		○		○	○		○	
		金属製容器（金属製ドラムを除く）	60L		○		○	○		○	
		プラスチック容器（プラスチックドラムを除く）	10L		○		○	○		○	
			30L					○		○	
		金属製ドラム（天板固定式のもの）	250L	○	○	○	○	○	○	○	○
		金属製ドラム（天板取り外し式のもの）	250L				○	○			
		プラスチックドラムまたはファイバドラム（プラスチック内容器付きもの）	250L		○			○		○	

備　考
1　○印は、危険物の類別および危険等級の別の項に掲げる危険物には、当該各欄に掲げる運搬容器がそれぞれ適応するものであることを示す。
2　内装容器とは、外装容器に収納される容器であって危険物を直接収納するためのものをいう。
3　内装容器の容器の種類の項が空欄のものは、外装容器に危険物を直接収納することができ、またはガラス容器、プラスチック容器もしくは金属製容器の内装容器を収納する外装容器とすることができることを示す。

2 危険等級

危険物は、危険性の程度に応じて、危険等級Ⅰ～Ⅲの3つに区分されます。

●各類における危険等級の分類

危険等級 / 類別	Ⅰ	Ⅱ	Ⅲ
第1類	第1種酸化性固体の性状を有するもの	第2種酸化性固体の性状を有するもの	Ⅰ，Ⅱ以外
第2類		硫化リン，赤リン，硫黄および第1種可燃性固体の性状を有するもの	Ⅱ以外
第3類	カリウム，ナトリウム，アルキルアルミニウム，アルキルリチウム，黄リン，第1種自然発火性物質および禁水性物質の性状を有するもの	Ⅰ以外	
第4類	特殊引火物	第1石油類，アルコール類	Ⅰ，Ⅱ以外
第5類	第1種自己反応性物質の性状を有するもの	Ⅰ以外	
第6類	すべて		

3 積載方法

① 運搬容器に次のように収納して積載する。

・温度変化等により危険物が漏れないように密封する。

・固体の危険物は、内容積の95%以下の収納率とする。

・液体の危険物は、内容積の98%以下の収納率で、かつ55℃の温度において漏れないように十分な空間容積を確保する。

② 運搬容器の外部に、次の内容を表示して積載する。

・危険物の品名、危険等級、化学名、第4類危険物のうち水溶性の性状のものは「水溶性」

・危険物の数量

・収納する危険物に応じた注意事項(次ページ)

●メチルアルコールの例

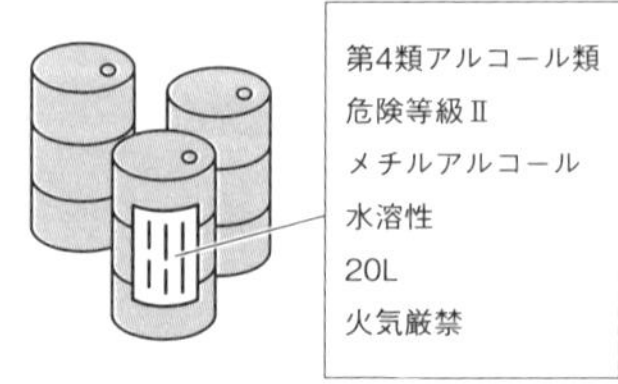

●表示する「注意事項」

類　別	品　名	注意事項
第１類	アルカリ金属の過酸化物とその含有品	火気・衝撃注意，可燃物接触注意，禁水
	その他のもの	火気・衝撃注意，可燃物接触注意
第２類	鉄粉，金属粉，マグネシウムとそれらの含有品	火気注意，禁水
	引火性固体	火気厳禁
	その他	火気注意
第３類	自然発火性物品のすべて	空気接触厳禁，火気厳禁
	禁水性物品のすべて	禁水
第４類	すべて	火気厳禁
第５類	すべて	火気厳禁，衝撃注意
第６類	すべて	可燃物接触注意

③　危険物を収納した運搬容器の転落、落下、転倒、破損をしないようにする。

④　運搬容器は収納口を上方に向けて積載し、運搬容器を重ねて積載する場合には、積み重ねた高さは原則として３m以下とする。

⑤　第４類の特殊引火物は日光の直射を避けるため遮光性の被覆でおおう。

⑥　危険物によっては、類を異にするその他の危険物または災害を発生させるおそれのある物品と混載しないこと。

●混載を禁止されている危険物(規則別表第４)

	第１類	第２類	第３類	第４類	第５類	第６類
第１類		×	×	×	×	○
第２類	×		×	○	○	×
第３類	×	×		○	×	×
第４類	×	○	○		○	×
第５類	×	○	×	○		×
第６類	○	×	×	×	×	

○＝混載可
×＝混載不可
※この表は指定数量の10分の1以下の危険物については適用されない。

4 運搬方法

① 危険物は、運搬容器が著しく摩擦または動揺を起こさないように運搬する。

② 指定数量以上の危険物を車両で運搬するときは、

・車両の前後の見やすい箇所に、標識を掲げる。標識は0.3m平方の、地が黒色の板に黄色の反射塗料その他反射性を有する材料で「危」と表示する。

・運搬する危険物に適応した消火設備を備える。

・積み替え、休憩、故障等のため車両を一時停止させるときは、安全な場所を選び、かつ、運搬する危険物の保安に注意する。

③ 運搬中、危険物が著しく漏れるなど災害発生のおそれがある場合は災害防止の応急措置を講じるとともに、近くの消防機関その他の関係機関に通報する。

補足 品名または指定数量を異にする2以上の危険物を運搬する場合、運搬にかかわるそれぞれの危険物の数量を当該危険物の指定数量で除し、その和が1以上となるときは、指定数量以上の危険物を運搬しているとみなされる。

(2) 移送の規準

「移送」は、移動タンク貯蔵所(タンクローリー)、移送取扱所による危険物を運ぶ行為をいいます。

1 移動タンク貯蔵所(タンクローリー)による移送

① 移動タンク貯蔵所には、当該危険物を取り扱うことができる危険物取扱者が乗車し、その危険物取扱者が危険物取扱者免状を携帯しなければならない。

② 移送の開始前に、移動貯蔵タンクの底弁その他の弁、マンホール、注入口のふた、消火器等の点検を十分に行う。

③ 長時間にわたるおそれがある移送の場合は、原則として2名以上の運転要員を確保する。

④ 休憩等のため移動タンク貯蔵所を一時停止させるときは、安全な場所を選ぶ。

⑤ 危険物を移送する者は、移動タンク貯蔵所からの漏油等災害発生のおそれがある場合は、応急措置を講じるとともに、最寄りの消防機関等に通報する。

⑥ アルキルアルミニウム等を移送する場合は、移送経路等を記載した書面を関係消防機関に送付するとともに書面の写しを携帯し、記載された内容に従う。

⑦　移動タンク貯蔵所には、完成検査済証、定期点検記録、譲渡・引渡しの届出書、品名・数量または指定数量の倍数の変更の届出書を備えつけておく。

2 移送取扱所における移送

移送取扱所における移送の基準は、政令第27条第6項第3号で「取り扱いの基準」として規定されています。

①　移送するための配管、ポンプ、付属設備の安全を確認してからはじめる。

②　移送中は、移送する危険物の圧力、流量を常に監視し、ならびに1日に1回以上、配管、ポンプ、付属設備の安全確認のための巡視を行うこと。

③　移送取扱所を設置する地域では、地震を感知したときや地震情報を得たときは、ただちに、災害の発生や拡大を防止するための必要措置を講じる。

⚠CAUTION

●危険物取扱者の義務

移動タンク貯蔵所に乗車する危険物取扱者は、移送の基準を遵守し、危険物の保安確保に細心の注意を払わなければならない（法第16条の2第2項）。

●長距離移送の場合の運転要員

2人以上の運転要員を確保する必要があるのは、連続運転時間が4時間を超える場合と、1日当たりの運転時間が9時間を超える場合である。

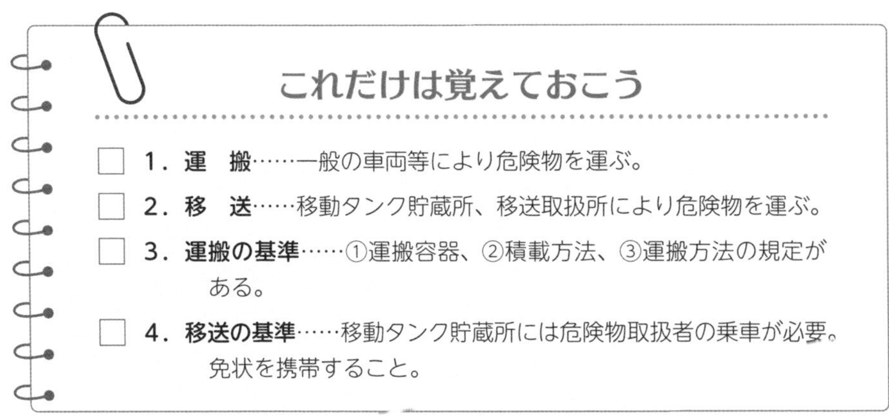

これだけは覚えておこう

- □ **1．運　搬**……一般の車両等により危険物を運ぶ。
- □ **2．移　送**……移動タンク貯蔵所、移送取扱所により危険物を運ぶ。
- □ **3．運搬の基準**……①運搬容器、②積載方法、③運搬方法の規定がある。
- □ **4．移送の基準**……移動タンク貯蔵所には危険物取扱者の乗車が必要。免状を携帯すること。

〈出題例15〉の解答　(3)　▶(1)　×　指定数量未満の危険物についても適用される。

(2)　×　0.4m×0.4m→0.3m×0.3m

(3)　○　混載が禁止されている危険物でも、一方の類の数量が指定数量の10分の1以下の場合には、混載できる。

(4)　×　衝撃注意→火気厳禁

(5)　×　アセトンは第4類の危険物だが、丙種危険物取扱者が取り扱うことのできる危険物ではない。

Section 16

義務違反に対する措置

〈出題例16〉

【問題】市町村長等から危険物施設の許可取消処分を受ける場合があるのは、次のうちどれか。

(1) 位置、構造または設備を無許可で変更したとき。
(2) 危険物の貯蔵・取り扱い基準の遵守命令に違反したとき。
(3) 危険物施設保安統括管理者に保安業務を統括管理させていないとき。
(4) 位置、構造または設備が技術上の基準に適合していないと認められるとき。
(5) 危険物保安監督者の解任命令に従わないとき。

▶解答は112ページ

(1) 義務違反と措置命令

製造所等の所有者、管理者、または占有者は、次のような事項に該当したり事態になったときは、市町村長等から、さまざまな措置命令を受けることがあります。また、仮貯蔵・仮取り扱いの承認、製造所等の許可なく指定数量以上の危険物を貯蔵、取り扱っている者は、危険物除去などの措置命令がなされることがあります。

●主な事項別措置命令一覧

該当事項		措置命令
製造所等において行う危険物の貯蔵、取り扱いが技術上の基準に違反しているとき	➡	危険物の貯蔵・取り扱い基準遵守命令
製造所等の位置、構造、設備が技術上の基準に違反しているとき（所有者等で権原〈限〉を有する者に対して行う）	➡	危険物施設の基準維持命令 （修理、改造または移転の命令）
危険物保安統括管理者もしくは危険物保安監督者が消防法、消防法に基づく命令に違反したとき。また、これらの者にその業務を行わせることが公共の安全の維持、災害の発生防止に支障をきたすと認めるとき	➡	危険物保安統括管理者または危険物保安監督者の解任命令
火災の予防のために必要があるとき	➡	予防規程変更命令
危険物の流出その他の事故が発生したときに、応急の措置を講じていないとき	➡	危険物施設の応急措置命令
管轄区域にある移動タンク貯蔵所について危険物の流出その他の事故が発生したとき	➡	移動タンク貯蔵所の応急措置命令

(2) 許可取消と使用停止命令

市町村長等は、製造所等の所有者、管理者または占有者に対して以下の違反事項があるとき、「設置許可の取消または期間を定めた使用停止」あるいは「期間を定めた使用停止」を命じることができます。

1 設置許可の取消または使用停止命令

① 位置、構造または設備を無許可で変更したとき。

② 完成検査済証の交付前に使用したとき、または仮使用の承認を受けないで使用したとき。

③ 位置、構造、設備の措置命令に違反したとき。

④ 政令で定める屋外タンク貯蔵所または移送取扱所の保安検査を受けないとき。

⑤ 定期点検の実施、記録の作成、保存がなされないとき。

2 使用停止命令

① 危険物の貯蔵、取り扱い基準の遵守命令に違反したとき(移動タンク貯蔵所については、市町村長が使用停止できるのは、管轄区域内のみ)。

② 危険物保安統括管理者を定めない、またはその者に危険物の保安業務を統括させていないとき。

③ 危険物保安監督者を定めない、またはその者に危険物の取扱作業の保安監督をさせていないとき。

④ 危険物保安統括管理者または危険物保安監督者の解任命令に違反したとき。

MEMO

●市町村長等の２つの処分

①設置許可取消または期間を定めた使用停止(法第12条の２第１項)

②期間を定めた使用停止(法第12条の２第２項)

公共の安全の維持または災害の発生防止のため緊急の必要があると認めるときには、所有者、管理者または占有者に対し、市町村長等が施設の**使用の一時停止または使用制限**の命令をすることがあります。

(3) 立入検査

1 立入検査

市町村長等は、危険物による火災防止のために必要があると認めるときは、指定数量以上の危険物を貯蔵、取り扱うすべての場所の所有者、管理者、占有者に対して、資料の提出を命じたり、報告を求めたり、消防吏員をその場所に立ち入らせ、検査．質問、危険物を収去させることができます。

2 走行中の移動タンク貯蔵所の停止

危険物の移送に伴う火災防止のため、消防吏員または警察官は互いに密接な連絡をとりながら、特に必要があると認めたときは、走行中の移動タンク貯蔵所を停止させ、乗車している危険物取扱者に対し、危険物取扱者の免状の提示を求めることができます。

(4) 法令違反に対する罰則

指定数量以上の危険物を貯蔵、取り扱う場合に、法令で定めた基準に違反した場合は、以下のような罰則規定が適用されます。

違反内容（根拠条文）		罰則内容（根拠条文）
圧縮アセチレンガス等の貯蔵または取り扱いの届出または廃止の届出義務違反 （法第９条の３第１項・第２項）	➡	30万円以下または拘留 （法第44条第８号）
指定数量以上の危険物の無許可貯蔵・取り扱い （法第10条第１項）	➡	１年以下懲役または100万円以下 （法第41条第１項第３号）
製造所等における危険物の貯蔵・取り扱い基準違反 （法第10条第３項）	➡	３か月以下懲役または30万円以下 （法第43条第１項第１号）
製造所等の無許可設置、位置・構造・設備の無許可変更（法第11条第１項）	➡	６か月以下懲役または50万円以下 （法第42条第１項第２号）
製造所等の完成検査前使用（法第11条第５項）	➡	６か月以下懲役または50万円以下 （法第42条第１項第３号）
製造所等の譲渡・引き渡しの届出義務違反 （法第11条第６項）	➡	30万円以下または拘留 （法第44条第８号）
危険物の品名、数量または指定数量の倍数変更の届出義務違反（法第11条の４第１項）	➡	30万円以下または拘留 （法第44条第８号）

製造所等の使用停止命令違反 （法第12条の２第１項・第２項）	➡	６か月以下懲役または50万円以下 （法第42条第１項第４号）
製造所等の緊急使用停止命令または処分違反 （法第12条の３第１項）	➡	６か月以下懲役または50万円以下 （法第42条第１項第５号）
製造所等の廃止の届出義務違反（法第12条の６）	➡	30万円以下または拘留 （法第44条第８号）
危険物保安統括管理者の選解任届出義務違反 （法第12条の７第２項）	➡	30万円以下または拘留 （法第44条第８号）
危険物保安監督者の選任義務違反 （法第13条第１項）	➡	６か月以下懲役または50万円以下 （法第42条第１項第６号）
危険物保安監督者の選解任届出義務違反 （法第13条第２項）	➡	30万円以下または拘留 （法第44条第８号）
危険物取扱者以外の者の危険物の取り扱い （立ち会いがない場合）（法第13条第３項）	➡	６か月以下懲役または50万円以下 （法第42条第１項第７号）
危険物取扱者免状返納命令違反 （法第13条の２第５項）	➡	30万円以下または拘留 （法第44条第９号）
予防規程の作成認可の規定違反 （法第14条の２第１項）	➡	６か月以下懲役または50万円以下 （法第42条第１項第８号）
予防規程の変更命令違反（法第14条の２第３項）	➡	６か月以下懲役または50万円以下 （法第42条第１項第８号）
保安検査受検義務違反 （法第14条の３第１項・第２項）	➡	30万円以下または拘留 （法第44条第４号）
点検記録の作成および保存の義務違反 （法第14条の３の２）	➡	30万円以下または拘留 （法第44条第５号）
映写室の構造・設備具備義務違反 （法第15条）	➡	１年以下懲役または100万円以下 （法第41条第１項第４号）
危険物の運搬基準違反 （法第16条）	➡	３か月以下懲役または30万円以下 （法第43条第１項第２号）
危険物取扱者の無乗車による危険物の移送 （法第16条の２第１項）	➡	３か月以下懲役または30万円以下 （法第43条第１項第３号）
危険物取扱者の免状携帯義務違反 （法第16条の２第３項）	➡	30万円以下または拘留 （法第44条第６号）
製造所等における緊急事故虚偽通報 （法第16条の３第２項）	➡	30万円以下または拘留 （法第44条第10号）
製造所等の応急措置命令違反 （法第16条の３第３項・第４項）	➡	６か月以下懲役または50万円以下 （法第42条第１項第９号）

危険物の流出その他事故が発生した製造所等その他当該事故と密接な関係を認められる場所の立ち入り・検査等の拒否または資料提出命令等違反（法16条の３の２第２項）	➡	30万円以下または拘留（法第44条第２号）
製造所等の立入・検査等の拒否、または資料提出命令等違反（法第16条の５第１項）	➡	30万円以下または拘留（法第44条第２号）
移動タンク貯蔵所の停止命令等拒否（法第16条の５第２項）	➡	30万円以下または拘留（法第44条第７号）
製造所等における危険物の流出等による火災危険の発生（故意）（法第39条の２）	➡	３年以下懲役または300万円以下（法第39条の２第１項）
上記による致死傷（法第39条の２）	➡	７年以下懲役または500万円以下（法第39条の２第２項）
製造所等における危険物の流出等による火災危険の発生（過失）（法第39条の３）	➡	２年以下懲役・禁固または200万円以下（法第39条の３第１項）
上記による致死傷（法第39条の３）	➡	５年以下懲役・禁固または300万円以下（法第39条の３第２項）

※金額は罰金の額。両罰規定で、法人の代表者または法人等の代理人、使用人その他の従業者が法人等の業務に関し、違反行為をしたとき、その法人等に対しても罰則が適用される。

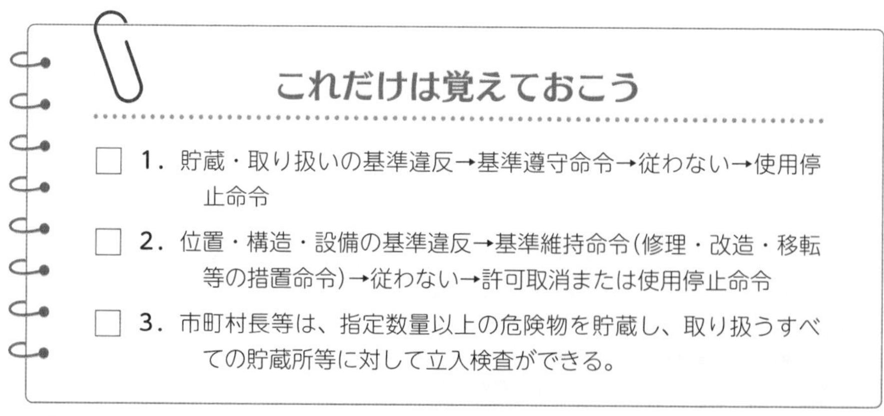

これだけは覚えておこう

- □ 1．貯蔵・取り扱いの基準違反→基準遵守命令→従わない→使用停止命令
- □ 2．位置・構造・設備の基準違反→基準維持命令（修理・改造・移転等の措置命令）→従わない→許可取消または使用停止命令
- □ 3．市町村長等は、指定数量以上の危険物を貯蔵し、取り扱うすべての貯蔵所等に対して立入検査ができる。

〈出題例16〉の解答　⑴　▶⑴　○　（消防法第11条第１項）
⑵〜⑶、⑸　×　いずれも許可取消でなく期間を定めた使用停止命令の該当事項。
⑷　×　危険物施設の基準維持命令の対象となる。基準維持命令に違反したときに許可取消または使用停止命令を受ける場合がある。

基礎的な物理学・化学

Section 1

物質の状態変化

〈出題例１〉

【問題】次の文のうち、誤っているものはどれか。

(1) 物質の三態とは、気体・液体・固体の３つの状態をいう。

(2) 気体・液体・固体の違いは、分子の集まり方の違いによって説明できる。

(3) 圧力や温度が変わると、通常、物質は固体から液体、液体から気体へと変化する。

(4) 気体の温度が下がると、分子の速度は大きくなる。

(5) 気体の圧力と体積は、反比例関係にある。

▶解答は119ページ

(1) 物質の三態とその変化

1 物質の三態

一般に、ある物質について、それは固体であるか液体であるか、また気体であるかといいますが、厳密にいえば「普通の状態では」という大前提が必要になります。

なぜなら、物質はそのときの温度や外界の圧力によって、その状態が変化するからです。

●水の三態

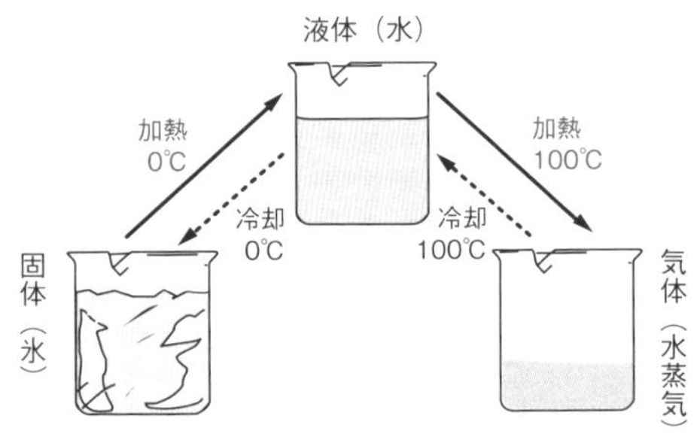

たとえば、水といえば液体を思い浮かべますが、温度や圧力の条件によっては、氷(固体)や水蒸気(気体)になったりします。

このように、物質はそれを取り巻く条件(温度・圧力)によって、固体・液体・気体の３つの状態に変化します。これを**物質の三態**といいます。

また、その物質の三態にかかわる条件(温度・圧力)は、通常私たちが前提にしている「普通の状態」が基準となっています。

そして、その「普通の状態」とは、常温(20℃)で、常圧(通常の大気の圧力で約１気圧)の状態をいいます。

① 物質を構成する原子・分子

物質の最小単位は**原子**であり、その原子がいくつか結合したものが**分子**です。

その本来の性質を保つことのできる最小単位が、原子なのか分子なのかは物質によって異なります。

補足 水の最小単位は分子で、三態変化してもH_2Oという構造は変化しない。金属は原子レベルまで分解してもその性質が変化しないので、原子が最小単位とされる。

② 固　体

物質は原子・分子・イオンなどの粒子からなり、固体(結晶)ではこれらの粒子が引力で互いに引き合って、規則正しく並んでいます。

このため、固体には大きさや形があるのです。

③ 液　体

固体は温度が上昇するにつれて、各分子の振動が激しくなり、それぞれの分子が流動しはじめます。

このように、分子同士がゆるく引き合ってゆっくり動くことのできる状態が**液体**です。

④ 気　体

液体の温度が上昇すると、それに応じて分子の運動はさらに激しくなり、互いに離ればなれになり、空間を自由に運動します。この状態が**気体**です。

●三態中における分子の集合状態

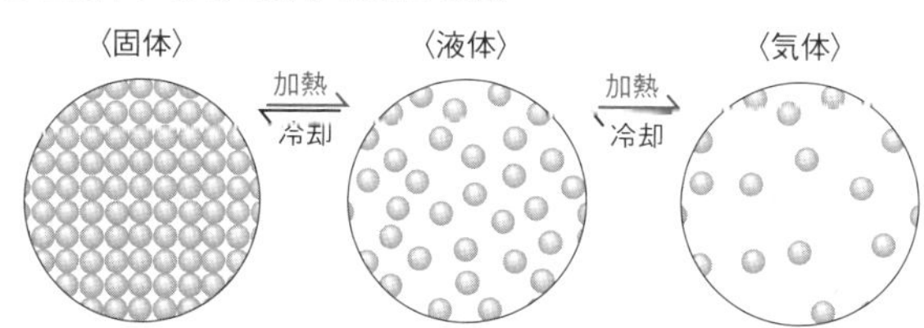

分子は強く引き合って、規則正しく並んでいる。そしてわずかに振動している。

分子はゆるく引き合って、ゆっくり運動している。

分子はまったく引き合っておらず、自由に運動している。

MEMO

●結晶(固体)の種類

▶分子結晶…分子が規則正しく並んでいる。
例)氷、ドライアイス、ナフタレンなど。

▶イオン結晶…陽イオンと陰イオンの静電気的引力(イオン結合)によって、陽イオンと陰イオンが規則正しく並んでいる。
例)塩化ナトリウム、硝酸銀、炭酸カルシウムなど。

▶金属の結晶…自由電子を仲立ちとする金属結合によって、金属原子(イオン)が規則正しく並んでいる。

2 三態の変化

物質が固体・液体・気体と三態変化するためには、それらの状態になるための分子の運動エネルギーが必要となります。この運動エネルギーは、熱エネルギー(温度)として吸収されたり、また放出されたりします。

●熱の放出と吸収

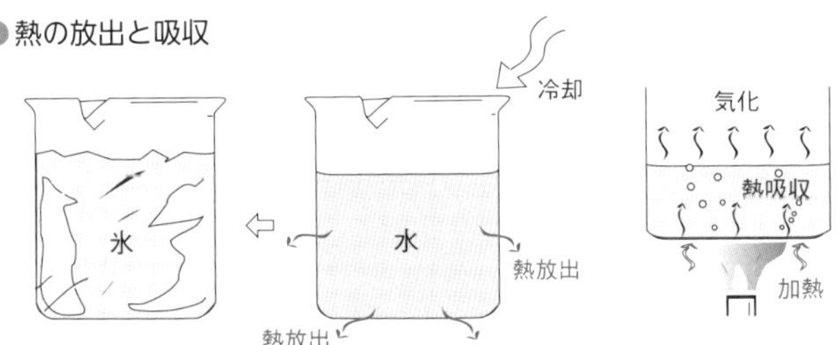

補足 熱の放出というと、物質自ら能動的に熱を外に出すような印象を受けるが、これは物質の外部温度が下降することによって、物質内の熱が奪われるという受動的な現象をいう。

また、これらの熱エネルギーは、すべて分子の運動エネルギーとして使用されるため、物質自体の温度変化には無関係である。

① 融解と凝固

固体が液体に変化することを**融解**といいます。反対に、液体が固体に変化することを**凝固**といいます。この融解・凝固が起こる温度は物質それぞれによって一定で、この温度をその物質の**融点・凝固点**といいます。

また、融解に必要な熱エネルギーを**融解熱**といい、凝固で余る(放出される)熱エネルギーを**凝固熱**といいます。

また、「同一圧力のもとでは同じ物質の融点と凝固点は等しい」関係にあります。たとえば、1気圧のもとでは、水は0℃で氷(固体)となり、氷は0℃で水(液体)となります。

●融解熱と凝固熱とは等しい

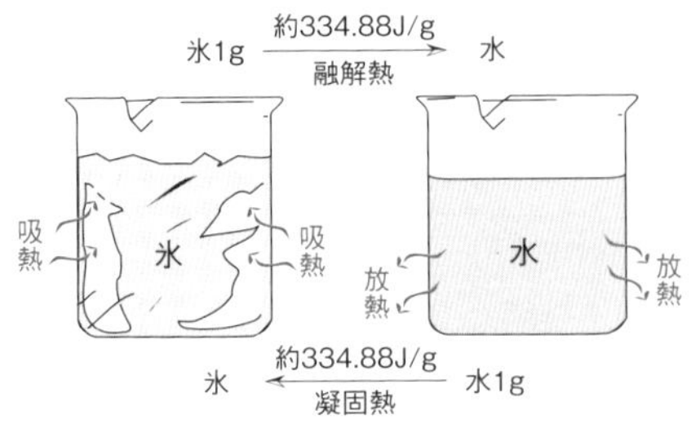

補足 一般に、固体を加熱し続けると、しだいにその固体の温度は上昇し、液体となる。その際、融解の開始から終了時点までの(全部が液体になるまで)物質そのものの温度は変化しない。これは、融解している間に加えられる熱エネルギーが、その固体を融解するためのエネルギーとして使われるためである。

同じように、液体を冷却し続けた場合にも、凝固の開始から終了時点まで、その物質そのものの温度は変化せず一定である。

(次ページ「固体・液体の状態変化図」参照)

② 気化（蒸発と沸騰）と凝縮（液化）

液体が気体に変わることを**気化**といい、気化には**蒸発**と**沸騰**の２つの現象があります。反対に気体が液体に変わることを**凝縮**または**液化**といいます。

●蒸発

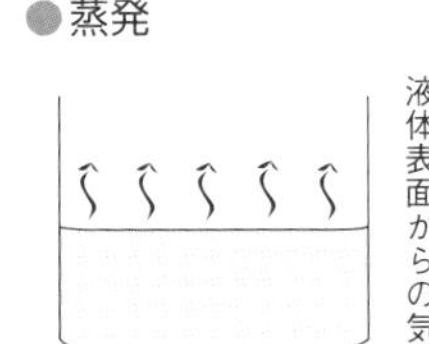

●沸騰

［沸騰と沸点］ 液体の、沸騰が起こる温度を**沸点**といいます。沸点は外界の圧力の大小によって変化し、外圧が高くなれば上昇し、低くなれば下降します。

このことは、高い山での沸点と平地での沸点との違いによりよく知られています。

●物質ごとの沸点

物　質	沸点(℃)	物　質	沸点(℃)
過酸化水素	152	一塩化一臭化メタン	68
氷酢酸	118	プロパン	−45
メチルアルコール	64	ガソリン	40～220
二硫化炭素	46		

［沸点と飽和蒸気圧］ 口の開いた容器に水を入れておくと、水が蒸発して空になってしまいます。

これに対して、ふたをした容器に水を入れて温度を一定にしておくと、ある量以上は水は減少しないで平衡状態となり、見かけ上の蒸発（気化）は止まります。

このように、液体と蒸気とが平衡して共存するとき、蒸気の占めている空間はその液体の蒸気で**飽和**されているといい、この蒸気の示す圧力を**飽和蒸気圧**といいます。

このことから、沸点とは液体の飽和蒸気圧が外気圧と等しくなる液体の温度ということになります。

⚠CAUTION

●固体・液体の状態変化図

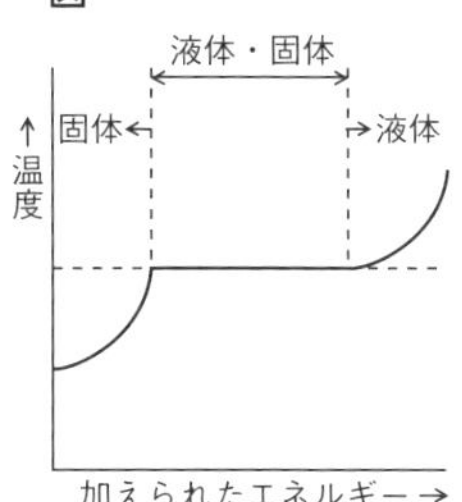

MEMO

●沸点の変化

▶沸点は加圧すると高くなり、減圧すると低くなる。

▶不揮発性の物質を溶かすと、沸点は高くなる。

[気化熱と凝縮熱] 液体１gが気化するときに吸収する熱量(エネルギー)を**気化熱**または**蒸発熱**といいます。逆に、気体が液化するときに放出される熱量を**凝縮熱**といいます。１つの物質における気化熱と凝縮熱とは等しくなります。

●主な物質の気化熱

物　質	沸点(℃)	気化熱(J/g)	物　質	沸点(℃)	気化熱(J/g)
水	100	2256.7	アセトン	56	521.2
ジエチルエーテル	35	351.6	二硫化炭素	46	351.6
エチルアルコール (エタノール)	78	858.1	一臭化三フッ化メタン	−58	118.5
ベンゼン (ベンゾール)	80	393.5			

このように、液体が気化するときには気化熱が使われますが、それはその液体のまわりにある熱エネルギーが使われるということであり、結果として気化による冷却作用が起こることになります。

つまり、気化熱(J/g)が多いほど、冷却効果が大きいわけです。

上の表中に水の気化熱は2256.7J/gとありますが、上の表では水が最大の冷却効果があることが分かります。

さらに、水は、水蒸気になると体積が1,700倍にも膨張し、その水蒸気による窒息効果(酸素供給遮断)もあることから、有効な消火剤であるといえます。

補足 液体は沸点でなくとも気化し、その気化の際にも気化熱が使われている。気化熱は液体の種類それぞれによって一定だが、同一の液体でも温度によって多少異なってくる。そこで一般に、気化熱とは、液体の沸点において液体１gを気化させるだけの熱量をいう。

③　昇　華

昇華する物質としてナフタレン、ドライアイス、パラジクロロベンゼン、ヨウ素などがある。

固体から液体の状態を経ないで直接気体になることを**昇華**といいます。また、逆に気体から直接固体になることも**昇華**といいます。

昇華するときに吸収、あるいは放出する熱量を**昇華熱**といい、

昇華熱≒融解熱＋気化熱 ≒ 凝固熱＋凝縮熱

と考えることができます。

そして、昇華の起こる条件は、「ある固体の蒸気圧がその固体の融点以下の温度で１気圧に達するとき」ということになります。

●昇華と昇華熱

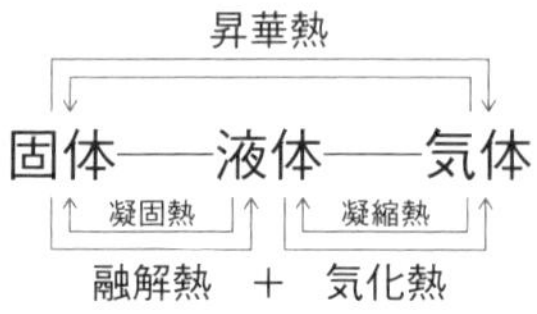

昇華熱
固体――液体――気体
凝固熱　凝縮熱
融解熱　＋　気化熱

これだけは覚えておこう

- [ ] 1．**物質の三態**……固体、液体、気体。
- [ ] 2．**常温、常圧**……20℃で通常の大気の圧力と同じ約１気圧。
- [ ] 3．**融解、融解熱**……融解は固体が液体になる変化。融解熱は融解の際に吸収する熱エネルギー。融解熱は凝固熱に等しい。
- [ ] 4．**凝固、凝固熱**……凝固は液体が固体になる変化。凝固熱は凝固の際に放出する熱エネルギー。凝固熱は融解熱に等しい。
- [ ] 5．**気化、気化熱**……気化は液体が気体になる変化で蒸発ともいい、沸騰と蒸発がある。気化熱は気化の際に吸収する熱エネルギー。
- [ ] 6．**沸騰、蒸発**……沸騰は液体の表面からばかりでなく内部からも激しく、気化が起こる現象。蒸発は液体がその表面から気体になる現象。
- [ ] 7．**凝縮（液化）、凝縮熱（液化熱）**……凝縮は気体が液体になる変化。凝縮熱は凝縮の際に放出する熱エネルギー。
- [ ] 8．**融点、凝固点**……融点は融解が起こる温度。凝固点は凝固が起こる温度。同一圧力のもとで同一物質の融点と凝固点は等しい。
- [ ] 9．**沸点**……沸騰が起こる温度。外界の圧力の大小に左右され、外圧が高くなれば高くなり、低くなれば低くなる。
- [ ] 10．**昇華、昇華熱**……昇華は固体から液体を経ないで直接気体になる変化、または気体が直接固体になる変化。昇華熱は昇華の際に吸収したり、放出したりする熱エネルギー。

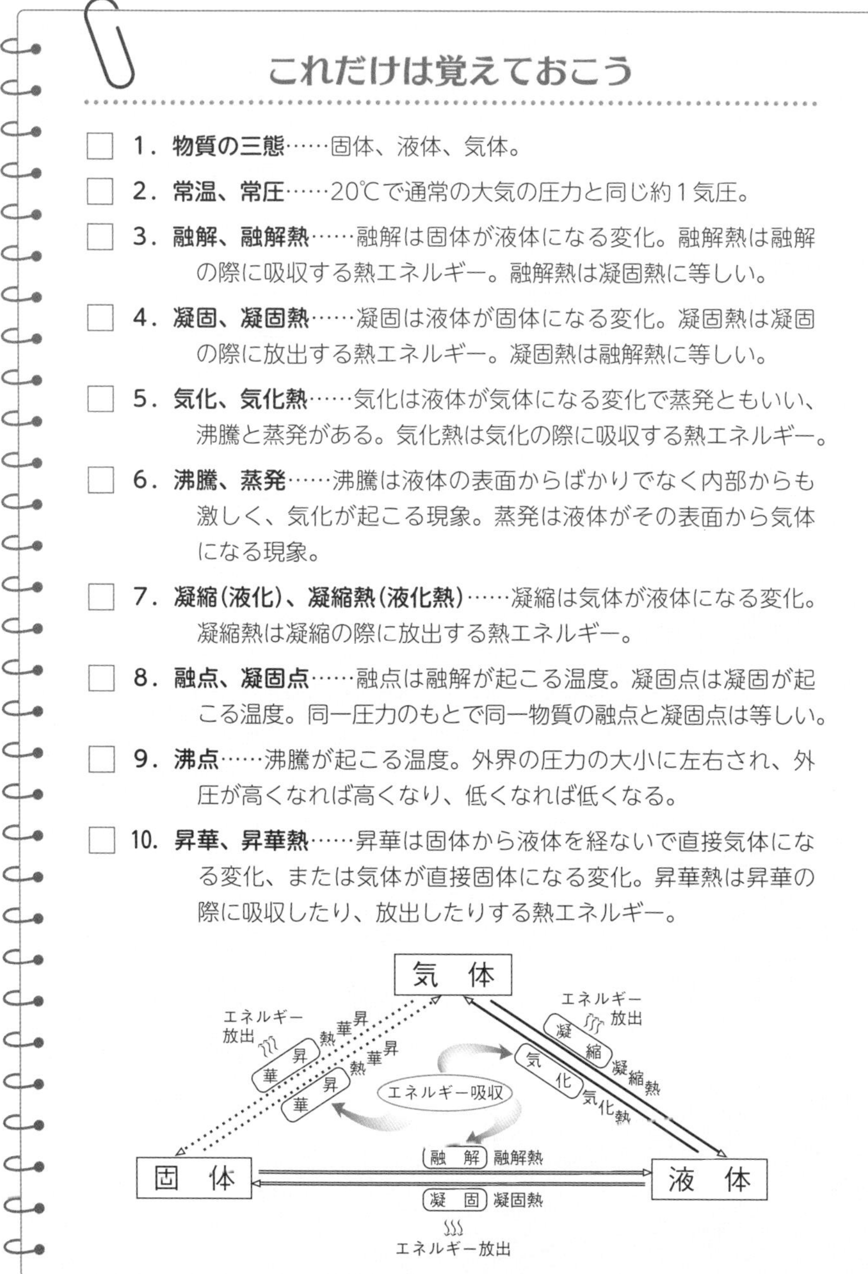

〈出題例１〉の解答　(4)　▶気体は温度が上がるにつれて分子の動きが速くなり、反対に温度が下がるにつれて分子の動きが遅くなる。さらに温度が下がると、気体→液体→固体と三態変化する。

(2) 水の性質

1 水の組成

一般に水という場合にはどんなに透明に見えたとしても、その中には多くの物質が溶け込んでいて混じりけのないH_2Oではありません。

物理・化学でいう水とは純粋な水(H_2O)をいい、その体積比は水素２、酸素１からなっています。

- **酸素**……無味、無臭、無色。それ自体は燃えないが**支燃性**が強い。
- **水素**……無味、無臭、無色。気体のうちで最も軽く、**可燃性**。空気、または酸素と混合したものに点火すると爆発する。

2 水の物理的性質

水は氷・水・水蒸気と三態に変化し、凝固して氷になると体積が増加します。

ところが、水は液体のままでも温度によって体積が変化します。水は、４℃のときの**体積が最小(比重は最大)**となり、そのときの１cm^3の質量は１gとなります。

●水の温度と体積の変化曲線

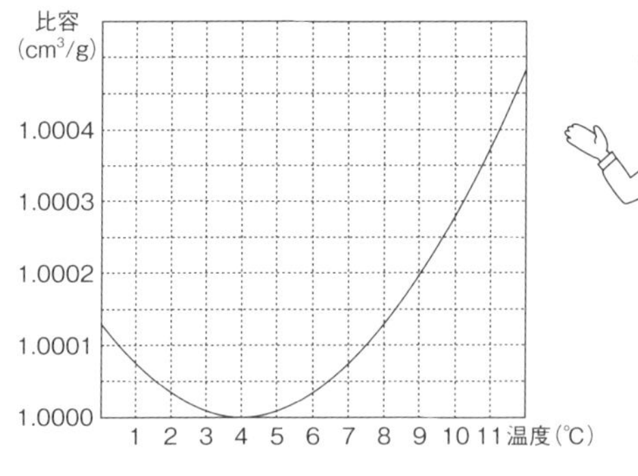

●水の物理的性質

沸　点	100℃(1気圧)
融　点	0℃(1気圧)
密度(水)	1.00g/cm^3(4℃)
(氷)	0.917g/cm^3(0℃)
比　熱	4.186J/g・K(15℃)
気化熱	2256.7J/g(100℃)

●水の温度と比重

温度(℃)	比重(4℃の水＝1.00000とする)
−10	0.99794
0	0.99987
4	1.00000
10	0.99973
20	0.99823
40	0.99225
60	0.98327
80	0.97183
100	0.95838

(3) 比重と密度

1 固体または液体の比重と密度

固体または液体の質量と、それと同体積の１気圧４℃での純粋な水の質量との比を、その物体の**比重**といいます。比重には単位はありません。

たとえば、ある物質の比重が２ということは、その物質は同体積の水の２倍の質量があることを示しています。

- 物質の比重＝$\dfrac{\text{物質の質量}}{\text{物質と同体積の１気圧で４℃での水の質量}}$

これより、比重（密度）は単位体積あたりの質量と考えることができるので、次の式で表すことができます。

- 比重（密度）＝$\dfrac{\text{質　量}}{\text{体　積}}$　……Ⓐ

これを変形すると、以下のようになります。

- 質量＝比重（密度）×体積　……Ⓑ
- 体積＝$\dfrac{\text{質　量}}{\text{比重（密度）}}$　……Ⓒ

計算例1　体積25cm^3、質量20gの液体の比重の求め方

Ⓐの式を用いて、20÷25＝0.8

計算例2　比重0.8の液体４cm^{3}の質量の求め方

Ⓑの式を用いて、0.8×4＝3.2（g）

計算例3　密度0.9g/cm^{3}の液体360kgの体積の求め方

Ⓒの式を用いて、$\dfrac{360\times1000}{0.9}$＝400000（cm^3）＝400（L）

比重が異なる液体を一緒にすると軽い方が浮く。比重約0.7のガソリンは水に浮く。ただしガソリンが水に溶けないことが大前提じゃ。

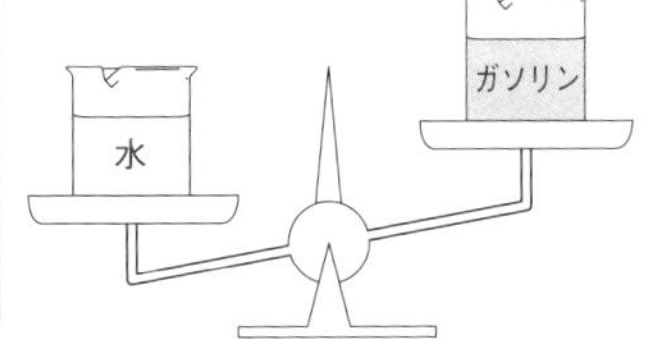

⚠CAUTION

●密　度
ふつう密度という場合には、１cm^{3}当たりの質量を表す。単位はkg/m^{3}など。

●比　重
ある物質の質量をそれと同体積の標準物質の質量と比較した比率を比重という。
ふつう標準物質には１気圧４℃の水が用いられる。
密度と比重とは厳密には値がわずかに異なるが、これは４℃の水の密度が1cm^{3}ではなく0.999973cm^{3}であることによる。

●質　量
ある物体をつくっている物質の量。単位はg、kgなど。
物質の量は、その物質をつくっている原子や分子の数で決まる。だから、体積100cm^{3}の鉄のかたまりは、地球上でも月面でも鉄の量には変わりがない。

2 蒸気(気体)の比重と密度

比重≒密度という考え方は気体の場合にもあてはまります。ただし、固体・液体の比重は水の質量を基準にしますが、気体の場合には空気の質量を基準にします。

気体の比重は0℃、1気圧における空気の質量1.293g/Lを基準とし、これを1としてその比で表します。これを蒸気(気体)比重といいます。

$$\bullet\ \text{蒸気比重}=\frac{\text{蒸気の密度(g/L, 0℃, 1気圧)}}{\text{空気の密度(g/L, 0℃, 1気圧)}}\doteqdot\frac{\text{蒸気の分子量}}{\text{空気の平均分子量}}$$

● 空気の組成

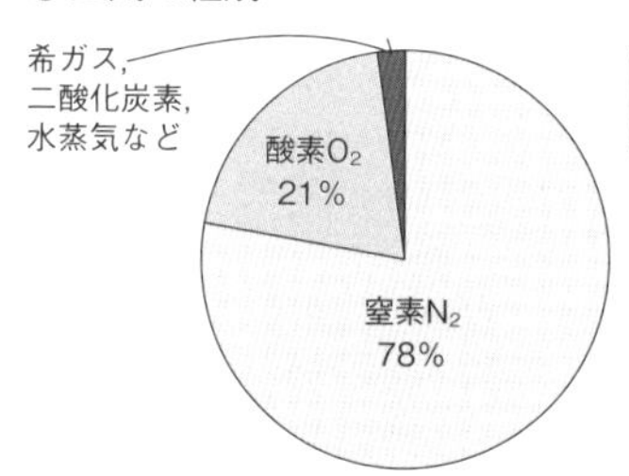

原子とは、物質の構成要素。分子とは、原子の組み合わせからなる物質の化学的性質をもつ最小単位。したがって物質としての窒素は分子の単位(N_2)で存在し、その組成原子はNです。
また、分子量とは、分子の中に含まれている各原子質量の総和をいいます。

● 主な元素の原子量

元素名	元素記号	原子量
水素	H	1
炭素	C	12
窒素	N	14
酸素	O	16
ナトリウム	Na	23
硫黄	S	32.1
塩素	Cl	35.5

● 主な物質の比重

物　質	比　重	物　質	比　重
液　体	(水＝1)	気　体	(空気＝1)
水(0℃)	0.99987	二酸化炭素(炭酸ガス)	1.53
水(4℃)	1.00000	一酸化炭素	0.97
エチルアルコール(エタノール)(20℃)	0.8	プロパンガス	1.52
ガソリン(20℃)	約0.75	亜硫酸ガス	2.26
ベンゼン(20℃)	0.9	エチルアルコール(エタノール)(蒸気)	1.59
クロロベンゼン(20℃)	1.1	ガソリン(蒸気)	3～4
二硫化炭素(0℃)	1.3	一塩化一臭化メタン	4.46
四塩化炭素(0℃)	1.6		
固　体	(水＝1)		
氷(0℃)	0.92		
塩素酸カリウム	2.3		
黄リン	1.8		
炭化カルシウム	2.2		
ピクリン酸	1.8		
無水硫酸	1.97		

(4) 圧　力

1 圧　力

圧力と大気圧

ある物体の面に加わる押す力のうち、面に直角方向にはたらく力を圧力といいます。固体同士の圧力の他に、液体の圧力、気体の圧力があります。

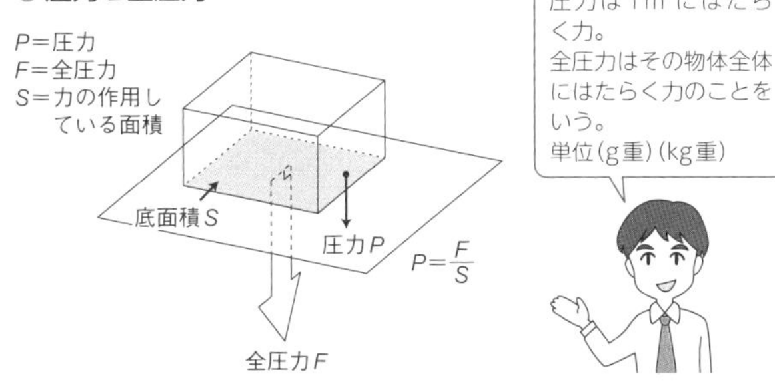

大気中にある物質の表面には、その上方にある大気の重さによって押される力(大気圧)がはたらいています。なお、国際単位ではPa(パスカル)が用いられ、1気圧は約1013hPa(ヘクトパスカル)となります。

CAUTION

●液体の圧力(液圧)

液体中の物体の表面には、その表面上の液体の重さによる圧力がはたらいている。また液圧は、物体の表面に直角にはたらいている。

Ⓐは物体　Ⓑは液体

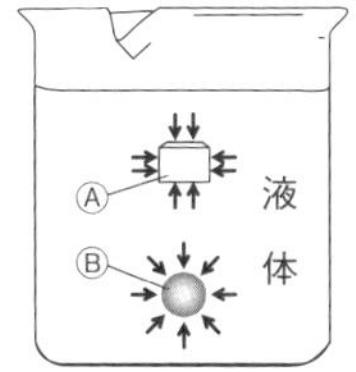

●液圧の大きさ

密度d[g/cm³]の液体中で、深さh[cm]とすると、物体に加わる液圧p[g重/cm²]は、

$p=dh$[g重/cm²]

と表される。

2 パスカルの原理と液圧

圧力の伝わり方は、固体と液体・気体とでは異なります。固体の場合には加えられた一定の方向にのみ圧力が伝わりますが、閉じ込められた液体や気体の場合には、ある部分に加えられる圧力は、同じ圧力のままあらゆる方向に伝わっていきます。これがパスカルの原理です。

計算例 次の図の断面積S_2にかかる力f_2は何g重になるか。

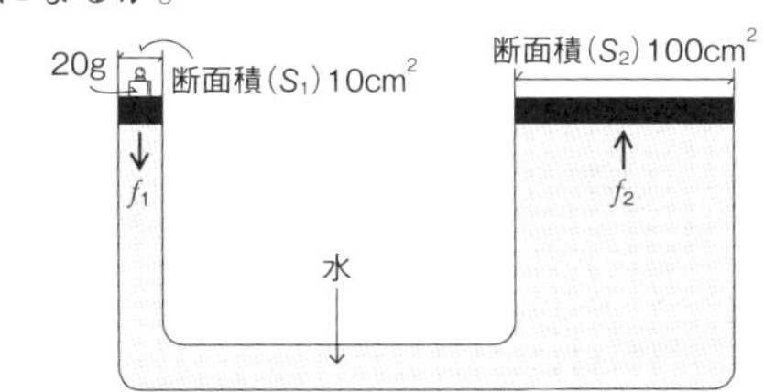

$\frac{f_1}{S_1}=\frac{f_2}{S_2}$ ……パスカルの原理より、

$\frac{20}{10}=\frac{f_2}{100}$　∴　$f_2=\frac{20\times 100}{10}=200$

200g重となる。

⑸ 気体の性質

1 臨界温度と臨界圧力

どのような気体も、それをその気体固有の温度以下に冷却し、さらに圧力をかけると凝縮して液体へと変化します。このときの気体固有の温度を臨界温度といい、その臨界温度で液体にするための最小圧力を臨界圧力といいます。

また気体は、その気体の臨界温度以上の高い温度では、どんなに圧力をかけても液化しませんが、逆に臨界温度より温度が低ければ低いほど、その気体の臨界圧力より小さい圧力で液化することができます。

補足 気体の圧力とは、その気体が閉じ込められた容器の壁に衝突する気体分子が、容器の壁を押す力である。気体の圧力の大きさは、容器の壁に衝突する分子の質量が大きいほど大きく、また衝突する分子の速度の値が大きいほど大きい。

●主な気体の臨界温度と臨界圧力

物　質	臨界温度（℃）	臨界圧力（気圧）
アンモニア	132.4	112.0
空気	−140.7	37.2
二酸化炭素	31.1	73.0
水	374.1	218.5
メタン	−82.5	45.8

2 ボイルの法則

一定温度では、一定質量の気体の体積は圧力に反比例します。これをボイルの法則といいます。

●ボイルの法則

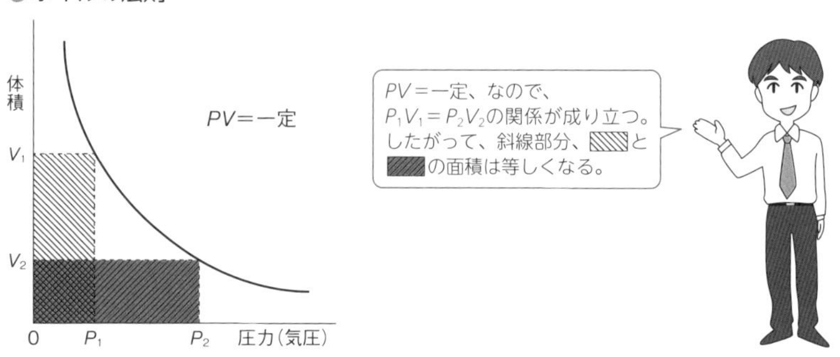

計算例 圧力4.0気圧、容積600mLの気体を0.3Lに圧縮したとき、その圧力は何気圧になるか。

$P_1V_1=P_2V_2$より、$P_1=4.0$　$V_1=600$

$P_2=x$　$V_2=0.3(\text{L})=300(\text{mL})$　だから、

$4.0\times600=x\times300$

$\therefore\quad x=\dfrac{4.0\times600}{300}=8.0$　8.0気圧　となる。

3 シャルルの法則

一定圧力において、気体の体積は絶対温度に比例します。これをシャルルの法則といいます。

●シャルルの法則

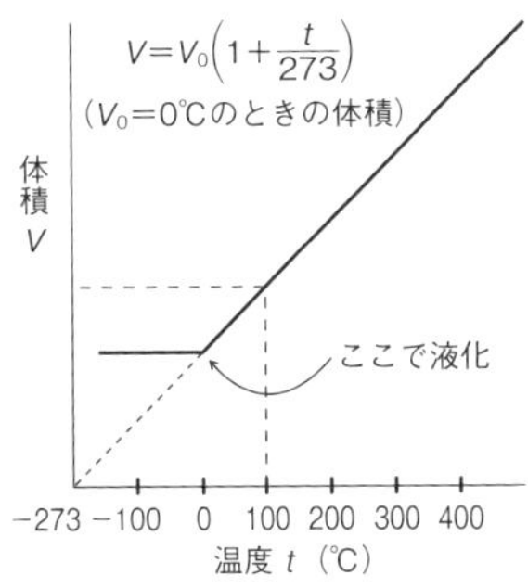

V＝体積　T＝絶対温度
k＝比例定数　とおくと、
$V=kT$というのがシャルルの法則です。
これより、$\dfrac{V}{T}=k$となります。

計算例1 30℃の気体15Lを0℃に冷却すると、何Lになるか。

$V=V_1\times\left(\dfrac{t+273}{t_1+273}\right)$の式を用いて、$V_1=15$　$t_1=30$

$t=0$　を代入する。

$V=15\times\left(\dfrac{0+273}{30+273}\right)\fallingdotseq13.5$　約13.5Lとなる。

計算例2 10℃で40Lの気体を20℃にすると、何Lになるか。

$V=V_1\times\left(\dfrac{t+273}{t_1+273}\right)$の式を用いて、$V_1=40$　$t_1=10$

$t=20$　を代入する。

$V=40\times\left(\dfrac{20+273}{10+273}\right)\fallingdotseq41.4$　約41.4Lとなる。

MEMO

●反比例の関係

(例)圧力×体積＝一定

100×1＝100
50×2＝100
25×4＝100
また、
1×100＝100
2×50＝100
4×25＝100

などのように、一方が増えれば他方が減り、一方が減れば他方が増える関係。

CAUTION

●シャルルの法則を用いた計算式

t_1℃で体積がV_1の気体をt℃にしたときの体積Vは、

$V=V_1\times\left(\dfrac{t+273}{t_1+273}\right)$

で求められる。

●シャルルの法則の補足

一定質量の気体の体積は圧力が一定の場合には、温度1℃上昇または下降するごとに、0℃のときの体積の1／273ずつ膨張または収縮する。

●絶対温度

単位K(ケルビン)。理想気体(ボイル・シャルルの法則が厳密に成り立つ気体)は、−273℃において体積が0となる。このことから、−273℃を0Kとした温度表示。

4 ボイル・シャルルの法則

一定質量の気体の体積は、圧力に反比例し、絶対温度に比例します。これをボイル・シャルルの法則といいます。

温度＝T(K)　圧力＝P(気圧)　体積＝V(L)　とおくと、$\frac{PV}{T}$＝一定　という式が成り立ちます。このことから、温度T、圧力P、体積Vの気体が、温度T_1、圧力P_1、体積V_1となったとき、次の関係式が得られます。

$$\frac{PV}{T}=\frac{P_1V_1}{T_1}$$

(計算例) ある気体を真空中の２Ｌの容器に入れたところ、温度27℃で圧力0.5hPaを示した。この気体の０℃、１気圧における体積は何Ｌになるか。
(１気圧は１hPa)

$\frac{PV}{T}=\frac{P_1V_1}{T_1}$　の式より、

$$V=\frac{P_1V_1}{T_1}\times\frac{T}{P}=V_1\times\frac{T}{T_1}\times\frac{P_1}{P}$$

この式に$P_1=0.5$、$V_1=2$、$T_1=27+273$、$P=1$、$T=0+273$、を代入すると、

$$V=2\times\frac{0+273}{27+273}\times\frac{0.5}{1}=\frac{273}{300}$$

$$=0.91$$　　0.91Lとなる。

5 アボガドロの法則

すべての気体は、同温・同圧のもとでは、同体積内に同数の分子を含みます。これをアボガドロの法則といいます。

これを別の表現でいい換えると、すべての気体の1 mol(モル)は、標準状態(0℃、1気圧)で約22.4Lの体積を占め、その中には6.02×10^{23}個(アボガドロの定数)の気体分子を含む、となります。

簡単にいえば、同じ容積の中には重さに一切関係なく、定員(6.02×10^{23}個)が決まっているということじゃわい。

●アボガドロの法則

気体	水素(H_2)	酸素(O_2)	二酸化炭素(CO_2)
質量比	1	16	22
質量	(1×2) 2.0g	(16×2) 32.0g	(12+32) 44.0g
	質量2.0g 分子数 6.02×10^{23}個 体積22.4L 28.2cm 28.2cm 28.2cm	質量32.0g 分子数 6.02×10^{23}個 体積22.4L	質量44.0g 分子数 6.02×10^{23}個 体積22.4L
物質量	1mol	1mol	1mol

6 潮解と風解

固体物質が空気中の水分を吸収して湿り、溶解する現象を**潮解**といいます。反対に、結晶水を含んだ物質を空気中に放置しておいた場合、自然に結晶水の一部または全部が蒸発して失われる現象を**風解**といいます。

◎潮解性物質…塩素酸ナトリウム、硝酸アンモニウム

◎風解性物質…結晶炭酸ナトリウム、結晶硫酸ナトリウム

⚠CAUTION

●mol(モル)

物質の質量を測る単位の1つ。物質の分子量に等しい物質の量を1 molという。

例) 酸素O_2(分子量=原子量×原子数=16×2=32)の1 molは32g

●気体の状態方程式

P=圧力　V=体積

n=物質量(mol)

R=気体定数(0.0821)

T=温度　w=質量

M=分子量とおくと

$PV=nRT$

$PV=\frac{w}{M}RT$

MEMO

●分子量の求め方

分子量=各原子の原子量の和

例) 酸素O_2の分子量は、Oの原子量が16なので、16×2=32

一酸化炭素COの分子量は、Cの原子量12、Oの原子量16なので、12+16=28

●分子量には単位がない

質量は分子量にgをつけて表すが、分子量というときは単に数字で表す。物質量の単位はmolである。

⚠CAUTION

●潮解性物質・風解性物質の保存法

びんや缶に密封して保管。

これだけは覚えておこう

- [ ] 1．**ボイルの法則**……温度を一定としたとき、一定質量の圧力は気体の体積に反比例する。

  体積＝V　圧力＝P　とおくと、PV＝一定　$\therefore P_1V_1=P_2V_2$

- [ ] 2．**シャルルの法則**……圧力を一定とおくと、気体の体積は絶対温度に比例する。

  体積＝V　絶対温度＝T　とおくと、$\frac{V}{T}$＝一定

  これをセ氏を使用した式に変えると、(t＝セ氏温度)

  $T=t+273$　だから、$\frac{V}{(t+273)}$＝一定

  また、それぞれの数値が変化するとき、

  $\frac{V_1}{T_1}=\frac{V_2}{T_2} \Rightarrow V_2=V_1\times\frac{T_2}{T_1}$

  $\therefore V_2=V_1\left(\frac{t_2+273}{t_1+273}\right)$という式になり、0℃のときの体積を$V_0$とすると、$V=V_0\left(1+\frac{t}{273}\right)$となる。

- [ ] 3．**絶対温度**……温度単位はK(ケルビン)。セ氏で表すと−273℃を0Kとする表し方。0℃は273K、100℃は373Kとなる。

- [ ] 4．**ボイル・シャルルの法則**……質量が一定の気体の体積は、圧力に反比例し、絶対温度に比例する。

  絶対温度＝T　圧力＝P　体積＝V　とおくと、$\frac{PV}{T}$＝一定

  ∴それぞれの数値が変化するとき、

  $\frac{P_1V_1}{T_1}=\frac{P_2V_2}{T_2}$

- [ ] 5．**アボガドロの法則**……すべての気体は、同温・同圧のもとでは、同体積内に同数の分子を含む。

- [ ] 6．**mol(モル)**……物質量の単位。

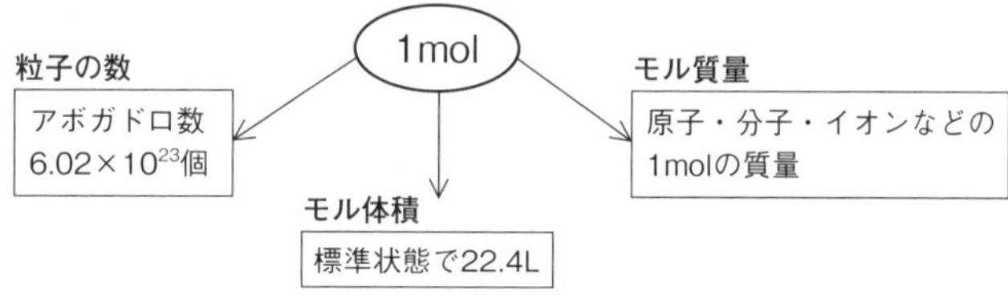

Section 2

熱とその移動

〈出題例２〉

【問題】熱の移動として次のうち誤っているものはどれか。

(1) 熱は物体を伝わり、移動する。

(2) 熱は固体中のみを移動する。

(3) 熱は中間体によらず、ある物体から他の物体へと移動する。

(4) 熱は高温度の物体から低温度の物体へと移動する。

(5) 熱は液体・固体を問わず移動する。

▶解答は135ページ

(1) 温度と熱量

1 温度表示の種類

物質には必ず温冷があり、その度合いを表す物理的尺度が温度です。

①摂氏(セ氏)……単位℃。１気圧のもとでの水の融点を０℃、水の沸点を100℃とし、その間を100等分して表示。

②絶対温度……単位K(ケルビン)。理想気体(ボイル・シャルルの法則が厳密に成り立つ気体)は－273℃において体積が０となる。このことから、－273℃を０Kとした温度表示。

０℃＝273K　また、温度差はKで表します。(15℃－12℃＝３K)

③華氏(カ氏)……単位°F。氷点を32度、沸点を212度とし、その間を180等分した温度表示。０℃＝32°F　$°F=\frac{9}{5}°C+32$の関係にある。

2 熱　量

熱量(＝熱エネルギー)はエネルギーの一種であり、物体の持つ熱量は温度に比例します。ですから、物体の温度が高いほどその物質の熱量は多くなります。SI単位系(国際単位系)ではジュール(J)で表します。　１cal＝4.1855J≒4.186J

また、１gの純水を１気圧のもとで１K(１℃)上昇させるのに必要な熱量を１カロリー(cal)といいます。これも熱量の単位の１つです。

⑵ 比熱と熱量の計算

1 比　熱

ある物質１gを温度１K(１℃)上昇させるのに必要な熱量を、その物質の比熱といい、単位はJ/(g・K)で表します。また、ある物体の温度を１Kだけ上昇させるのに必要な熱量を、その物体の熱容量といいます。

●主な物質の温度と比熱

物　質	温度(℃)	比熱(J/(g・K))	物　質	温度(℃)	比熱(J/(g・K))
水	0	4.217	亜　鉛	20	0.387
水	15	4.186	アルミニウム	0	0.877
水	100	4.215	金	20	0.129
エチルアルコール(エタノール)	21	2.386	銀	20	0.234
			氷	0	2.039
ジエチルエーテル(エーテル)	17	2.306	コンクリート	室温	0.84
			木　材	室温	1.25
石　油	18〜20	1.967			
水　銀	0	0.140			

比熱は温度によって異なるが、一般には定数と考えてよいのじゃ。

比熱が s (J/(g・K))、物質の重さ m(g)の熱容量 C (J/K)は、次の式で表されます。

熱容量＝比熱×物質の重さ……$C = s \cdot m$

熱容量の大きい物体は、温まりにくく冷めにくい。
また、比熱の大きいものも熱容量が大きいといえる。

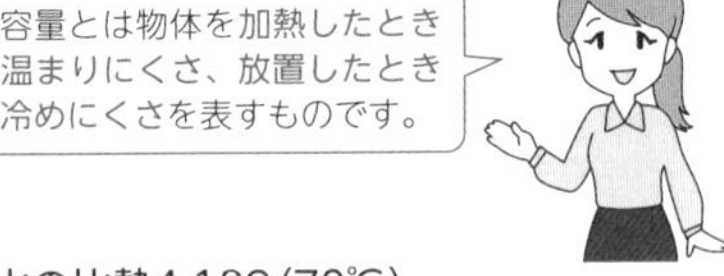

●アルミニウムの比熱0.942(100℃)

熱しやすく冷めやすい！

●水の比熱4.189(70℃)

熱しにくく冷めにくい！

2 気体のモル比熱

① 定積モル比熱

比熱は物体だけでなく、気体についても考えることができます。

ただし気体の場合には、体積によって大きく比熱の値が変わってくるので、1 molの体積を基準にして考えます。そこで、1 molの気体の温度を1 Kだけ上昇させるのに必要な熱量を定積モル比熱といいます。

② 定圧モル比熱

圧力を一定に保ちながら、気体1 molの温度を1 Kだけ上昇させるのに必要な熱量を定圧モル比熱といいます。

3 熱量の計算

質量m(g)、温度差Δt(K)、その物体に出入りする熱量をQ(J)、比熱s(J/(g・K))とするとき、以下の式が成り立ちます。

熱量＝比熱×質量×温度差……$Q = s \cdot m \cdot \Delta t$

計算例 5℃のエチルアルコール(エタノール)100gに、15℃の水40gを混合した場合、その混合液の温度は約何℃になるか。ただし、エチルアルコールの比熱は2.4J/(g・K)、水の比熱は4.2J/(g・K)とする。

混合液の温度をx℃とすると、

エチルアルコールが得る熱量＝水が失う熱量

なので、$Q = s \cdot m \cdot \Delta t$の式を用いて、

$$2.4 \times 100 \times \underbrace{(x-5)}_{①} = 4.2 \times 40 \times \underbrace{(15-x)}_{②}$$

$x \fallingdotseq 9.12$　　∴約9.12℃　となる。

MEMO

●定積モル比熱の値

C_v(J/(mol・K))

$C_v = \frac{3}{2}R$

(Rは気体定数)

●定圧モル比熱の値

C_p(J/(mol・K))

$C_p = C_v + R = \frac{5}{2}R$

CAUTION

●熱の移動

異なる物質間の熱の移動は、両方の物質が同じ温度になるまで続く。

●温度変化量の計算

温度変化量は、2つの物質の比熱や質量が異なるので、単純な引き算や割り算では求められない。その場合、最終温度をx℃とおくと、

x－低い方の温度…①

高い方の温度－x…②

と表される。①と②がそれぞれの温度変化量ということになる。

(3) 熱の移動

熱の移動の仕方は、①**伝導**、②**対流**、③**放射(輻射)**の３つに分類されます。

1 伝　導

熱が物質中を伝わって移動する現象を伝導といいます。そのとき、熱の伝導度合いは各物質によって異なり、この伝導度合いを表す数値を熱伝導率といいます。

●主な物質の熱伝導率

物　質	温度(℃)	熱伝導率 W/(m・K)	物　質	温度(℃)	熱伝導率 W/(m・K)
銀	0	428	水	0	0.561
銅	0	403	メタノール	60	0.186
金	0	319	エタノール	80	0.150
アルミニウム	0	236	変圧器油	0	0.136
亜　鉛	0	117	トルエン	80	0.119
黄　銅	0	106			
鉄	0	83.5			
氷	0	2.2	空　気	0	0.0241
アスファルト	常　温	1.1〜1.5	水蒸気	0	0.0158
コンクリート	常　温	1	二酸化炭素	0	0.0145
硫黄(斜方)	20	0.27			
木材(乾)	18〜25	0.14〜0.18			

●熱の伝わる速さ

高温　低温
銀
アルミニウム
鉄
木材

2 対　流

液体や気体の温度差によって、液体や気体が移動する現象を対流といいます。対流は、液体や気体の加熱された部分が膨張して上昇し、そのあとに重い低温部分が流れ込んでくることから起こります。

たとえば、火災が起こると熱せられた空気が上昇し、周囲の冷たい空気が流れ込んで風が吹きます。これも対流現象の１つで火事場風といわれています。

●気体と液体の対流

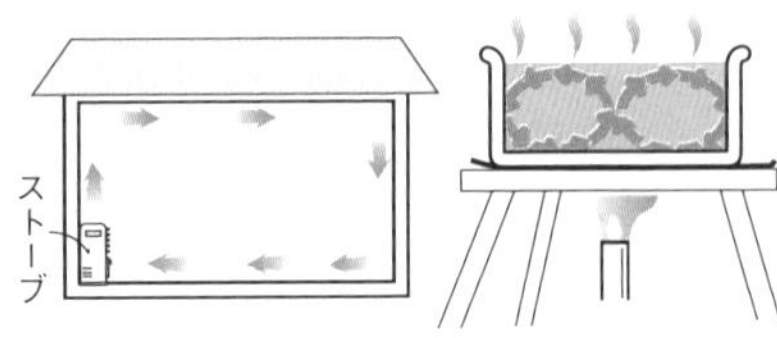

3 放射(輻射)

熱をもった物体が放射熱を出して他の物体に熱を与えることを放射(輻射)といいます。また、そのときに放射される熱のことを放射熱(輻射熱)といいます。

●放射熱の反射と吸収

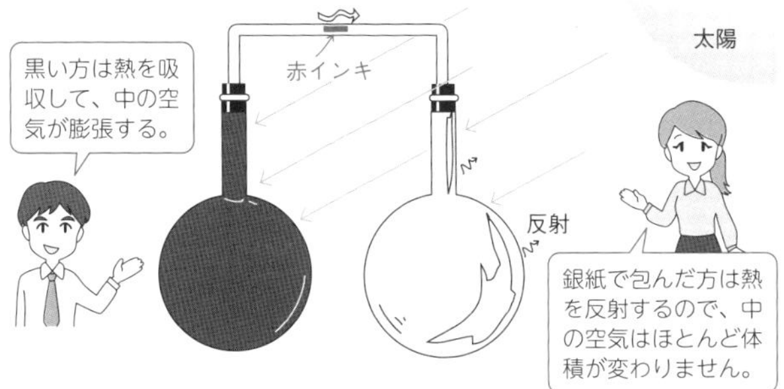

(4) 熱膨張

一般に、物体はその温度が高くなるにつれて体積が増えます。この現象を熱膨張といいます。

1 固体の熱膨張

金属棒などのような棒状物体の長さが、熱によって伸びる変化を線膨張といいます。また、熱によって起こる体積の変化を体膨張といいます。

●線膨張の測定

●体膨張の実験

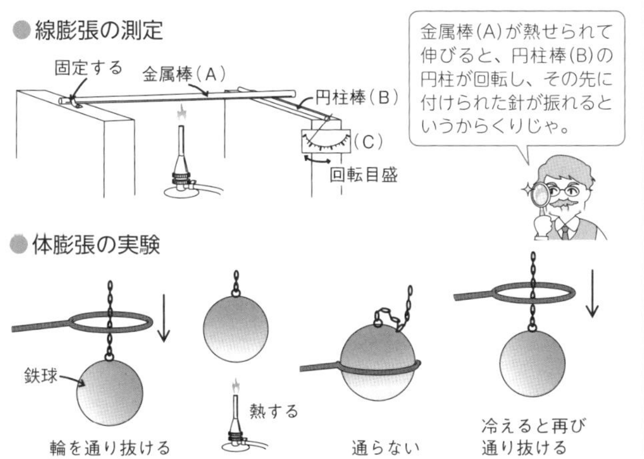

MEMO

●放射熱

放射熱は、中間の介在物に関係なく直接熱が移動する。したがって、真空中も移動できるので太陽の熱が地球に届いている。

CAUTION

●熱膨張と質量

物質は加熱されて体積が膨張しても、質量は変化しない。したがって重量も変わらない。ただし、物質の密度と圧力は反比例して小さくなる。

●線膨張の計算

線膨張率も物質によって異なる。

元の長さをl_0、線膨張率をαとすると、物質の温度がΔt℃だけ上昇したときの長さlは、

$l = l_0(1 + \alpha \cdot \Delta t)$

の式で求められる。

2 液体の膨張

液体の膨張は体膨張のみです。液体は通常、容器に入れて保管されているので、液体の膨張を考えるときにはその容器の膨張も考慮に入れなければなりません。容器の膨張度合いによって、液体の見かけの膨張度合いも変化するからです。

したがって、その液体の真の膨張を求めるには、液体の見かけの膨張に容器の膨張を加えなければなりません。体膨張をしたときの体積Vを求める計算式は、

元の体積をV_0　体膨張率をβ　温度差をΔt　とおくと、

$V = V_0(1+\beta \cdot \Delta t)$

と表されます。

(計算例) 15℃で50Lのガソリンは、20℃では何Lになるか。(ガソリンの体膨張率は0.00135)

V(L)になるとすると、

$V = V_0(1+\beta \cdot \Delta t)$

より、

$V = 50\{1 + 0.00135 \times (20 - 15)\}$

$= 50.3375$　∴50.3375L　となる。

●液体の真の膨張

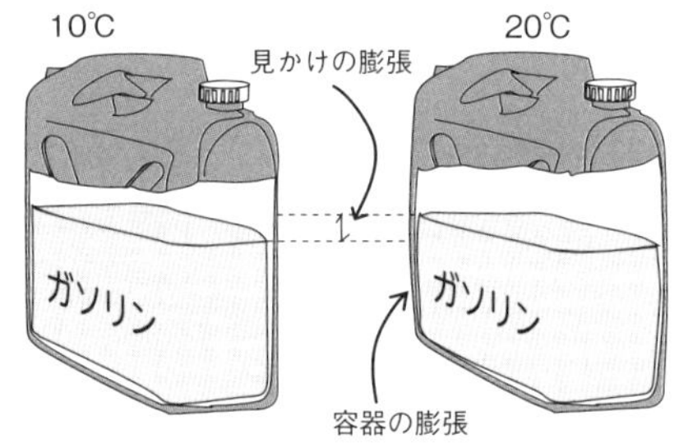

3 気体の膨張

気体の膨張は液体・固体の膨張に比べてはるかに大きく、各気体の体膨張率はほとんど同じで、約1／273(≒0.00366)という平均体膨張率で表されます。

(補足) 気体の体膨張率は、シャルルの法則「一定質量の気体の体積は、圧力が一定の場合、温度1℃上昇または下降するごとに、0℃のときの体積の1／273ずつ膨張または収縮する」に従う。

●主な物質の体膨張率

物質	温度(℃)	体膨張率(K^{-1})	物質	温度(℃)	体膨張率(K^{-1})
銀	0～100	0.0000567	二硫化炭素	20	0.001218
銅	0～100	0.0000498	ガソリン	20	0.00135
水	20～40	0.00030	水銀	20	0.000182
水	60～80	0.00059	空気	100	0.003665
ジエチルエーテル	20	0.00165	水素	100	0.003663

(5) 断熱変化

容器中の気体が外部から仕事をされたり外部に対して仕事をしたりするとき、物質と外部との間で熱の移動が起きないようにした状態での物質の変化を断熱変化といいます。

物質が膨張する場合を断熱膨張、圧縮するときを断熱圧縮といいます。

断熱膨張をすると気体の温度は下がり、断熱圧縮をすると気体の温度は上がります。

⚠ CAUTION

●エネルギー保存の法則

外力を受けない物理系では、エネルギーの総和は一定不変である。エネルギーは互いに他のエネルギーに移り変わることができるが、その際、一方の減少分だけ他方が増加する。したがって、エネルギーの総和は常に一定不変である。

これだけは覚えておこう

- □ 1．**セ氏温度(℃)**……1気圧のもとで、水の融点0℃、水の沸点100℃。
- □ 2．**絶対温度(K)**……1気圧のもとで、水の融点273K、水の沸点373K。絶対温度＝セ氏温度＋273。－273℃を絶対零度という。
- □ 3．**1カロリー(cal)**……1気圧のもとで、1gの純水を1℃(K)上昇させるのに必要な熱量。1cal≒4.186J(ジュール)
- □ 4．**比　熱**……物質1gを温度1℃(K)だけ上昇させるのに必要な熱量。単位J/(g・K)
- □ 5．**熱　量**……エネルギーの一種で熱エネルギーのこと。$Q=s \cdot m \cdot \Delta t$($Q$：熱量、$s$：比熱、$m$：質量、$\Delta t$：温度差)
- □ 6．**熱容量**……物体の温度を1℃(K)だけ上昇させるのに必要な熱量。
- □ 7．**定積モル比熱**……体積を一定に保った1molの気体を1℃(K)だけ上昇させるのに必要な熱量。$C_v=\frac{3}{2}R$(R＝気体定数)
- □ 8．**定圧モル比熱**……圧力を一定に保った1molの気体を1℃(K)だけ上昇させるのに必要な熱量。$C_p=\frac{5}{2}R$(R＝気体定数)
- □ 9．**熱の移動**……①伝導　②対流　③放射(輻射)
- □ 10．**熱膨張**……①線膨張(固体)　②体膨張(固体・気体・液体)

〈出題例2〉の解答　(2)　▶熱は固体・液体を問わず移動する。

Section 3

電気と静電気

〈 出題例３ 〉

【問題】静電気に関する説明として誤っているものはどれか。

(1) 静電気は一般に摩擦電気ともいわれる。
(2) 静電気は湿度が高いほど発生しやすく、帯電しやすい。
(3) 静電気は帯電すると火花放電を生じることがある。
(4) 物質に静電気が帯電してもそのままでは危険ではない。
(5) 静電気の発生は物質の絶縁抵抗が大きいほど大きい。

▶解答は143ページ

(1) オームの法則とジュール熱

危険物の取り扱いに関しては、出火の原因となる火気についての規制があります。ストーブ・溶接火花等はもちろんのこと、電球の熱や過電流・漏電、静電気の火花さえも火源となり、可燃物を発火させることがあります。

したがって、電気・静電気についても、その性質を十分知っておく必要があるわけです。

1 オームの法則

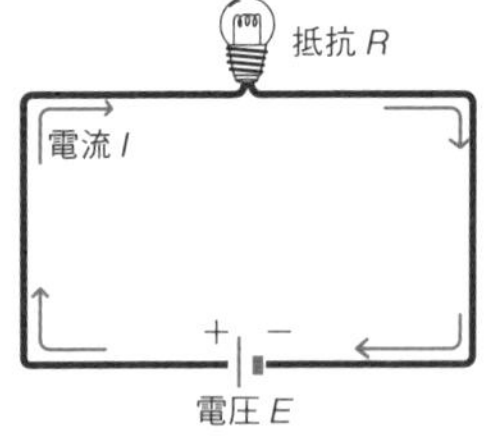

	記　号	単　位
電　流	I	アンペア(A)
電　圧	E	ボルト(V)
抵　抗	R	オーム(Ω)

抵抗とは電気の流れにくさと考えればいいです。

回路を流れる電流は電圧に比例する ⇒ $I=\frac{E}{R}$ → $E=IR$ → $R=\frac{E}{I}$

$R=3\Omega$　$E=1.5V$のときの電流Iを求めるには、$I=\frac{E}{R}$だから、$I=\frac{1.5}{3}=0.5(A)$となる。

2 ジュールの法則

導体に電気が流れると熱が発生します。これをジュール熱といい、ジュール熱は、電流と電圧に比例します。これをジュールの法則といいます。

熱量Q(J)、電流I(A)、時間t(秒)とすると以下のような式で表すことができます。

$Q = EIt$ ……ジュールの法則

これにオームの法則$\left(E = IR \text{または} I = \frac{E}{R}\right)$を適用すると、

$$Q = EIt = RI^2t = \frac{E^2}{R}t$$

となります。(ただし、電圧E、抵抗Rとする)

3 電気災害の防止

スパークやアークなどを電気火花といいます。

これらの放電エネルギー自体はほんのわずかですが、危険物として取り扱う引火性液体の蒸気などは、わずかな放電エネルギーによって引火する危険性があり、その火災事例も非常に多くなっています。

① 電気設備

危険物施設に設置する電気設備は、全面的に電気工作物に関わる法令に従うことになっています。

覚えておく要点は3つ。
1 可燃性蒸気、ガス微粉など爆発物のある所へは設置しない。
2 止むを得ない場合は防爆構造にする。
3 必要最小限度内での設置とする。

WORD

●1Ωとは

1Ωとは、1Vの電圧を加えたときに1Aの電流が流れる導線の抵抗をいう。

●導体と不導体

電気をよく通す物質を導体といい、電気を通さない物質を不導体、不良導体または絶縁体という。
ただし、導体といっても抵抗が0ということではなく、抵抗値が小さいという意味である。
したがって、抵抗がある限りは、電気が流れるとジュール熱が生じるので、電熱器や暖房器具でなくとも、電気器具であれば発熱する。

●スパーク

電気的接点における火花。

●アーク

回路の開閉、漏電、線路の断線、電球の破壊などで生じる短時間の弧光放電。

② 危険箇所（ガス蒸気危険箇所）

危険箇所とは、可燃性ガスが空気と混合して爆発または燃焼する危険のある場所をいいます。

●危険物製造所等における危険箇所

引火点40℃以下の危険物を貯蔵または取り扱う場所

引火点40℃以上だが、その液体の引火点以上の状態で貯蔵または取り扱う場所

可燃性微粉が滞留するおそれのある場所

③ 防爆構造の種類

a）**耐圧防爆構造**……内部で爆発が起こってもその圧力に耐え、外部の可燃性ガスに引火するおそれのない構造。

b）**油入防爆構造**……点火源となり得る部分を油中に納めた構造。

c）**内圧防爆構造**……内部に保護気体（新鮮な空気や不燃性ガス等）を圧入した構造。

d）**安全増防爆構造**……運転中に電気火花や過熱を生じてはならない部分に、構造上または温度上昇について、特に安全度を増加した構造。

e）**特殊防爆構造**……試験その他によって、外部の可燃性ガスへの引火を防止できることが確認された構造。

f）**本質安全防爆構造**……点火試験その他によって、運転中および事故時に発生する電気火花または熱により、爆発性ガスに点火しないことが確認された構造。

⑵ 静電気（摩擦電気）

静電気は物体に溜まったまま移動しない電気のことをいい、物体同士を摩擦したときに生じる電気として知られています。

1 静電気と電気絶縁抵抗の関係

静電気は電気絶縁抵抗の大きい物質ほど発生しやすい。したがって、電気絶縁性の高い高分子材料や石油系の原料の多くは、静電気が発生しやすく、災害の原因になるので細心の注意が必要です。

[静電気の特徴]

①異なる物体をこすり合わせると静電気が起こる。
②電気には、正(＋)負(－)の２種類がある。
③こすり合わせた異なる物質は性質(正負)が分かれる。
④正(＋)と正(＋)の電気、負(－)と負(－)の電気は反発し合い、正(＋)と負(－)の電気同士は引き合う。

2 静電気発生の機構

静電気の発生には、摩擦による発生のほかに以下のような発生現象があります。

① **接触帯電**……２種類の物質が接触し、その後分離する際に発生する帯電現象。
② **流動帯電**……管内を液体が流動する際の帯電現象。
③ **沈降帯電**……液体中を他の液体や固体が沈降する際に発生する帯電現象。
④ **破砕帯電**……固体を砕く際に発生する帯電現象。
⑤ **噴出帯電**……液体がノズルなどから噴出する際に発生する帯電現象。
⑥ **誘導帯電**……帯電した物体の近くに置かれた物体が、帯電物体の影響で二次的に帯電する現象。このとき、一方が正(＋)に帯電していると、他方は負(－)に帯電する。

WORD

●電　荷
粒子や物体がもつ電気の量を単に電荷ということが多い。したがって、一般に物体が電気を帯びているときは電荷があるという。

●帯　電
粒子や物体が電気を帯びることを帯電という。

WORD

●クーロン(C)
電気量の単位で、1Aの電流によって1秒間に運ばれる電荷の量を1クーロン(C)という。

3 静電気災害の防止

静電気災害を防止するためには、
①静電気を発生させないこと
②発生しても危険な量にならないように抑えること
③発生した電気を漏洩させたり中和させたりして危険な蓄積状態にしないこと
などがその基本的な考え方になります。そして万一火災が発生した場合には、燃焼物に適応した消火方法をとる必要があります。

●静電気災害防止の３つの基本

静電気を発生させない

発生しても危険な量にならないよう抑える

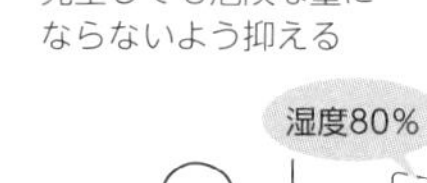

発生しても蓄積しないように接地させたりする

発生を少なくする方法

a 摩擦の減少(発生防止)
b 接触する２つの物質を選択(抑制効果)
c 導電性材料の使用(漏洩効果)……導線を巻き込んだホースの使用など。
d 液体の流速の制限(抑制効果)……流動途中の停滞区間の設定など。
e 除電剤の使用(漏洩および中和効果)……導電塗料、添加剤の使用など。

蓄積を生じさせない方法

a 接地(漏洩効果)……電気的に導線を接続し、接地(アース)する。
b 室内湿度を約75%以上に保つ(漏洩効果と抑制効果)……湿度が高いと静電気は発生しにくくなり、発生しても物体表面の水分を通して漏洩する。
c 緩和時間をおいて放出中和……静置して自然に帯電放出させる。
d 除電服、除電靴の着用(発生防止)
e その他……高圧・放射線・静電誘導等による方法で室内の空気をイオン化し、静電気を除去するなど。

(3) 直流と交流

1 電流の波形

電流には大別すると直流と交流の２種類があります。直流は電流の大きさと方向が一定であり、交流は電流の大きさと方向が周期的に変化します。

●直流の波形

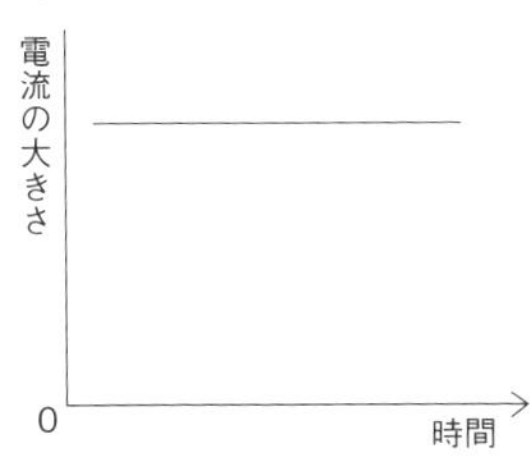

●交流の波形

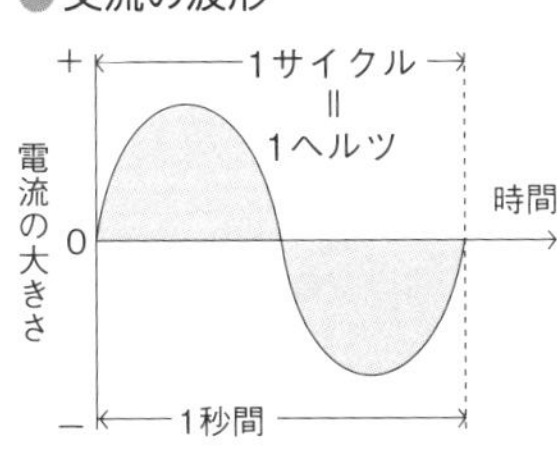

電池などの直流電流は正（＋）から負（－）へと一方的に電流が流れます。

家庭用電気の交流電流は正（＋）と負（－）が交互に変化して電流が流れています。

１秒間に50回周期（サイクル）が変わることを50ヘルツといい、関東では50ヘルツ、関西では60ヘルツの周波数が使用されています。

2 電池の直列、並列

①直列結合

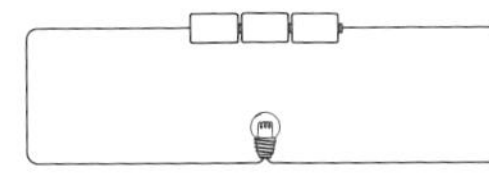

電池１個を1.5Vとした場合回路の全電圧は、

1.5V ×３＝4.5V

②並列結合

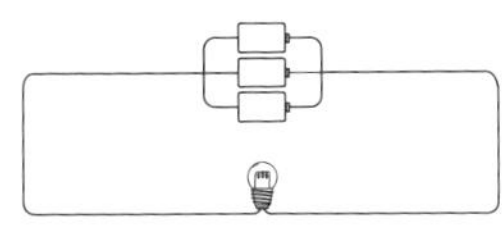

並列の全電圧は、電池１個分の1.5V。

WORD

●帯電列

物質によってプラスに帯電しやすいもの、マイナスに帯電しやすいものがある。それぞれの極性に帯電しやすい物質の順番を示したものを「帯電列」という。

例：

(＋)ガラス>人毛>ナイロン>羊毛>木綿>ポリエチレン(－)

MEMO

●家庭用交流電圧

一般に、家庭用交流電気の電圧は100Vである。高圧で送電されてきた電気は、電柱上の変圧器で100Vに落とされて供給されている。

電池のパワーアップは直列、持続力は並列と考えよう。

(4) 湿　度

湿度とは、空気中に含まれる水蒸気の量による乾湿の度合いをいいます。一般に、湿度が高いときよりも、湿度が低いときの方が火災の危険性が多いといえます。

1 飽和水蒸気量

1気圧のもとで1 m^3の空気が含み得る水蒸気の最大量をグラム単位で表したものを飽和水蒸気量といいます。空気中の水蒸気の量は、温度によって飽和量が異なり、温度が高くなればなるほど飽和水蒸気量は増大します。

●各気温ごとの飽和水蒸気量

気　温(℃)	−10	−5	0	5	10	15	20	25
飽和水蒸気量(g)	2.4	3.4	4.8	6.8	9.4	12.8	17.3	23.0

2 相対湿度

ある時点での実際に空気中に含まれている水蒸気量と、その温度の空気が含み得る最大水蒸気量(飽和水蒸気量)との割合を％で表したものを相対湿度といいます。

一般に湿度という場合には、この相対湿度を指します。

$$\text{相対湿度}(H)=\frac{\text{現在の空気中に含まれる水蒸気量}(I)}{\text{現在の空気と同温度における飽和水蒸気量}(E)}\times 100$$

計算例

(1)　0℃で2gの水蒸気を含む空気の相対湿度は何％か。

$$H=\frac{2}{4.8}\times 100 \Rightarrow \text{約}41.7\%$$

(2)　(1)の空気が20℃になると、その相対湿度は何％か。

$$H=\frac{2}{17.3}\times 100 \Rightarrow \text{約}11.6\%$$

3 実効湿度

物体は空気中の湿度の影響を受けて吸湿したり乾燥したりします。そしてその度合いは、物体の材質・形状等により異なってきます。

たとえば、障子やふすま等はすぐに湿気を吸いますが、太い柱や材木類は過去の湿度の影響が残っているため、すぐには吸湿しません。

このように物体それ自体に影響している過去の湿度をも考慮した湿度を実効湿度といいます。

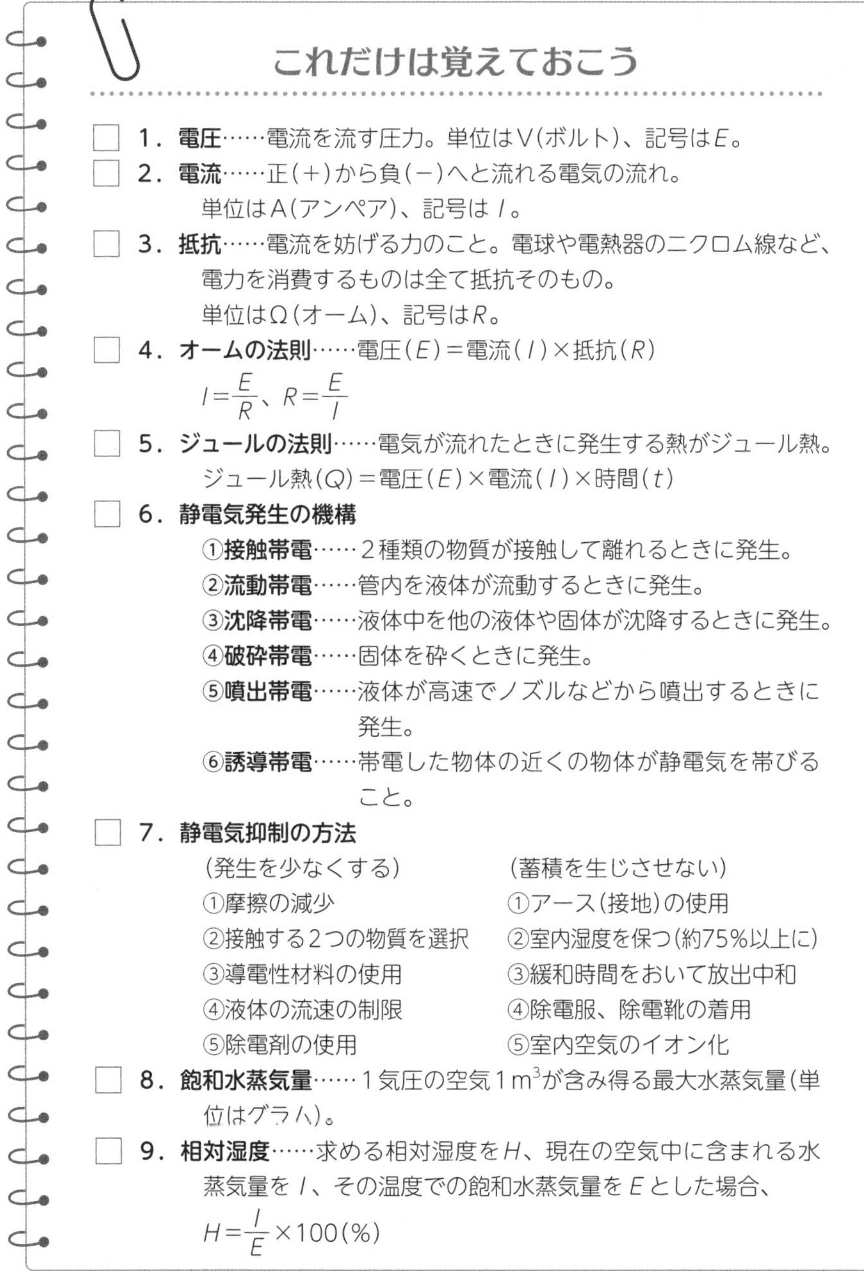

これだけは覚えておこう

- □ 1. **電圧**……電流を流す圧力。単位はV(ボルト)、記号はE。
- □ 2. **電流**……正(＋)から負(－)へと流れる電気の流れ。
  単位はA(アンペア)、記号は I。
- □ 3. **抵抗**……電流を妨げる力のこと。電球や電熱器のニクロム線など、電力を消費するものは全て抵抗そのもの。
  単位はΩ(オーム)、記号はR。
- □ 4. **オームの法則**……電圧(E)＝電流(I)×抵抗(R)
  $I=\frac{E}{R}$、$R=\frac{E}{I}$
- □ 5. **ジュールの法則**……電気が流れたときに発生する熱がジュール熱。
  ジュール熱(Q)＝電圧(E)×電流(I)×時間(t)
- □ 6. **静電気発生の機構**
  ①**接触帯電**……２種類の物質が接触して離れるときに発生。
  ②**流動帯電**……管内を液体が流動するときに発生。
  ③**沈降帯電**……液体中を他の液体や固体が沈降するときに発生。
  ④**破砕帯電**……固体を砕くときに発生。
  ⑤**噴出帯電**……液体が高速でノズルなどから噴出するときに発生。
  ⑥**誘導帯電**……帯電した物体の近くの物体が静電気を帯びること。
- □ 7. **静電気抑制の方法**

(発生を少なくする)	(蓄積を生じさせない)
①摩擦の減少	①アース(接地)の使用
②接触する2つの物質を選択	②室内湿度を保つ(約75%以上に)
③導電性材料の使用	③緩和時間をおいて放出中和
④液体の流速の制限	④除電服、除電靴の着用
⑤除電剤の使用	⑤室内空気のイオン化

- □ 8. **飽和水蒸気量**……１気圧の空気１m^3が含み得る最大水蒸気量(単位はグラム)。
- □ 9. **相対湿度**……求める相対湿度をH、現在の空気中に含まれる水蒸気量を I、その温度での飽和水蒸気量を E とした場合、
  $H=\frac{I}{E}\times 100(\%)$

〈出題例3〉の解答　(2)　▶静電気は湿度が低いほど発生しやすい。冬場に衣服などに静電気が帯電しやすいのは、冬季の乾燥による低湿度のため。

Section 4

物質の種類と原子・分子

〈 出題例4 〉

【問題】化合物と混合物について、次のうち誤っているものはどれか。

(1) 水は、酸素と水素の化合物である。
(2) 空気は、酸素・窒素などの混合物である。
(3) 炭酸ガスは、炭素と酸素の化合物である。
(4) 鉄の錆は、ある種の化合物である。
(5) ガソリンは、種々の炭化水素の化合物である。

▶解答は149ページ

(1) 単体と同素体、異性体

物質は元素から構成され、1つの元素からなる物質を単体といいます。また、同じ元素からできていて性質の異なるものに、同素体や異性体があります。

a) 単　体……化学的には分解することも合成することもできない、1種類の元素からできている物質をいう。

b) 同素体……同じ元素からできているが、性質の異なる単体を、互いに同素体であるという。

●単体と同素体の物質例

単　体	酸素(O_2)，亜鉛(Zn)，リン(P)，ナトリウム(Na)，窒素(N)，鉄(Fe)
同素体	酸素(O_2)とオゾン(O_3)，赤リンと黄リン，ダイヤモンドと黒鉛

c) 異性体……分子式は同じだが、分子内の構造と物質としての性質が異なるものをいう。

●構造異性体

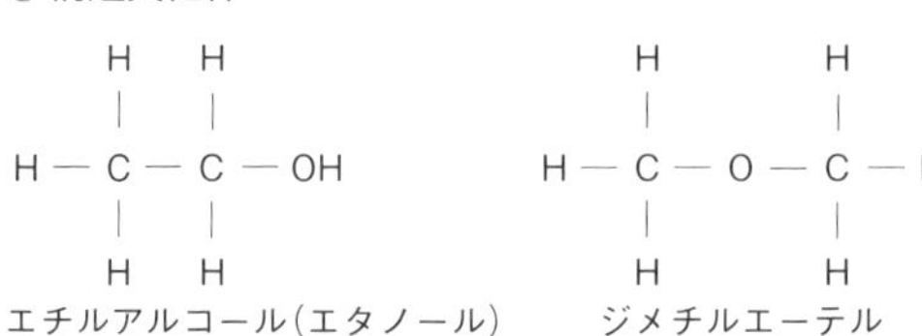

エチルアルコール(エタノール)　ジメチルエーテル

こちらはどれも分子式は、C_2H_6O
しかし、それぞれ手のつなぎ方が異なった構造になっている。

⑵ 化合物と混合物

物質は、物理的方法ではそれ以上分離できない純物質と、冷却や加熱などの物理的方法でいくつかの物質に分離できる混合物とに大別されます。

- 物質
  - 純物質
    - 単体（1種の元素からなる）
    - 化合物（2種以上の元素からなる）
  - 混合物……2種以上の純物質が混合

化合物とは、「化学的方法によって2種類以上の物質に分解ができ、また化合によって合成できる物質」と定義づけることができます。

同様に**混合物**とは、「それぞれの物質が互いに化学結合せずにその成分を保ったまま混ざり合った物質」と定義づけることができます。

⚠CAUTION

●化合物の例

水(H_2O)、塩化ナトリウム($NaCl$)、硫酸(H_2SO_4)、アンモニア(NH_3)、メチルアルコール(CH_3OH)、塩素酸カリウム($KClO_3$)など。

●混合物の例

ガソリン、灯油、軽油、動植物油、セルロイド、空気、食塩水など。

●元素

物質を構成している基本的成分で、化合物や単体の構成要素となる。

⑶ 原子と分子

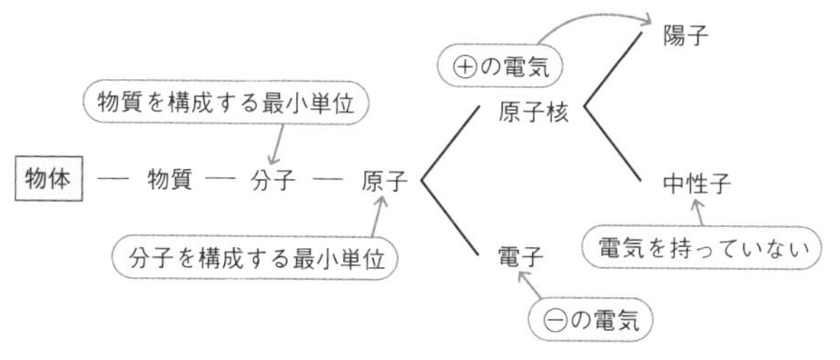

⚠CAUTION

●分子と原子

物質の特性を持っている最小の物質を分子といい、その分子を構成する最小の基本的粒子を原子（アトム）という。

● 原子構造の例

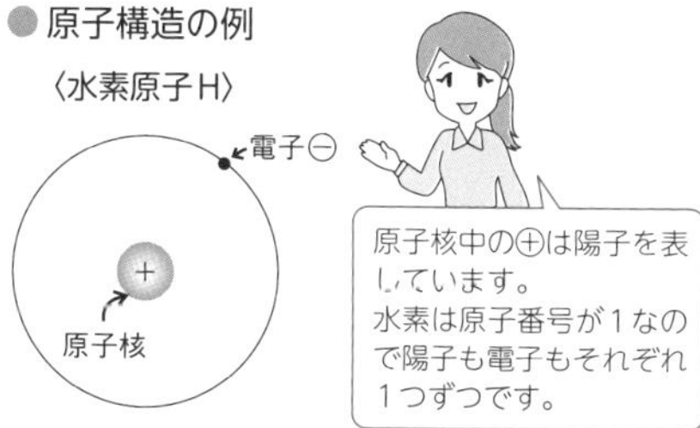

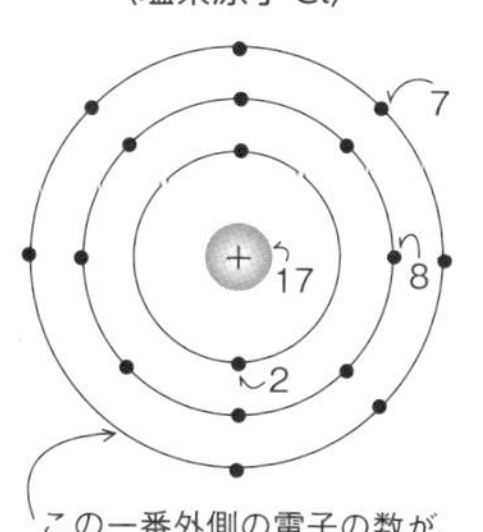

補足 原子中の⊖電気を持つ電子の数と⊕電気を持つ陽子の数は同数であり、通常、全体で電荷は0となる。

⑷ イオンと原子価

陽(＋)または陰(－)の電気を帯びた原子または原子団をイオンといいます。また、電子は原子の中で層を成していますが、その一番外側の電子の数が化合の際に重要な役割を果たすことになります。その役割とは、他の原子との結合の仕方を決定することで、ある元素の1原子が水素原子何個と結合するかを表す数を原子価として表しています。

- **陽イオン**……㊉の電気を帯びた原子・原子団(Na^+、H^+など)
- **陰イオン**……㊀の電気を帯びた原子・原子団(Cl^-、OH^-など)

補足 電解質とは、水に溶かしたときに電気を通す物質の性質をいう。非電解質とは、水に溶かしたときに電流を通さない物質の性質をいう。

電解質のものとしては酸性・アルカリ性のもの、中性では食塩など。非電解質のものとしては砂糖・デンプン・エタノールなどの有機物。

⑸ 物質の量

日常生活では物の量を質量や体積で表すことが多いですが、化学変化では原子間の組み合わせが変化することから、原子や分子の質量やその数を基準にして、量的関係を表すことになります。

1 原子量

原子の質量の大小を表す数値が原子量です。原子量の基準は質量数12の炭素原子の質量を12と定め、他の各原子の質量をそれと比較して数値で表しています。

たとえば、水素の原子量1.0は、水素原子１個の平均質量が^{12}C原子１個の１／12という意味です。

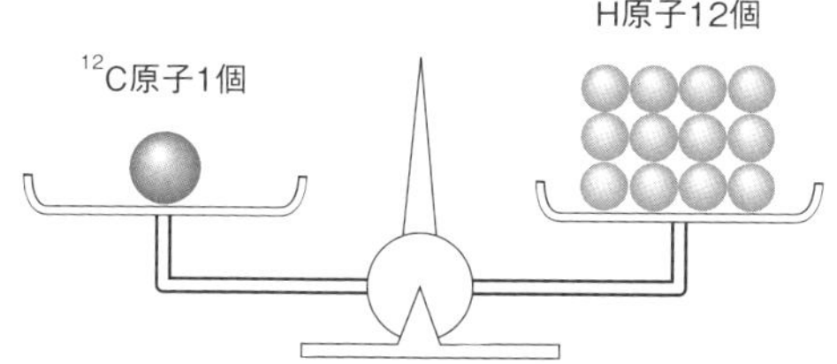

●主な原子の質量とその原子量

元素	原子の質量	原子量	元素	原子の質量	原子量
H	1.008	1.0	P	30.97	31.0
C	12.01	12.0	Cl	35.45	35.5
N	14.01	14.0	Na	22.99	23.0
O	16.00	16.0	Al	26.98	27.0

2 分子量

分子の質量の大小を表す数値が分子量であり、その基準は原子量と同じです。

したがって、分子量とはその分子の中に含まれている元素の原子量の総和ということになります。

たとえば、原子量をH＝1.0　O＝16.0とすると、H_2Oの分子量は、1.0×2＋16.0＝18.0　となります。

3 化学式量と化学式

化学式には、①分子式、②組成式、③構造式、④示性式などがあります。

固体の塩化ナトリウムや塩化カルシウムなどのように、分子を持たないものについては組成式で質量を表します。この場合、組成式を構成する原子の原子量の総和を、化学式量または単に式量といいます。

MEMO

●原子量の測定

世界で初めて原子量を測定したのはイギリスのドルトンで、彼は水素の原子量を１とした。その後スウェーデンのベルセリウスは酸素の原子量を100とし、さらにスタスは酸素を16とする基準を唱え、しばらくはこの基準が用いられた。
1961年に国際純正応用化学連合（ＩＵＰＡＣ）で、質量数12の炭素原子の質量を12とする基準が定められ、今日に至っている。

CAUTION

●分子量

分子量は分子を構成している原子の原子量の総和。

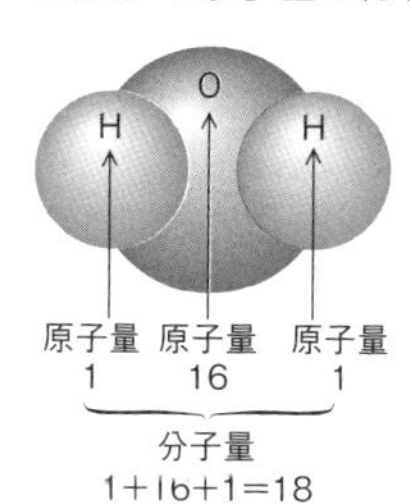

たとえば、原子量をNa(ナトリウム)=23.0、Cl(塩素)=35.5、Ca(カルシウム)=40.0とすると、

NaCl (塩化ナトリウム)の式量は、23.0+35.5=58.5

$CaCl_2$ (塩化カルシウム)の式量は、40.0+35.5×2=111.0　となります。

また、原子量をH=1.0、O=16.0とすると、分子式H_2O_2(過酸化水素)の組成式はHOなので、HOの組成式量は、1.0+16.0=17.0　となります。

また、Na^+のイオン式量は、Na原子の原子量と同じ23.0ということになります。

化学式

●組成式と分子式の関係

	組成式	分子式
水	H_2O	H_2O ⇒ 分子式と組成式は同じ
過酸化水素	HO	H_2O_2 ⇒ 組成式を整数倍すると分子式になる
ブドウ糖	CH_2O	$C_6H_{12}O_6$ ⇒ 組成式を整数倍すると分子式になる

●各化学式とその表し方

《物質名―酢酸》

①分子式　$C_2H_4O_2$

②組成式　CH_2O

③構造式

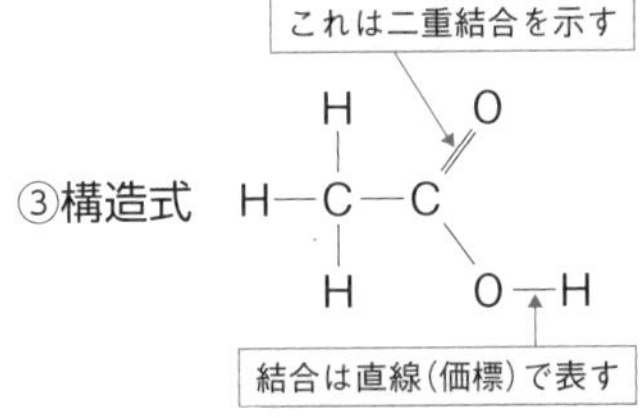

④示性式　CH_3COOH

①分子式▶分子を成分元素とその原子数で表したもの

②組成式▶物質を成分元素とその原子数比で表したもの

③構造式▶分子などの原子間の結合状態を表したもの

④示性式▶分子式中の原子団を区別して表したもの

4 物質量(モル=mol)

原子や分子、イオンなどは、極めて微小であるため、これらを1つの集団として考えると大変便利です。

炭素12.0gの中にある炭素原子の数($6.02×10^{23}$)と同数の基本粒子(原子、分子、イオン)の量を1molと表します。このmolで表される量が物質量です。

●**物質量の計算式**●

①原子量(分子量)Mの元素(物質)がm(g)あるとき、

$$物質量 = \frac{m}{M} \Rightarrow 原子数(分子数) = 6.02 \times 10^{23} \times \frac{m}{M}(個)$$

②原子量(分子量)Mの原子(分子)n個の質量m(g)は、

$$6.02 \times 10^{23} : n = M : m \qquad \therefore m = \frac{nM}{6.02 \times 10^{23}}(g)$$

③原子(分子)n個の質量がm(g)のとき、この元素(物質)の原子量(分子量)Mは、

$$n : 6.02 \times 10^{23} = m : M \qquad \therefore M = \frac{6.02 \times 10^{23} m}{n}$$

⚠CAUTION

●**アボガドロ数**

原子量・分子量・式量 } M

の

元素・物質・イオン } m(g)

中の

原子の数
分子の数
イオンの数

は

(6.02×10^{23})個
アボガドロ数
= 1 mol

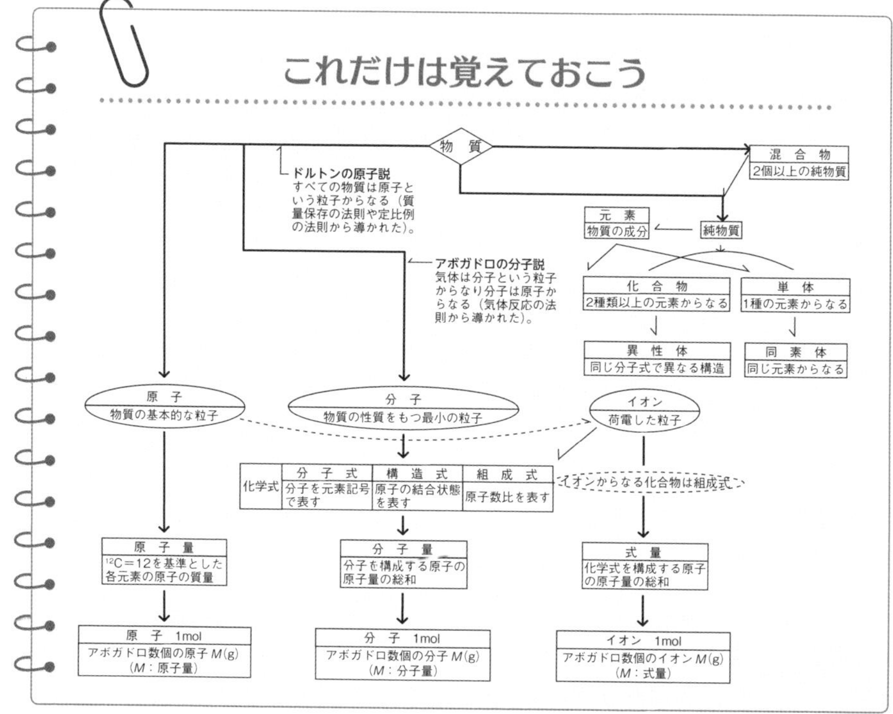

〈出題例4〉の解答 (5) ▶ガソリンは混合物。その他、灯油・軽油、動植物油などがある。

Section 5
物質の変化

〈 出題例5 〉

【問題】次のうち、物理変化はどれか。

(1) 鉄が錆びてぼろぼろになる。
(2) 木炭が燃えて二酸化炭素になる。
(3) ニクロム線に電流を流したら赤く発熱する。
(4) 水を電気分解すると水素と酸素になる。
(5) 紙が濃硫酸に触れて黒くなる。

▶解答は153ページ

(1) 物理変化と化学変化

物質の変化には、燃える・錆びる・溶ける・蒸発するなど、いろいろな変化があります。これらの変化を分類すると物理変化と化学変化の２つに大別できます。

1 物理変化

水が状態変化して氷や水蒸気になったり、砂糖を水に溶かすと砂糖水になったりするような、温度や圧力などの条件が変わるときに生じる変化を物理変化といいます。

2 化学変化

水素が燃えて水になったり、水にナトリウムを加えると水素と水酸化ナトリウムが生成するような、まったく別の物質に変化することを化学変化といいます。

●物理変化と化学変化

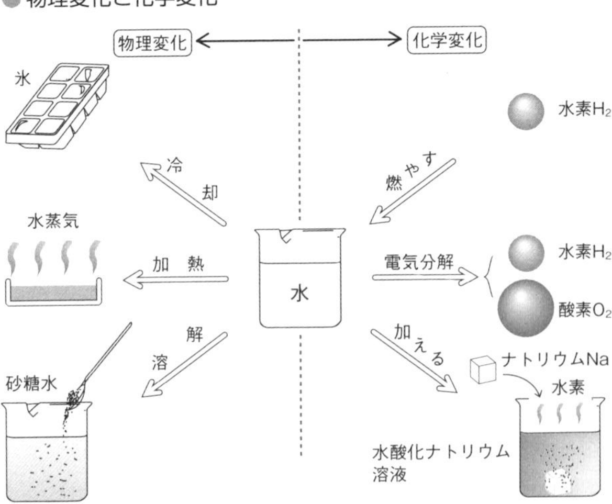

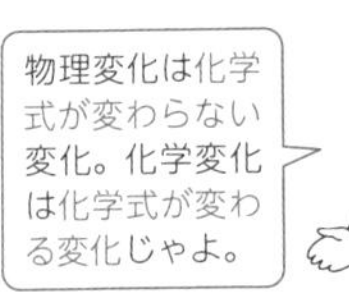

(2) 化学変化の形態

物質の化学変化の形態には、化合・分解・置換・複分解・付加・重合などがあります。

1 化　合

化学変化の中でも、2種類以上の物質が化学変化して1つの物質になる変化を化合といいます。

$$A + B \longrightarrow AB$$

① 木炭が燃えて二酸化炭素になる。

$$\underset{炭素}{C} + \underset{酸素}{O_2} \longrightarrow \underset{二酸化炭素}{CO_2}$$

② 水素と酸素が結合して水になる。

$$\underset{水素}{2H_2} + \underset{酸素}{O_2} \longrightarrow \underset{水}{2H_2O}$$

2 分　解

化合物が化学変化によって2つ以上の構成元素に分かれることを分解といいます。

$$AB \longrightarrow A + B$$

① **熱分解**……塩素酸カリウムを加熱すると塩化カリウムと酸素になる。

$$\underset{塩素酸カリウム}{2KClO_3} \xrightarrow{熱} \underset{塩化カリウム}{2KCl} + \underset{酸素}{3O_2}$$

② **電気分解**……水を電気分解すると水素と酸素になる。

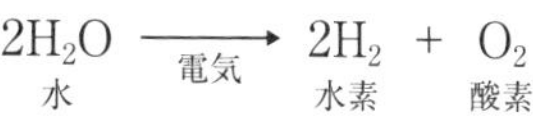

$$\underset{水}{2H_2O} \xrightarrow{電気} \underset{水素}{2H_2} + \underset{酸素}{O_2}$$

●電気分解の原理

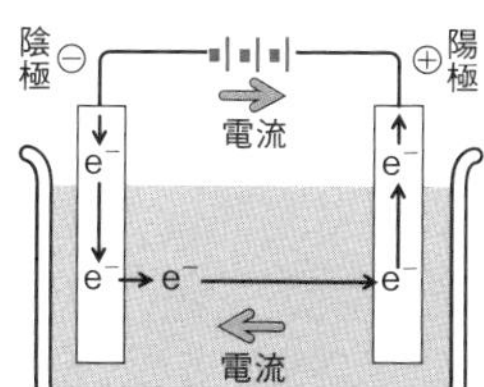

⚠CAUTION

●物理変化の例

①氷が溶けて水になる
②ばねが伸びる
③ニクロム線に電気を流すと赤くなる
④ガソリンの流動によって静電気が発生する

●化学変化の例

①鉄が錆びる
②木炭が燃えて二酸化炭素になる
③水を電気分解によって酸素と水素に分ける
④紙が濃硫酸に触れて黒くなる

MEMO

●化合(酸化)

酸素と化合する変化を酸化という。
①鉄＋酸素→酸化鉄(黒)
②銅＋酸素→酸化銅(黒)
③銀＋酸素→酸化銀(黒)

●化合(硫化)

硫黄と化合する変化を硫化という。
①鉄＋硫黄→硫化鉄(黒)
②銅＋硫黄→硫化銅(黒)
③銀＋硫黄→硫化銀(黒)

●水の電気分解

水は、H_2とO_2に分解される。ただし、水だけではH^+やOH^-が少なくて電流がほとんど流れないため、少量の硫酸や水酸化ナトリウムなどを溶かして反応をよくする。

3 置　換

化合物中の原子または原子団が、他の原子または原子団で置き換わって変化することを置換といいます。

$$AB + C \longrightarrow AC + B$$

• 亜鉛に希硫酸を加えると水素と硫酸亜鉛になる。

$$\underset{\text{亜鉛}}{Zn} + \underset{\text{硫酸}}{H_2SO_4} \longrightarrow \underset{\text{水素}}{H_2}\uparrow + \underset{\text{硫酸亜鉛}}{ZnSO_4}$$

4 複分解

２種類の化合物が、その物質の構成成分である原子または原子団を互いに交換し合って、２種類の新しい化合物になる変化を複分解といいます。

$$AB + CD \longrightarrow AD + CB$$

• 食塩に硫酸を加えると硫酸ナトリウムと塩化水素ができる。

$$\underset{\text{食塩}}{2NaCl} + \underset{\text{硫酸}}{H_2SO_4} \longrightarrow \underset{\text{硫酸ナトリウム}}{Na_2SO_4} + \underset{\text{塩化水素}}{2HCl}\uparrow$$

5 付加と重合（じゅうごう）

炭素(C)をその構成元素として含む化合物を有機化合物といいます。

二重結合や三重結合の有機化合物に他の水素・ハロゲン・水・アルコール等の原子または原子団が結合することを付加といいます。

このとき、同一分子が２分子以上結合して大きな分子量を持つ物質をつくる反応を重合といい、付加反応によって重合する反応を付加重合といいます。

① 付　加……アセトアルデヒドに水素を結合させるとエチルアルコールができる。

$$\underset{\text{アセトアルデヒド}}{CH_3CHO} + \underset{\text{水素}}{H_2} \longrightarrow \underset{\text{エチルアルコール}}{CH_3CH_2OH}$$

② 重　合……エチレン同士の付加を繰り返すとポリエチレンができる。

$$\underset{\text{エチレン}}{nCH_2=CH_2} \longrightarrow \underset{\text{ポリエチレン}}{\left[CH_2\text{-}CH_2 \right]_n}$$

●二重結合

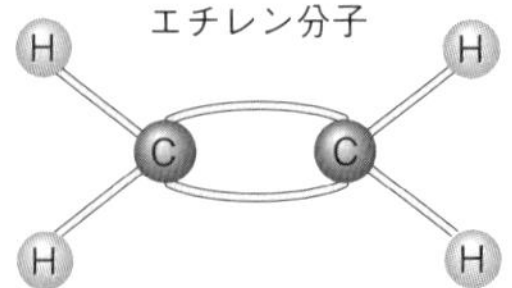

結合する手が何本かは元素の原子価によって決まる。
炭素(C)は原子価が４なので手は４本じゃ。

これだけは覚えておこう

□ 1．**物理変化**……温度や圧力などの条件が変わるときに見られる変化。化学式は変わらない。

［例］ ①水の三態変化　氷⟷水⟷水蒸気

②金属のばねが伸びる。

③ガソリンの流動によって静電気が発生する。

□ 2．**化学変化**……燃焼や２つの物質が化学的に結合したりしてまったく別の物質になる変化。このとき、物質の化学式は変わる。

［例］ ①鉄が錆びる。

②水を電気分解すると水素と酸素に分かれる。

③木炭が燃えて二酸化炭素になる。

④紙が濃硫酸にふれて黒く炭化する。

□ 3．**化　合**……２種類以上の物質が化学変化し、１つの物質になる。

$A + B \longrightarrow AB$　　$C + O_2 \longrightarrow CO_2$

□ 4．**分　解**……化合物が２つ以上の成分に分かれる変化で、大きくは熱分解と電気分解とがある。

$AB \longrightarrow A + B$

①熱分解　$2KClO_3 \xrightarrow{\text{熱}} 2KCl + 3O_2$

②電気分解　$2H_2O \xrightarrow{\text{電気}} 2H_2 + O_2$

□ 5．**置　換**……ある化合物中の原子または原子団を、他の原子または原子団で置き換える変化。

$AB + C \longrightarrow AC + B$

$Zn + H_2SO_4 \longrightarrow H_2\uparrow + ZnSO_4$

□ 6．**複分解**……２種類の化合物がその成分である原子または原子団を交換して新しい化合物になる変化。

$AB + CD \longrightarrow AD + CB$

$2NaCl + H_2SO_4 \longrightarrow Na_2SO_4 + 2HCl\uparrow$

□ 7．**付　加**……二重結合・三重結合等に水素・ハロゲン・水・アルコール・酸素などの原子や原子団が結合する変化。

$CH_3CHO + H_2 \longrightarrow CH_3CH_2OH$

□ 8．**重合(付加重合)**……同じ分子が２分子以上結合して大きな分子量を持つ１つの新しい物質になる変化。

$nCH_2{=}CH_2 \longrightarrow \left[CH_2{-}CH_2 \right]_n$

〈出題例５〉の解答　(3)　▶(3)以外は化学変化。化学変化とはまったく別の物質に変化すること。物理変化は単に物質の状態が変化すること。

Section 6

化学の基本法則

〈 出題例6 〉

【問題】「すべての気体は、同温・同圧のもとでは、同体積内に同じ数の分子を含む」という法則は、次のうちどれか。

(1) アボガドロの法則　(2) 定比例の法則
(3) ボイル・シャルルの法則　(4) 倍数比例の法則
(5) 気体反応の法則

▶解答は155ページ

(1) 質量保存の法則(質量不変の法則)

質量保存の法則は、化学変化において、反応前の質量の総和と、反応後の質量の総和とは互いに等しい、という法則です。

- 炭素を燃焼させて二酸化炭素ができたときの質量の関係は、次のようになります。

$C + O_2 \longrightarrow CO_2$　　$12.0 + (16.0 \times 2) = 12.0 + (16.0 \times 2)$

燃焼した炭素……………… a (g)
燃焼に使われた酸素…… b (g)
生成した二酸化炭素…… c (g)
$a + b = c$ (g)

(2) 定比例の法則

定比例の法則は、ある化合物を構成している元素の質量の比は常に一定であるという法則です。

- 水素と酸素から水をつくるとき、水素1gと化合する酸素は8gであり、水素3gと化合する酸素は24gである。つまり、水を構成する水素と酸素の質量比は、どのような水でも常に1：8である、ということです。

$H_2O \longrightarrow 2 : 16 = 1 : 8$
（水素　酸素）

質量は各原子の原子量と同数です。「周期表」で確認しましょう。

(3) 倍数比例の法則

倍数比例の法則は、A、B２種類の元素から２種類以上の化合物をつくるとき、A元素の一定量と化合するB元素の質量の間には、簡単な整数比が成り立つという法則です。

- CO（一酸化炭素）：CO_2（二酸化炭素）

$$\frac{16}{12} : \frac{32}{12} = 1 : 2$$

12gの炭素と化合している酸素の質量は、一酸化炭素では16g、二酸化炭素では32g、その比は１：２。

⚠CAUTION

●ボイル・シャルルの法則
これは気体の体積に関するもので、「一定質量の気体の体積は圧力に反比例し、絶体温度に比例する」という法則。
温度T、圧力P、体積Vとすると、

$$\frac{PV}{T} = 一定$$

(4) アボガドロの法則

アボガドロの法則は、すべての気体は同温・同圧のもとでは、同体積内に同じ数の分子を含む、またすべての気体１molは標準状態（0℃、１気圧）で約22.4Lの体積を占め、その中には6.02×10^{23}個の気体分子を含むという法則です。

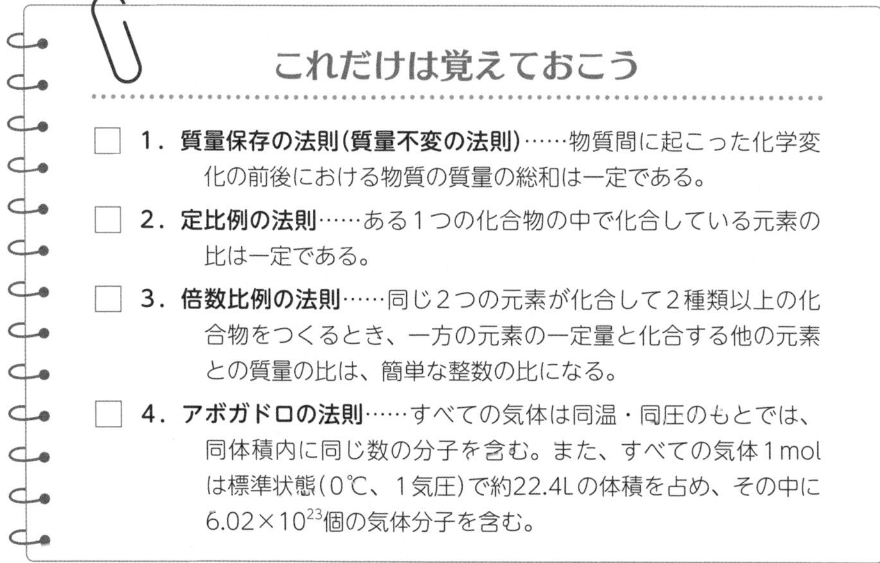

これだけは覚えておこう

- □ 1. **質量保存の法則（質量不変の法則）**……物質間に起こった化学変化の前後における物質の質量の総和は一定である。
- □ 2. **定比例の法則**……ある１つの化合物の中で化合している元素の比は一定である。
- □ 3. **倍数比例の法則**……同じ２つの元素が化合して２種類以上の化合物をつくるとき、一方の元素の一定量と化合する他の元素との質量の比は、簡単な整数の比になる。
- □ 4. **アボガドロの法則**……すべての気体は同温・同圧のもとでは、同体積内に同じ数の分子を含む。また、すべての気体１molは標準状態（0℃、１気圧）で約22.4Lの体積を占め、その中に6.02×10^{23}個の気体分子を含む。

〈出題例6〉の解答　(1)　▶アボガドロの法則は気体に関する法則。ボイル・シャルルの法則、気体反応の法則は気体の体積に関する法則。他は化学変化と質量に関わる法則。

Section 7

化学反応式と量的計算

〈出題例7〉

【問題】次のうち、正しいものはどれか。

(1) $C+O_2 \rightarrow 2CO_2$　(2) $2H_2O \rightarrow H_2+2O$　(3) $2H_2+O_2 \rightarrow 2H_2O_2$

(4) $N_2+3H_2 \rightarrow 2N3H$　(5) $CaCO_3 \rightarrow CaO+CO_2$

▶解答は159ページ

(1) 化学反応式

物質が化学変化する様子を、化学式を用いて表した式を化学反応式といいます。化学反応式では、同じ種類の原子の数は左右両辺で等しくなければなりません。

●化学反応式の3つの法則●

① 化学式の書き表し方

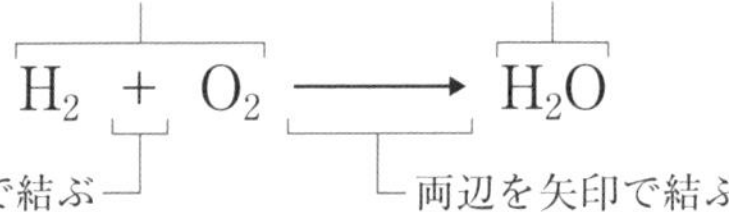

② 左右両辺の原子数を等しくするために係数をつける

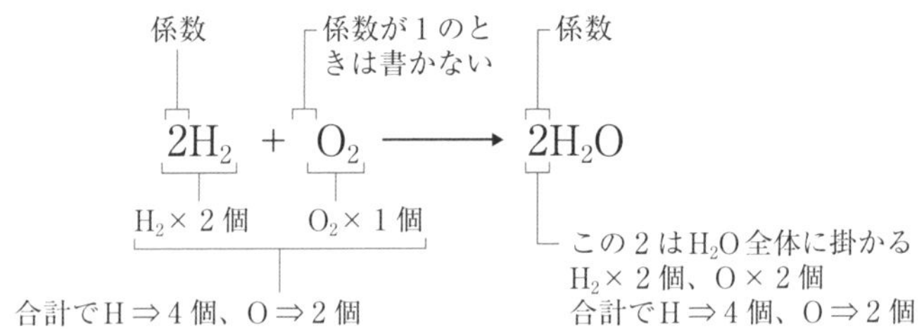

③ 触媒のように、反応の前後で変化しない物質は化学反応式には書かない

〈水の電気分解の例〉水だけではH^+やOH^-が少なく電流が流れにくいので、硫酸や水酸化ナトリウムを少量加えるが、反応しないので化学反応式には書かない。これを化学反応式で表すと次のようになる。

$$2H_2O \longrightarrow \underset{（陰極）}{2H_2} + \underset{（陽極）}{O_2}$$

(2) 化学反応式による量的計算

反応したり生成したりする各物質の量的関係は、原子や分子を基準に考えます。

1 化学反応式と量的関係

化学反応式は物質の変化を表すとともに、化学式が物質の成分元素や原子数の比、その式量、物質1 molの質量・体積などの量を表すことから、反応物質の量的関係を示すことができます。

	$2H_2$	+	O_2	$\longrightarrow$	$2H_2O$
分子数の比⇒	2	:	1	:	2
分子の数⇒	$(6.02\times10^{23})\times2$		$(6.02\times10^{23})\times1$		$(6.02\times10^{23})\times2$
物質量⇒	2 mol		1 mol		2 mol
質　量⇒	(2×2) g		(32×1) g		(18×2) g
体　積⇒	22.4L×2		22.4L×1		22.4L×2
体積比⇒	2	:	1	:	2

さあ、覚えておるかな！
1 mol⇒6.02×10^{23}個の原子数や分子数
1 mol⇒22.4Lの気体の体積
1 mol⇒各原子量と等しい質量
式量＝分子を構成する原子の原子量の総和
質量＝原子量（周期表に載っている）

Hは原子量が1だから、H_2は2。$2H_2$だから、$2\times2=4$g

化学式の係数は、そのまま分子の数を表しています。$2H_2O$はH_2Oで1つの分子。それが2つだから2 molですね。

⚠CAUTION

●反応式の係数の求め方

化学反応式の係数が複雑な場合は、次のような未定係数法によるものが一般的である。

〈未定係数法〉
化学反応式の係数をa、b、……などとおき、各元素の原子数についてこのa、b、……を用いて方程式をつくる。
そしてそれらを連立させ、その連立方程式を解いて未知数a、b、……を求める方法。

[例] 水素が燃えて水ができる反応式の各元素の係数を求めるには、各物質の化学式の前に未知数a、b、cをおく。

$aH_2 + bO_2 \longrightarrow cH_2O$

左右両辺のそれぞれの原子数の総和は同数だから、次の式ができる。
Hについて、$2a=2c$
Oについて、$2b=c$
未知数3つに対して方程式は2つなのでa、b、cのうちどれか1つを1とおいて解く。
$a=1$とおくと、
$c=1$、$b=\frac{1}{2}$、全体を2倍して整数に直すと
$a=2$、$b=1$、$c=2$
$\therefore 2H_2 + O_2 \longrightarrow 2H_2O$

2 化学反応式による量的計算

化学反応式が前述のような量的関係を示すことから、各物質間の量的関係を求めることができます。

① 質量関係

a）化学反応式中の化学式は、反応物質と生成物質の種類および物質量を表す。

b）反応物質の質量の総和と生成物質の質量の総和は互いに等しい。

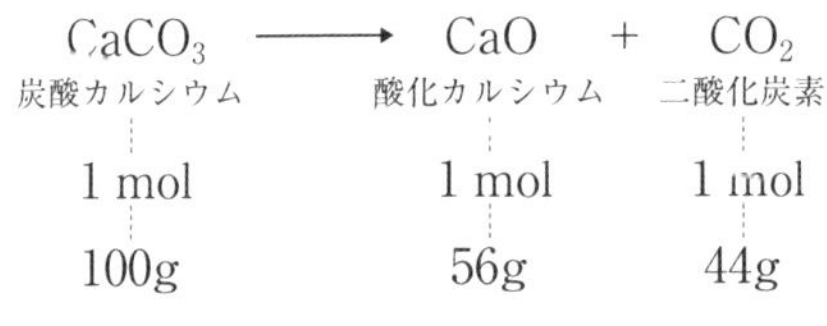

molも質量も体積もすべて、分子単位で考えればよい。分子の前の係数の数値をそのまま分子単位の量に掛ければよいということに気がついたかな。

② 質量と体積関係

- 気体の物質は標準状態（0℃、1気圧）で1 molは22.4Lの体積を占める。

$2H_2O_2$	$\longrightarrow$	$2H_2O$	+	O_2
過酸化水素水		水		酸素
2 mol		2 mol		1 mol
2×34g		2×18g		32g
				22.4L

③ 体積関係

- 気体反応では、各気体の係数の比は、体積比を表す。

N_2	+	$3H_2$	$\longrightarrow$	$2NH_3$
窒素		水素		アンモニア
1 mol		3 mol		2 mol
1体積		3体積		2体積
1	：	3	：	2

計算例

［例題1］ 炭素2gを燃やすと二酸化炭素は何g生成されるか。

$$\underset{12g}{C} + \underset{(16\times2)g}{O_2} \longrightarrow \underset{(12+16\times2)=44g}{CO_2}$$

二酸化炭素がxg生成されるとすると、

$12：44＝2：x$

$12x＝88$　　$x≒7.3$　　　答え　約7.3g

計算例

［例題２］　水素20Lを燃やすには何Lの酸素が必要か。

$$\underset{(2\times22.4)\mathrm{L}}{2H_2} + \underset{22.4\mathrm{L}}{O_2} \longrightarrow \underset{(2\times22.4)\mathrm{L}}{2H_2O}$$

x(L)の酸素が必要だとすると、

$(2\times22.4):22.4=20:x$

$(2\times22.4)x=20\times22.4$

$2x=20$　　$x=10$　　　答え　10L

［例題３］　0℃、１気圧でナトリウム５gを水と反応させたとき、何Lの水素が発生するか。

x(L)の水素が発生すると、

$$\underset{(2\times23)\mathrm{g}}{2Na} + \underset{\{2\times(1\times2+16)\}\mathrm{g}}{2H_2O} \longrightarrow \underset{\{2\times(23+16+1)\}\mathrm{g}}{2NaOH} + \underset{(1\times2)\mathrm{g}}{H_2}$$

22.4L

$(2\times23):22.4=5:x$

$46x=112$　　$x\fallingdotseq2.4$　　答え　約2.4L

MEMO

●原子はatom(アトム)

原子をatomというが、もとはギリシア語である。atomのaは打ち消し、tomは分割の意で、全体で「分割できない」という意味を表している。原子の大きさは約10^{-10}m

これだけは覚えておこう

□ **1．化学反応式**……化学変化において、反応する物質と生成する物質の関係を化学式と数字を用いて示した式。

$C + O_2 \longrightarrow CO_2$

□ **2．化学反応式の書き方**

①反応物を左辺に書き、生成物を右辺に書く。変化の向きを矢印で結ぶ。

$$\underbrace{H_2 + O_2}_{\text{反応物}} \longrightarrow \underbrace{H_2O}_{\text{生成物}}$$

②両辺の各元素の原子数が等しくなるように、各化学式に係数をつける。

$2H_2 + O_2 \longrightarrow 2H_2O$

（係数：$2H_2$ と $2H_2O$ の2）
（O_2：係数が１のときは書かない）

〈出題例７〉の解答　(5)　▶(1)$C+O_2\rightarrow CO_2$　(2)$2H_2O\rightarrow 2H_2+O_2$　(3)$2H_2+O_2\rightarrow 2H_2O$　(4)$N_2+3H_2\rightarrow 2NH_3$

Section 8
熱化学

〈出題例8〉

【問題】次の反応熱の記述のうち、誤っているものはどれか。

(1)　生成熱とは、化合物が反応によって酸素を生成するときに発生する熱量。

(2)　燃焼熱とは、物質が燃焼するときに発生する熱量。

(3)　分解熱とは、分解反応を起こすときに発生または吸収する熱量。

(4)　中和熱とは、酸と塩基が中和するときに発生する熱量。

(5)　溶解熱とは、物質が液体に混ざって全体が均一になるときに発生または吸収する熱量。

▶解答は163ページ

(1) 反応熱

化学反応では、反応し合う物質を構成している原子の結合が変化して新しい物質が生じます。このとき原子は、結合の仕方の変化とともにエネルギー状態を変えるので、反応が起こると熱エネルギーの出入りが発生します。

そしてそのときに発生または吸収する熱を反応熱といい、熱が発生する化学反応を発熱反応、熱を吸収する化学反応を吸熱反応といいます。

a）**発熱反応**……$C + O_2 = CO_2 + 393.9kJ$

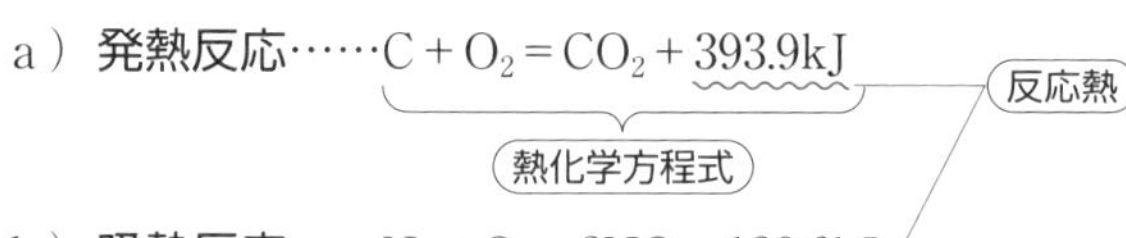

b）**吸熱反応**……$N_2 + O_2 = 2NO - 180.6kJ$

熱化学方程式

化学反応式に反応熱を記入した式を熱化学方程式という。発熱反応は＋、吸熱反応は－で表す。

熱化学方程式は、主体となる物質の係数が1molになるようにします。

補足　上のa)発熱反応の場合、炭素1mol(12g)が完全燃焼するには、酸素1mol(32g)が必要となる。燃焼により二酸化炭素1mol(44g)が生成され、同時に393.9kJの熱が発生する。この反応での酸素と二酸化炭素の容積は、ともに1molなので22.4Lとなる。

(2) 反応熱の種類

反応熱には、次のような種類があります。

1 生成熱

化合物1 molが成分元素の単体から生じる反応の熱量で、発熱の場合も吸熱の場合もあります。

2 燃焼熱

物質1 molが完全に燃焼するときに発生する熱量で、燃焼反応は常に発熱反応です。

3 分解熱

生成熱とは反対に分解するときの熱量で、生成熱と分解熱は等しい値で符号が逆の熱量になります。

4 中和熱

酸と塩基の中和でH^+ 1 molとOH^- 1 molが反応したとき(または1 molの水が生じる際)に発生する熱量。

5 溶解熱

物質1 molを多量の溶媒中に溶かすときに発生または吸収する熱量をいいます。多くの固体の溶解は吸熱反応であり、気体や液体の溶解は発熱反応になります。

●反応熱とエネルギーの関係

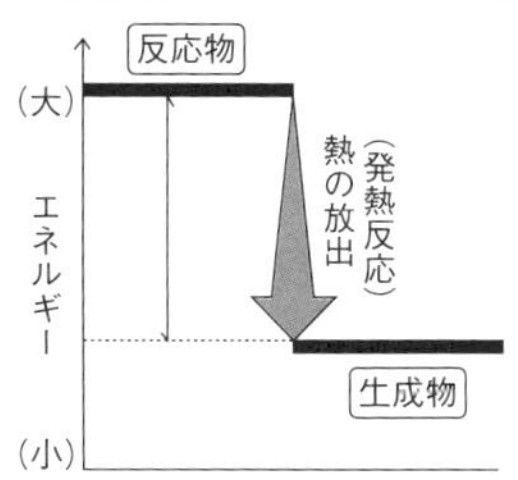

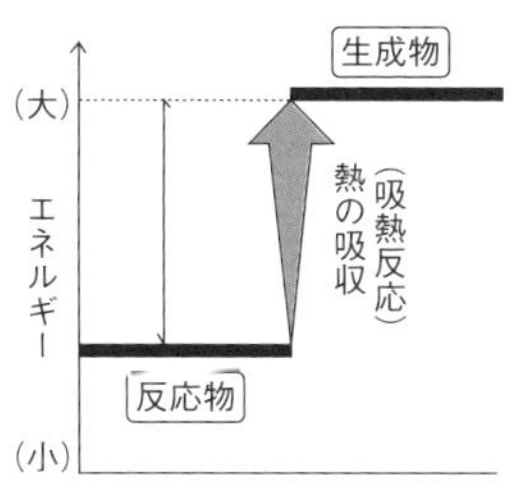

これは、「一定量の物質は、その状態に応じて一定のエネルギーを保有している」という前提があるから成立している。

MEMO

●反応熱

ふつう、自然に起こる反応や容易に起こる反応などには発熱反応が多い。また、物質の三態変化や溶解など、厳密には化学変化ではなく物理変化とされる現象にも熱の出入りがあるが、これらも反応熱に含めて扱われる。

CAUTION

●反応熱の表し方と単位

①反応の中心となる物質1 molが変化するときに発生または吸収する熱量を表す。

②熱量は25℃、1気圧での値とし、単位はkJとする。

(1 cal＝4.186J
1 kcal＝4.186×10^3J
＝4.186kJ)

(3) ヘスの法則

反応熱の中には、実際に測定することが困難なものもあります。その場合、「ヘスの法則」で既知の熱化学方程式をもとに反応熱を求めることができます。

1 ヘスの法則(総熱量不変の法則)

化学変化では、最初の物質の状態と最後の物質の状態が同じならば、途中の変化に関係なく、総熱量の出入りは一定です。

これをもう少し簡単にいえば、次のようになります。(カッコ内は例)

「A(炭素)がC(二酸化炭素)になる変化の際に発生する反応総熱量は、A(炭素)がB(一酸化炭素)になった後にC(二酸化炭素)になる反応熱量の総和に等しい。」

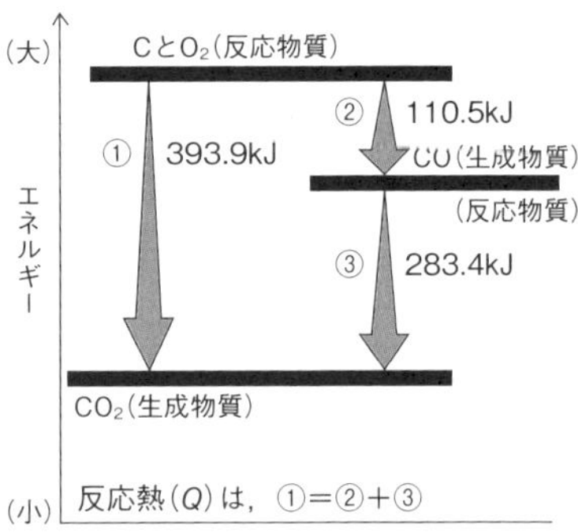

2 熱化学方程式による計算

・熱化学方程式の性質

① 物質の変化やその量的関係を表すだけでなく、エネルギーの変化をも表している。

② 化学式がその物質1 molが保有しているエネルギーをも表していると考えると、熱化学方程式は、反応前の物質が保有しているエネルギーの和と、反応後の物質が保有するエネルギーの和が等しいことを示していることになる。

③ したがって、熱化学方程式は数学の方程式と同様に、加減乗除ができる。

要は、上の図中の反応熱量(Q)は、
①=②+③
を見れば分かる。
これすなわち数学の方程式だ。
①=②+③より、
②=①−③
③=①−②
計算式は移項もできる。

(計算例) 炭素の燃焼を例に「ヘスの法則」を確かめると、

1．炭素が直接燃焼して二酸化炭素になる場合

$C + O_2 = CO_2 + 393.9kJ$ ……①

2．炭素が2段階の燃焼を経て二酸化炭素になる場合

$C + \frac{1}{2}O_2 = CO + 110.5kJ$ ……②

$CO + \frac{1}{2}O_2 = CO_2 + 283.4kJ$ ……③

②＋③を計算すると、

$$
\begin{array}{rl}
 & C + \frac{1}{2}O_2 = CO + 110.5kJ \quad \cdots\cdots② \\
+) & CO + \frac{1}{2}O_2 = CO_2 + 283.4kJ \quad \cdots\cdots③ \\
\hline
 & C + \cancel{CO} + O_2 = \cancel{CO} + CO_2 + 393.9kJ
\end{array}
$$

⇒ $C + O_2 = CO_2 + 393.9kJ$ となる。

∴①＝②＋③となり、「ヘスの法則」が確かめられた。

CAUTION

●熱化学方程式の計算

数学の方程式と同じように、加減乗除、移項もできる。

左記の計算でも確かめられたように、「ヘスの法則」によって、既知の熱化学方程式を用いて未知の熱化学方程式を導くことが可能になった。

これだけは覚えておこう

- □ 1．**反応熱**……化学反応が起こるときに出入りする熱。
- □ 2．**発熱反応**……化学反応の際に熱を発生する反応。
- □ 3．**吸熱反応**……化学反応の際に熱を吸収する反応。
- □ 4．**反応熱の種類**……①生成熱②燃焼熱③分解熱④中和熱⑤溶解熱
- □ 5．**燃焼熱**……物質1molが完全に燃焼するときに発生する熱量。
- □ 6．**生成熱**……化合物1molが生成するときに成分元素の単体から発生または吸収する熱量。
- □ 7．**分解熱**……生成熱とは反対に化合物1molが成分元素に分解されるときに発生または吸収する熱量。生成熱と分解熱の熱量は値が等しく、符号は逆。
- □ 8．**中和熱**……酸と塩基が中和して、1molの水を生成する(または1molのH^+が反応する)ときに発生する熱量。
- □ 9．**溶解熱**……物質1molを多量の溶媒中に溶かすときに発生、または吸収する熱量。

〈出題例8〉の解答 (1) ▶生成熱とは化合物1molが成分元素の単体から生成するときに発生、または吸収する熱量。

Section 9

酸と塩基と塩

〈出題例９〉

【問題】次の代表的な酸のうち、強酸に該当しないものはどれか。

(1) 塩　酸　　(2) 硫　酸　　(3) 硝　酸　　(4) 酢　酸　　(5) 塩素酸

▶解答は167ページ

(1) 酸

酸とは、水に溶けると電離して水素イオンH^+を生じる物質であり、他の物質に水素イオンH^+を与えることができる物質です。

水素イオンH^+には、青色リトマス紙を赤色に変える性質があります。

1 酸　性

酸性とは、主に水素イオンH^+を放出する物質が溶け込んでいる水溶液の性質をいいます。

a）青色リトマス紙を赤変させる。（塩酸・硫酸・酢酸や、レモンの果汁など。）

b）酸味がある。

c）酸性の水溶液には、常温で、マグネシウム・アルミニウム・亜鉛などの金属単体を溶かしたり、電気を通したりする性質もみられる。

2 酸の価数と強弱

１分子の酸が水に溶けるときに生じる水素イオンH^+の数を、その酸の価数（塩基度）といいます。酸の強弱は電離度の大小により、電離度が大きい酸は危険です。

●代表的な酸の価数と強弱

		強　酸	中くらいの酸	弱　酸
酸	1価	塩酸HCl 硝酸HNO_3 塩素酸$HClO_3$	亜塩素酸$HClO_2$	酢酸CH_3COOH 次亜塩素酸$HClO$
	2価	硫酸H_2SO_4	亜硫酸H_2SO_3	炭酸H_2CO_3 硫化水素H_2S シュウ酸$(COOH)_2$
	3価		リン酸H_3PO_4	ホウ酸H_3BO_3

電離とは、水に溶けると陽イオンと陰イオンとに分離することです。
電離度とは、電解質が水溶液中で電離している割合という意味です。

(2) 塩　基

塩基とは、水に溶けると電離して水酸化物イオンOH^-を生じる物質であり、他の物質から水素イオンH^+を受け取ることのできる物質です。

水酸化物イオンOH^-には、赤色リトマス紙を青色に変える性質があります。

1 塩基性(アルカリ性)

塩基性とは、塩基の水溶液が示す性質をいいます。

a）赤色リトマス紙を青変させる。

（水酸化ナトリウム・水酸化カルシウム・アンモニアや、草木等の植物を燃やした灰に水を加えた溶液。）

b）塩基性の水溶液を酸の水溶液に加えると酸性が弱くなる。

c）塩基性の水溶液にフェノールフタレイン溶液を加えると、紅色を呈する。

2 塩基の価数と強弱

1分子の塩基が水に溶けるときに生じることのできる水酸化物イオンOH^-の数を、その塩基の価数(酸度)といいます。また塩基の強弱は電離度の大小によります。

●代表的な塩基の価数と強弱

		強塩基	弱塩基
塩基	1価	水酸化ナトリウム$NaOH$ 水酸化カリウムKOH	アンモニアNH_3
	2価	水酸化カルシウム$Ca(OH)_2$ 水酸化バリウム$Ba(OH)_2$	水酸化銅(Ⅱ)$Cu(OH)_2$
	3価		水酸化アルミニウム$Al(OH)_3$

CAUTION

●電離度α

$$\alpha = \frac{\text{電離した物質量 } n}{\text{溶質の全物質量 } m}$$

●酸・塩基の分類

①価数……化学式中のH^+(酸)、OH^-(塩基)の数。

②電離度……大→強酸・強塩基。小→弱酸・弱塩基。

MEMO

●電解質と非電解質

水に溶けると電離する物質を電解質といい、水に溶けても電離しない物質を非電解質という。

WORD

●酸性酸化物

水と化合して酸を生じる酸化物でCO_2、SO_2、SO_3など。

●塩基性酸化物

水と化合して塩基を生じる酸化物でNa_2O、CaOなど。

OH^-を持つか、あるいはH^+を受け入れる物質を塩基というが、水に溶ける塩基のみを特にアルカリというのじゃ。

⑶ 塩と中和

塩(えん)とは、金属陽イオンと、酸から生じた陰イオンからなる化合物をいいます。一般に塩の生成は、酸と塩基の中和反応として知られています。

1 塩の種類

① **正塩(中性塩)**……酸のHのすべてを金属やアンモニウム基NH_4で置換した塩。〔塩化ナトリウム$NaCl$、炭酸カルシウム$CaCO_3$、硫酸アンモニウム$(NH_4)SO_4$など〕

② **酸性塩**……２価以上の酸のHの一部だけを金属やアンモニウム基NH_4で置換した塩。〔炭酸水素ナトリウム$NaHCO_3$、硫酸水素ナトリウム$NaHSO_4$など〕

③ **塩基性塩**……２価以上の塩基のOHの一部だけを非金属で置換した塩。〔塩化水酸化マグネシウム$MgCl(OH)$など〕

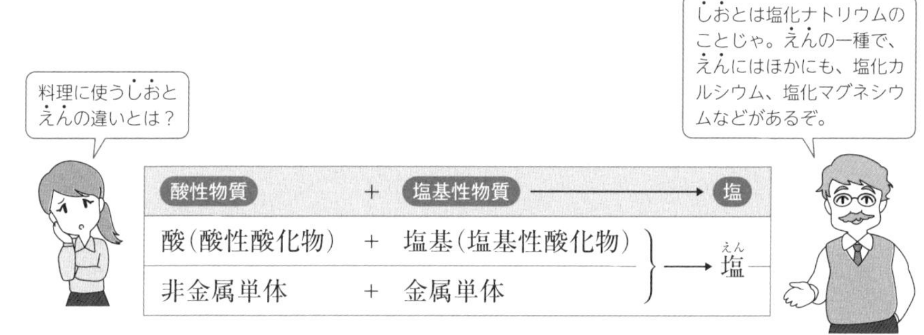

2 中和反応

酸と塩基は相対的な関係を持つ物質であり、互いにその性質を打ち消し合う反応が中和反応です。

酸と塩基の水溶液から塩と水が生成される反応を中和といいます。

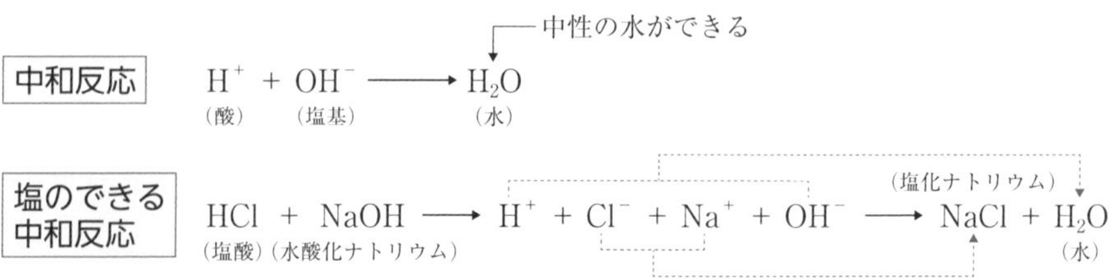

(4) pH(水素イオン指数)

水溶液の酸性や塩基性の度合いを表す場合に、水素イオン指数を用いることがあります。この指数をpH(ピーエイチ)といいます。

$pH = -\log_{10}[H^+]$、または$[H^+] = 10^{-pH}$

●水溶液のpHと酸性・中性・塩基性の関係

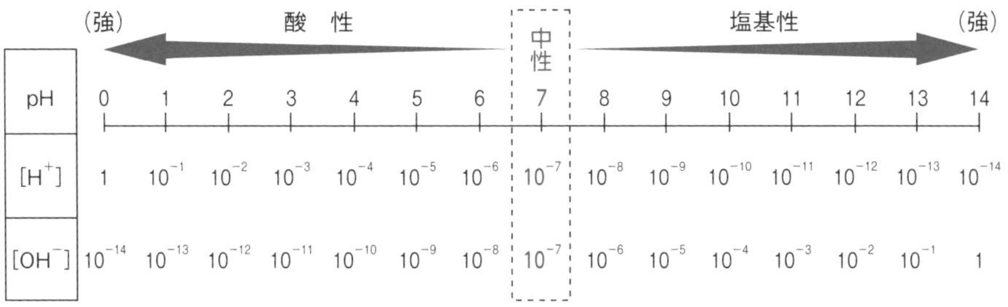

pH	0	1	2	3	4	5	6	7	8	9	10	11	12	13	14
$[H^+]$	1	10^{-1}	10^{-2}	10^{-3}	10^{-4}	10^{-5}	10^{-6}	10^{-7}	10^{-8}	10^{-9}	10^{-10}	10^{-11}	10^{-12}	10^{-13}	10^{-14}
$[OH^-]$	10^{-14}	10^{-13}	10^{-12}	10^{-11}	10^{-10}	10^{-9}	10^{-8}	10^{-7}	10^{-6}	10^{-5}	10^{-4}	10^{-3}	10^{-2}	10^{-1}	1

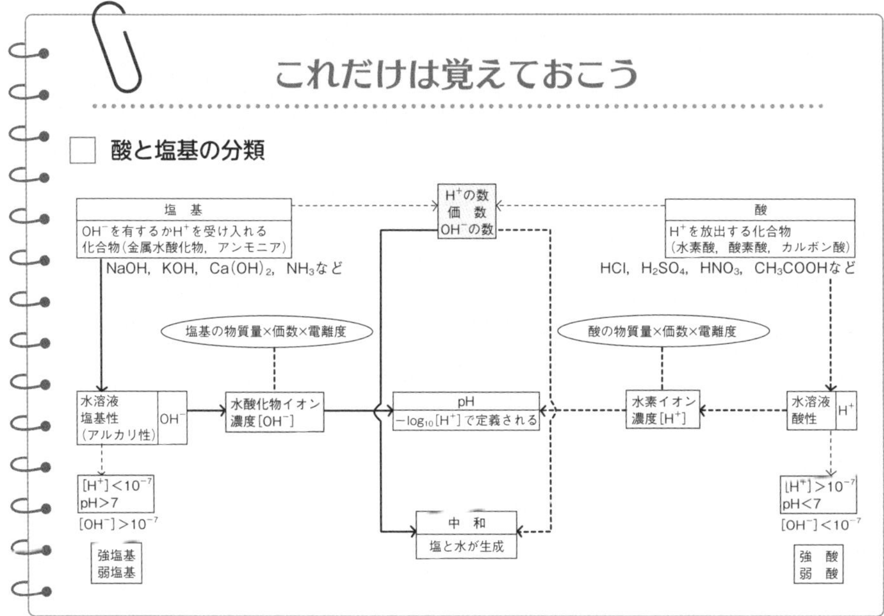

〈出題例9〉の解答　(4)　▶酢酸は弱酸。CH_3COOHの電離度は0.017(1.7%)。強酸とは、電離度が0.8～1(100%)に近い物質をいう。弱酸は0.3(30%)以下ぐらい。

Section 10

酸化と還元

〈出題例10〉

【問題】次のうち、酸化反応でないものはどれか。

(1) ドライアイスが周囲の熱を奪って気体になった。

(2) 鉄が錆びてぼろぼろになった。

(3) ガソリンが燃焼して二酸化炭素と水蒸気になった。

(4) 硫黄が燃焼して二酸化硫黄になった。

(5) 一酸化炭素が燃焼して二酸化炭素になった。

▶解答は169ページ

(1) 酸化反応と還元反応

物質が酸素と化合することを酸化、酸化物が酸素を失うことを還元といいます。

酸素の授受

〔酸化反応〕 炭が燃焼(酸化)して二酸化炭素になる。

$$C + O_2 \longrightarrow CO_2$$

〔還元反応〕 酸化銅(Ⅱ)が水素で還元されて銅になる。

$$CuO + H_2 \longrightarrow Cu + H_2O$$

広い意味で酸化・還元をとらえた場合には、水素化合物が水素を失うこと、また物質が電子を失うことも酸化といい、物質が水素と化合すること、また物質が電子を受け取ることも還元といいます。

●酸素授受の酸化と還元

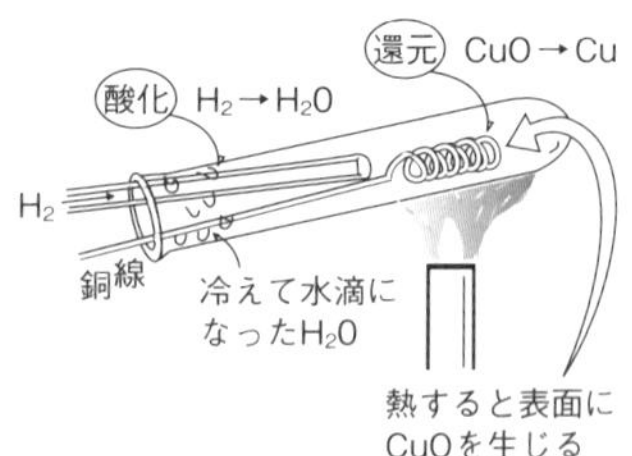

酸化される

$CuO + H_2 \longrightarrow Cu + H_2O$

還元される

水素の授受

〔酸化反応〕 硫化水素が塩素で酸化されて硫黄が析出（せきしゅつ）する。

$$H_2S + Cl_2 \longrightarrow 2HCl + S$$

〔還元反応〕 硫黄が水素で還元されて硫化水素となる。

$$S + H_2 \longrightarrow H_2S$$

電子の授受

〔酸化還元反応〕　マグネシウムを熱すると酸化マグネシウムが生じる。

$$2Mg + O_2 \longrightarrow 2MgO$$

この反応ではマグネシウムが酸化されているが、これを電子の授受としてみると次のようになります。

Mg原子———電子を2個失って———Mg^{2+}

O原子————電子を2個得て————O^{2-}

酸化マグネシウムは、Mg^{2+}イオンとO^{2-}イオンとのイオン結合による化合物ということがいえます。

そして、先に述べた酸素原子の結合・離脱と酸化還元反応とを重ね合わせてみると、次のようになります。

- 酸素原子の結合＝電子を失う反応———（酸化）
- 酸素原子の離脱＝電子を得る反応———（還元）

(2) 酸化剤と還元剤

相手物質を酸化する作用を持つ物質を酸化剤といい、**相手物質を還元する作用を持つ物質を還元剤**といいます。

- 主な酸化剤……酸素O_2、過酸化水素H_2O_2、硝酸HNO_3、硫酸H_2SO_4、塩素Cl_2など。
- 主な還元剤……水素H_2、硫化水素H_2S、一酸化炭素CO、ナトリウムNaなど。

⚠CAUTION

●酸化と還元の同時性

酸化反応と還元反応は必ず同時に起こっている。たとえば、A物質がB物質によって酸化されるならば、それと同時にB物質がA物質で還元されているということになる。

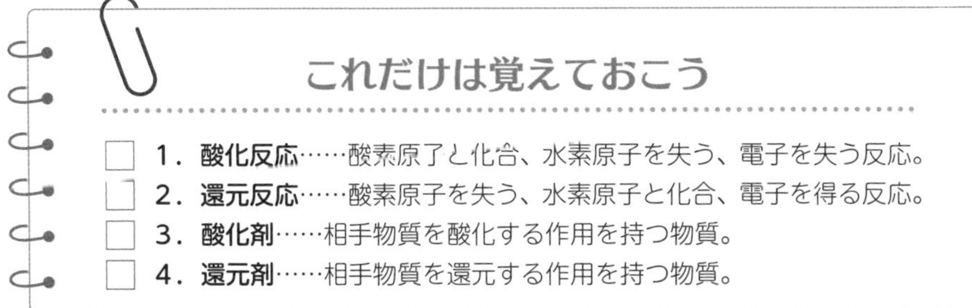

〈出題例10〉の解答　(1)　▶これは物理変化。酸化も還元も化学変化なので、生成された物質の化学式も変化する。

Section 11

金属と非金属

〈 出題例11 〉

【問題】金属の特性として、次のうち誤っているものはどれか。

(1) 熱や電気をよく通す。
(2) 金属光沢を持ち、延性・展性に富む。
(3) 水銀を除いて、常温で固体となる。
(4) 一般に比重が大きい。
(5) 固有の融点がない。

▶解答は171ページ

(1) 金属と非金属の特性

金属には下に示したような特有の性質がありますが、そのような金属としての性質を示さないものを非金属といいます。

● それぞれの化学的・物理的性質

	金　属	非　金　属
化学的性質	① 塩基性酸化物をつくる。 ② 一般に無機酸に溶ける。 ③ 電子を放って陽イオンになりやすい。	① 酸性酸化物をつくる。 ② 一般に無機酸には溶けない。 ③ 電子を受け入れて陰イオンになりやすい。
物理的性質	① 常温で固体である(水銀は例外)。 ② 一般に融点が高い。 ③ 金属光沢がある。 ④ 比重が大きい(ナトリウムなどは例外)。 ⑤ 熱や電気の良導体である。 ⑥ 展性、延性がある。	① 常温では固体、液体、気体である。 ② 低温度でも気体のものが多い。 ③ 光を反射しない。 ④ 比重が小さい。 ⑤ 熱や電気の不導体である(炭素は例外)。 ⑥ 固体のものはもろい。

● 金属の特性

比　重	Pt 21.4	Au 19.3	Hg 13.5	Ag 10.5	Cu 8.96	Fe 7.87	Zn 7.13	
	Ba 3.5	Al 2.7	Mg 1.74	Ca 1.55	Na 0.97	K 0.86		
融点(℃)	W 3400	Pt 1700	Fe 1540	Cu 1083	Au 1064	Ag 962	Ca 848	Al 660
	Mg 650	Pb 328	Na 98	K 63	Hg −39			
熱伝導度	Ag＞Cu＞Au＞Al＞Mg＞Zn＞Fe＞Sn＞Ni＞Pb＞Hg							
電気伝導度	Ag＞Cu＞Al＞Mg＞W＞Zn＞Fe＞Sn							
展　性	Au＞Ag＞Fe＞Cu＞Al＞Zn＞Sn＞Pb							
延　性	Au＞Ag＞Cu＞Al＞Sn＞Pb＞Zn＞Fe							

同周期に並ぶ元素は、原子番号の小さい左側の原子がもっとも金属性が強く、右へ移るにしたがって非金属性が強まってゆくのじゃ。

(2) イオン化傾向

金属が酸と反応したり、空気中で酸化されたりするとき、金属は電子を放って陽イオンとなります。この陽イオンになりやすさを水溶液の反応で比べたものをイオン化傾向といいます。

金属をイオン化傾向の大きい順に並べると、次のようになります。

●イオン化傾向の大小

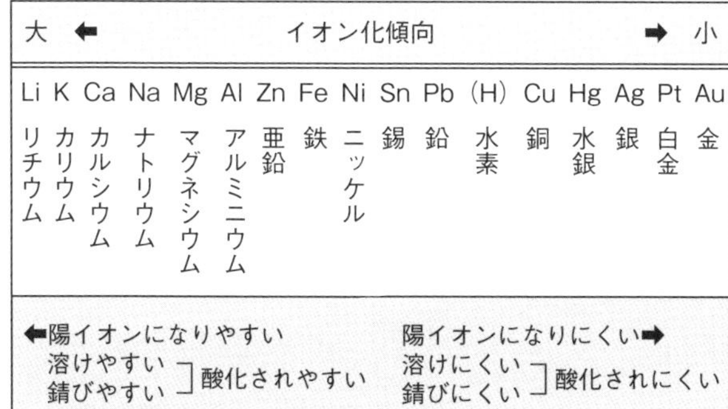

大 ←							イオン化傾向								→ 小	
Li	K	Ca	Na	Mg	Al	Zn	Fe	Ni	Sn	Pb	(H)	Cu	Hg	Ag	Pt	Au
リチウム	カリウム	カルシウム	ナトリウム	マグネシウム	アルミニウム	亜鉛	鉄	ニッケル	錫	鉛	水素	銅	水銀	銀	白金	金

←陽イオンになりやすい
溶けやすい・錆びやすい ］酸化されやすい

陽イオンになりにくい→
溶けにくい・錆びにくい ］酸化されにくい

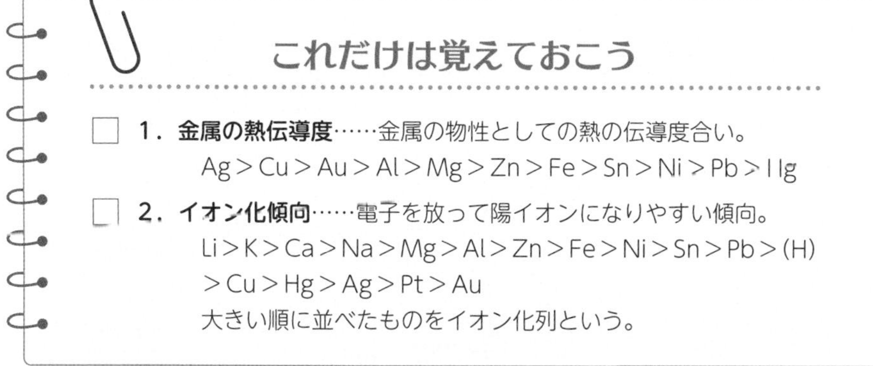

これだけは覚えておこう

- □ 1. **金属の熱伝導度**……金属の物性としての熱の伝導度合い。
  Ag > Cu > Au > Al > Mg > Zn > Fe > Sn > Ni > Pb > Hg
- □ 2. **イオン化傾向**……電子を放って陽イオンになりやすい傾向。
  Li > K > Ca > Na > Mg > Al > Zn > Fe > Ni > Sn > Pb > (H) > Cu > Hg > Ag > Pt > Au
  大きい順に並べたものをイオン化列という。

〈出題例11〉の解答 (5) ▶それぞれ同じ条件下で固有の融点を持っている。一般に、融点・沸点が高い。

⚠ CAUTION

●重金属と軽金属
金属の比重が4を超えるものを重金属といい、4以下のものを軽金属という。

●合金の融点
合金の融点は、一般に成分金属の融点より低くなる。

●ハロゲン元素
フッ素(F)、塩素(Cl)、臭素(Br)、ヨウ素(I)、アスタチン(At)の5元素をいい、電子親和力が大きい。ヨウ素、フッ素化合物は燃焼抑制の消火剤として用いられる。

Section 12

有機化合物

〈 出題例12 〉

【問題】次の物質のうち、有機化合物でないものはどれか。

(1) ガソリン　(2) アンモニア　(3) メタン
(4) アセトン　(5) プロパン

▶解答は175ページ

(1) 有機化合物の分類

炭素を主体にした化合物のことを有機化合物といい、炭素以外の元素の化合物を無機化合物といいます。

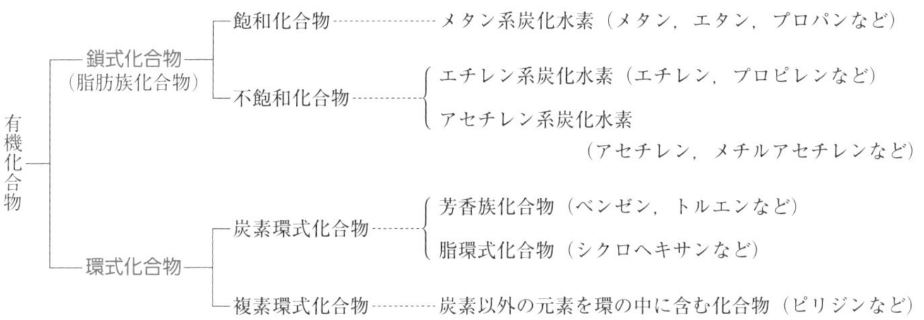

① 無機化合物と有機化合物の主な特徴

特　徴	無機化合物	有機化合物
成分元素	天然に存在するすべての元素。	主にC、H、O、Nで、その他ハロゲン、P、Sなど。
溶解性	水に溶けるものが多い。	水に溶けないものが多く、有機溶媒に溶けやすい。
融　点	一般に融点が高く、高温でも安定なものが多い。	一般に融点が低く、300℃以上では分解する。
反応性	電解質が多く、イオン反応のため反応速度が大きい。	非電解質が多く、反応速度は小さく、反応が複雑である。生成物が一定していない。

② 有機物の主な官能基とその性質

官能基	式	構 造	性 質
メチル基	$-CH_3$	H | — C — H | H	疎水性
エチル基	$-C_2H_5$	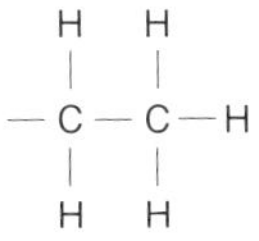 H H | | — C — C — H | | H H	疎水性
アルコール性水酸基	−OH	— O — H	中性、親水性
アルデヒド基	−CHO	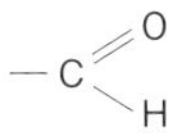 — C(=O)—H	還元性
カルボキシ基	−COOH	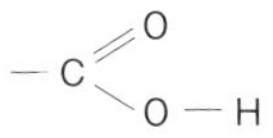 — C(=O)—O — H	酸性、親水性
カルボニル基(ケトン基)	>CO	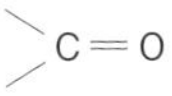 >C = O	親水性
フェノール性水酸基	−OH	— O — H	酸性
ニトロ基	$-NO_2$	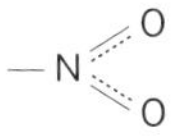 — N(O)(O)	中性、疎水性
アミノ基	$-NH_2$	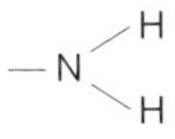 — N(H)—H	塩基性
スルホ基	$-SO_3H$	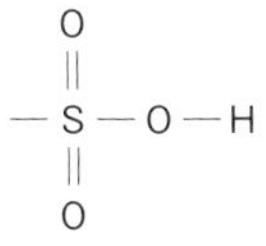 O ‖ — S — O — H ‖ O	酸性
フェニル基	$-C_6H_5$	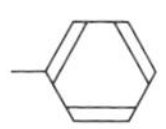	疎水性

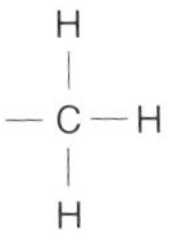

WORD

●鎖式化合物
分子が鎖状の構造になっている有機化合物

●環式化合物
分子に環状構造を含む有機化合物

●飽和化合物
すべて単結合で構成されている有機化合物

●不飽和化合物
二重結合や三重結合などを含む有機化合物

●官能基
理解しにくい言葉だが、ここでは、一定の特性を有する原子団(原子の集合体)と理解しておこう。英語ではgroupともいう。

(2) 主な有機化合物の構成

次に、炭素原子の結合による有機化合物の主な分類をあげておきます。

① **炭化水素類**……炭素と水素だけで構成される化合物の総称。
(例)石油、テンペル類、ステロイド類として広く存在する。

② **アルコール類**……鎖状炭化水素のHが水酸基(−OH)で置き換えられた形の化合物。
(例)エチルアルコール　$C_2H_5\underline{OH}$

③ **フェノール**……ベンゼン環に結合するHが水酸基(−OH)で置き換えられた形の化合物。
(例)フェノール　$C_6H_5\underline{OH}$

④ **アルデヒド**……アルデヒド基(−CHO)の化合物。
(例)アセトアルデヒド　$CH_3\underline{CHO}$

⑤ **ケトン**……カルボニル基(ケトン基)に2個の炭化水素基のついた形の化合物。
(例)アセトン　$(CH_3)_2\underline{CO}$

⑥ **エーテル**……酸素原子に2個の炭化水素基のついた形の化合物。
(例)ジエチルエーテル　$\underline{(C_2H_5)}_2\underline{O}$

⑦ **カルボン酸**……カルボキシ基(−COOH)の化合物。
(例)酢酸　$CH_3\underline{COOH}$

⑧ **スルホン酸**……スルホ基(−SO_3H)の化合物。
(例)ベンゼンスルホン酸　$C_6H_5\underline{SO_3H}$

⑨ **アミノ酸**……アミノ基(−NH_2)とカルボキシ基(−COOH)の化合物。
(例)グリシン　$\underline{H_2N}CH_2\underline{COOH}$

⑩ **ニトロ化合物**……ニトロ基(−NO_2)が炭素原子に結合している化合物。
(例)ニトロベンゼン　$C_6H_5\underline{NO_2}$

これだけは覚えておこう

□ **有機化合物の特性**

①成分元素は主として炭素(C)、水素(H)、酸素(O)、窒素(N)。
②可燃性である。
③空気中で燃えて二酸化炭素と水を生じる。
④水に溶けにくく、アルコール・アセトン・ジエチルエーテルなどの有機溶媒によく溶ける。
⑤多くは非電解物質である。
⑥一般に無機化合物に比べて分子量が大きい。
⑦融点・沸点の低いものが多い。
⑧組成が同じでも、結合の仕方の異なる異性体がある。
⑨反応速度は小さい。
⑩反応が複雑で生成物が一定しない。

〈出題例12〉の解答 (2) ▶アンモニアNH_3は、窒素と水素の化合物なので無機化合物。

Section 13

燃焼の理論

〈 出題例13 〉

【問題】可燃物とその燃焼の種類について、次の組み合わせのうち誤っているものはどれか。

(1) アルコールの燃焼は蒸発燃焼である。
(2) 木炭の燃焼は表面燃焼である。
(3) 石炭の燃焼は分解燃焼である。
(4) ガソリンの燃焼は爆発燃焼である。
(5) コークスの燃焼は表面燃焼である。

▶解答は179ページ

(1) 燃焼の定義と原理

1 燃焼の定義

物質が酸素原子Oと化合することを狭い意味では酸化といいますが、その結果生成された化合物を酸化物といいます。この酸化反応が急激に進行し、著しい発熱とともに発光を伴う酸化反応を燃焼といいます。

したがって、同じ酸化反応でも、鉄が錆びてぼろぼろになる酸化反応などは、発熱も発光も伴わないので燃焼とはいいません。

2 燃焼の原理（燃焼の３要素と４要素）

●燃焼の３要素

①可燃性物質

発熱

発光

燃焼

②酸素供給体

③熱源

●燃焼の４要素

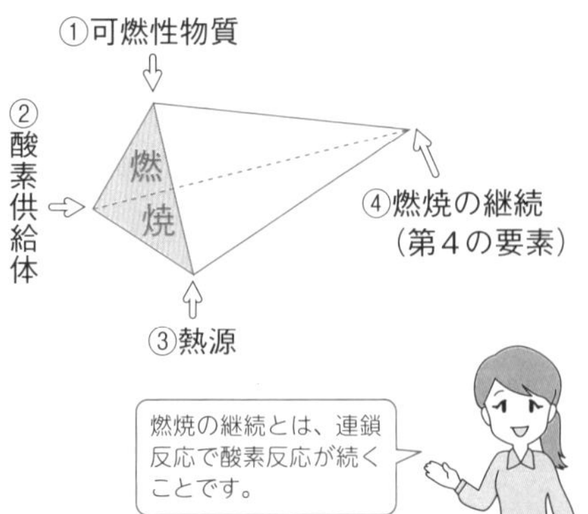

①　可燃性物質（可燃物）

可燃性物質とは燃える可能性のある物質すべてを指します（固体・液体・気体）。可燃性物質の数は極めて多く、有機化合物のほとんどが可燃性物質です。

②　酸素供給体（支燃物）

可燃性物質の燃焼にはある濃度以上の酸素が必要です。その濃度は限界酸素濃度といわれ、可燃性物質によって異なりますが、その濃度は多くの場合14～15％ぐらいになります。空気は約21％の酸素を含んでいることから、酸素供給体として一般的です。

●酸素の性質と特色

性　質		特　色
比重	1.105	1. 不燃性（酸素自体は燃えない） 2. 支燃性 3. 水にあまり溶けない。 4. 酸化物をつくる。 5. 白金、金、銀、不活性ガス、ハロン等とは直接化合しない。
融点	−218℃	
沸点	−183℃	
色	無色	
臭い	無臭	

このほかに酸素供給体としては、第１類と第６類危険物のように加熱すると分解して酸素を出すもの、第５類の危険物やセルロイドのように可燃物自体が酸素を含んでいて、ほかからの酸素の供給を必要としないものもあります。

③　熱源（点火エネルギー）

熱源は、単に熱・点火エネルギー・点火源ともいわれ、至る所に存在しています。

例としては、火気・電気・静電気・摩擦などによる火花や酸化熱など。

⚠CAUTION

●燃焼の要素と消火

燃焼と消火は相対的関係にあるので、４要素のうち１つを取り除けば燃焼は止まる。それが消火の原理でもある。

●燃焼と酸化

同じ酸化反応でも酸素Oとの結合が燃焼であり、しかも発熱反応であるということが燃焼の絶対条件である。したがって、窒素ガスのような吸熱反応は燃焼とはいわない。

燃焼の理論を逆転すると、そのまま消火の理論につながるのじゃ。

⑵ 燃焼の仕方とその種類

燃焼の仕方は可燃物の状態によって異なりますが、基本的には気体・液体・固体の三態に大別して考えることができます。

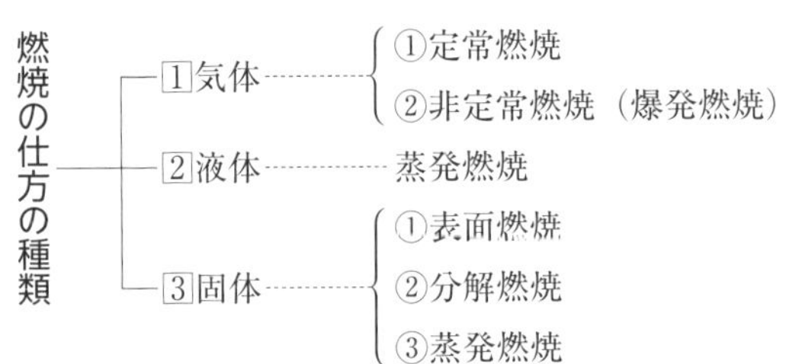

第４類は液体なので、すべて蒸発燃焼じゃ。

補足 燃焼の仕方には上記の考え方の他に、完全燃焼と不完全燃焼という区別の仕方もある。一般に、酸素の供給が十分であるときは完全燃焼し、不十分であれば不完全燃焼となる。また、酸素濃度が高くなるほど激しく燃焼する。これは酸化の連鎖反応速度が増大することによる。

1 気体の燃焼

① **定常燃焼（バーナー燃焼）**……日常、私たちが利用している都市ガスやプロパンガスなどの燃焼がこれにあたります。

② **非定常燃焼（爆発燃焼）**……可燃性気体と空気の混合気体が、密閉容器中で点火されたときなどに起こる爆発的な燃焼現象です。

ガスが火口から噴出するときに、空気との混合気体になる。

送られてくるガスは混合気体ではない。

補足 定常燃焼には混合燃焼と非混合燃焼（拡散燃焼）がある。混合燃焼とは、燃焼に先立ってあらかじめ可燃性気体と空気とを混合させて、これを噴出燃焼させる燃焼。非混合燃焼（拡散燃焼）とは、可燃性気体が大気中に噴出して燃焼する燃焼。

2 液体の燃焼（蒸発燃焼）

灯油・アルコールなどの可燃性液体の燃焼は、液体そのものが燃えているのではなく、液面から蒸発した可燃性蒸気が空気との混合気となって燃焼しているのです。これを蒸発燃焼といいます。

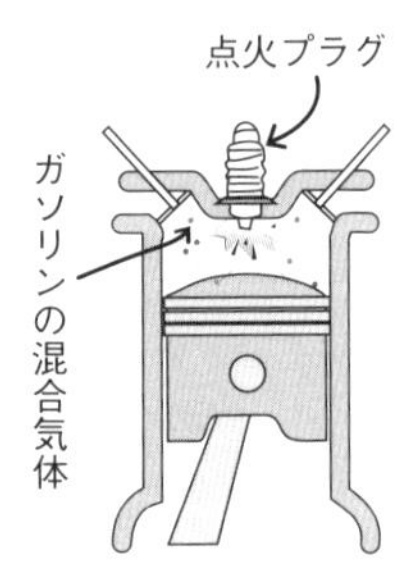

3 固体の燃焼

① **表面燃焼**……可燃性の固体がその表面で酸素と反応して燃焼し、表面から次第に内部へと燃焼していく。その際、物質の表面では、熱分解も蒸発も起こらず、高温を保ちながら静かに燃焼していきます。

② **分解燃焼**……可燃物が加熱されて熱分解を起こし、このときに発生する可燃性ガスが燃焼する場合をいいます。例としては、木材・石炭の燃焼。

補足 分解燃焼のうち、その物質中に酸素を含有するものの燃焼を自己燃焼または内部燃焼という。外からの酸素の供給がなくとも、分解によって生じた自己内部の酸素を使って燃焼し続けるニトロセルロースや火薬・硝酸エチルなどの燃焼がこれにあたる。

③ **蒸発燃焼**……固体を加熱しても熱分解を起こすことなくそのまま蒸発し、その蒸気が燃焼する場合をいいます。例としては、ナフタレンなど。

MEMO

●表面燃焼の例

〈木炭やコークスの燃焼〉

これらは通常炎を上げることはないが、盛んに燃えているときに蒼い炎を上げることがある。

これは、燃焼によって生じたCO_2が、木炭やコークスなどの表面に触れてCOに変わり、そのCOが燃えることで起こる。

CAUTION

●よく燃える条件

①酸化されやすい
②酸素との接触面が大
③発熱量が大
④熱伝導率が小
⑤乾燥度がよい
⑥可燃蒸気が発生し易い
⑦周囲の温度が高い

これだけは覚えておこう

- □ 1．**燃焼**……熱と光を伴う酸化反応
- □ 2．**燃焼の３要素**……①可燃性物質　②酸素供給体（空気等）　③熱源
- □ 3．**燃焼の４要素**……燃焼の３要素＋燃焼の継続
- □ 4．**限界酸素濃度**……可燃性物質の燃焼に必要な最小酸素濃度
- □ 5．**気体の燃焼**……①定常燃焼（バーナー燃焼）　②非定常燃焼（爆発燃焼）
- □ 6．**液体の燃焼**……液面から蒸発した可燃性蒸気と空気の混合気の蒸発燃焼。
- □ 7．**固体の燃焼**……①表面燃焼　②分解燃焼　③蒸発燃焼
- □ 8．**表面燃焼**……木炭・コークスなどの燃え方
- □ 9．**分解燃焼**……木材・石炭などの燃え方
- □ 10．**蒸発燃焼**……ナフタレン・硫黄などの燃え方

〈出題例13〉の解答　(4)　▶ガソリンは常に爆発するわけではない。ここでは蒸発燃焼が答えとなる。

Section 14

危険物の物性

〈出題例14〉

【問題】次の記述のうち、正しいものはどれか。

(1) 引火点の低いものは燃焼範囲が広い。
(2) 引火性液体の発火点と引火点には相関関係がない。
(3) 引火点20℃の液体は、20℃で自然発火する。
(4) 引火点20℃の液体は、20℃で気化する。
(5) 引火点20℃の液体が、20℃の物体に接触すれば爆発する。

▶解答は185ページ

(1) 燃焼範囲(爆発範囲)

一般に、液体の表面にはその液体の温度に応じて蒸気と空気との混合気が存在しています。その混合気は液体表面に最も近い部分が最も濃度が高く、液面より上方になるほど濃度が低くなります。

また液体が可燃性であれば、その蒸気と空気との混合気に点火すると急激に燃焼が起こります。さらに密閉容器内であれば爆発も起こります。

このように、可燃性気体と空気の混合気が燃焼したり爆発したりするには、その混合割合が一定の濃度範囲でなければなりません。この範囲を**燃焼範囲**(**爆発範囲**)といい、混合気に対する可燃性気体の容量(%)で表します。

●主な気体の燃焼範囲

気体(蒸気)	燃焼範囲(爆発範囲)(容量%)		
	燃焼下限値		燃焼上限値
灯　油	1.1	～	6
ヘキサン	1.2	～	7.5
ベンゼン	1.2	～	7.8
二硫化炭素	1.3	～	50
トルエン	1.2	～	7.1
ガソリン	1.4	～	7.6
ジエチルエーテル	1.9	～	36
アセトン	2.5	～	13
エチルアルコール	3.3	～	19
水　素	4	～	75
メチルアルコール	6.0	～	36
一酸化炭素	12	～	75

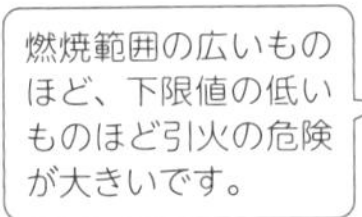

(2) 引火点と発火点

まず、引火点とは可燃性液体に関する定義であり、発火点とは可燃性液体・固体・気体三態全体に関する定義であることを頭に入れておく必要があります。

1 引火点

引火点とは、その液体が空気中で点火したときに、燃えだすのに十分な濃度の蒸気を液面上に発生する最低の温度をいいます。

また別のいい方をすれば、可燃性液体を加熱あるいは冷却して液温を変えていった場合、液面に最も近い層の蒸気濃度がちょうどその蒸気の燃焼範囲(爆発範囲)の下限値に達したときの液温がその液体の引火点ということになります。

2 発火点

発火点とは、空気中で可燃性物質(液体・固体・気体)を加熱した場合、これに火炎あるいは火花などを近づけ点火しなくとも物質自ら発火し燃焼を開始する最低の温度をいいます。

●主な物質の発火点

物　質	発火点(℃)
ガソリン	約300
灯油	220
軽油	220
重油	250～380
エチルアルコール(エタノール)	363
メチルアルコール(メタノール)	464
ベンゼン	498
酢酸	463
ニトロベンゼン	482
アニリン	615

CAUTION

●引火点と引火の危険

可燃性液体の温度が引火点より高いときは、火源があれば引火する危険が生じる。

●可燃性ガスと燃焼範囲

本文で述べてきた燃焼範囲(爆発範囲)の解説は可燃性液体の蒸気についてだが、可燃性ガスについても同じような燃焼範囲があることを記憶にとどめておこう。

可燃性ガスの例……水素・メタン・プロパン・アセチレンなど。

MEMO

●発火点と自然発火

発火点とはその物質が火源なしに自ら燃焼・爆発しだす最低物質温度。

自然発火とは、その物質が発火点に達するまでの熱を自ら自然に蓄えてしまう結果起こる現象。

(3) 物質の危険性

物質にはそれぞれ特有の物理的・化学的性質があります。これを数値化することによって、各物質の火災の危険性を比較したり、保全するための要件等を客観的に把握したりすることができます。

以下に「第４類危険物」の主な危険因子を大別して掲げます。

〔主な危険因子〕

① **蒸気圧**……蒸気の示す圧力(一般には飽和蒸気圧)のこと。通常、温度の上昇とともに蒸気圧は増大します。

② **燃焼速度**……気体の場合には、可燃性気体と空気の混合気が静止した状態で、その混合気の中を火炎が伝播する速度をいいます。
液体の場合には、単位時間あたりに燃焼する質量で表す質量燃焼速度と、燃焼により液体の表面が後退(液量の減少)した距離で表す表面後退速度とがあります。

③ **燃焼熱**……燃焼によって発する熱量。燃焼熱が大きいほど温度上昇を招き、燃焼の継続と拡大を招きます。

④ **最小着火エネルギー**……着火爆発を起こし得る着火源としての最小エネルギー。単位はジュール(J)。

⑤ **電気伝導度**……電気の伝わりやすさの度合い。

⑥ **沸点**……液体の内部からも気化が起こる温度。沸点が小さいほど低い温度で蒸気が発生するので、危険性が高まります。

⑦ **比熱**……物質１gを１K(℃)だけ上昇させるのに必要な熱量。比熱が小さいほど少ない熱量で物質の温度が上昇しやすく、危険性が高まります。

補足 燃焼速度と容器径の関係……容器が小さい間は燃焼速度は直径の増加に従い減少し、容器がある程度大きくなると逆に直径の増加に従い速度を増す。ただし、容器がさらに大きくなると、燃焼速度は容器径にかかわらず一定となる。

●燃焼速度の変化

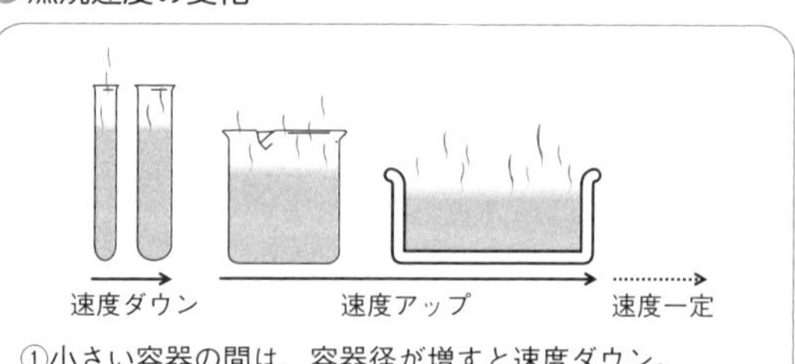

次に、危険因子の数値的大小から見た物質の危険度合いを簡単にまとめると、下表のようになります。

大きいほど危険	ⓐ燃焼範囲(爆発範囲) ⓑ蒸気圧 ⓒ燃焼速度 ⓓ燃焼熱

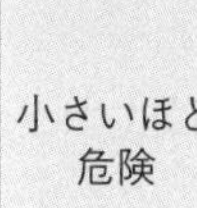

小さいほど危険	ⓐ燃焼範囲の下限値 ⓑ引火点 ⓒ発火点 ⓓ最小着火エネルギー ⓔ電気伝導度 ⓕ沸点 ⓖ比熱

燃焼範囲の下限値が小さいとは、少量のガスでも燃焼や爆発が起こるという意味です。

(4) 発火・混合・爆発の危険

1 自然発火

自然発火とは、物質が常温の空気中において自然に発熱し、その熱が長時間蓄積されてついには発火点に達して燃焼を起こす現象をいいます。

① 自然発火に至る主な発熱の機構

a 分解熱による発熱……セルロイド、ニトロセルロースなど

b 酸化熱による発熱……乾性油、原綿、石炭など

c 吸着熱による発熱……活性炭、木炭粉末など

d 微生物による発熱……堆肥、ごみなど

② 自然発火に影響する重要因子

a 熱の蓄積　b 熱伝導率　c 堆積方法

d 空気の流動　e 発熱量

MEMO

●引火点と発火点の比較

引火点は着火されたときに燃焼を開始する液温なので、自ら発火する発火点よりは低くなる。

たとえば、一般にガソリンの引火点は－40℃以下で、発火点は約300℃である。

●飽和蒸気圧

液体が気化するとき、蒸気の占め得る空間が小さいほど、気化の止まる平衡状態が早まる。液体と気体とが平衡に共存するとき、蒸気の占めている空間はその液体の蒸気で飽和されているという。そしてこの状態での蒸気の示す圧力を飽和蒸気圧という。

CAUTION

●自然発火と熱の蓄積

自然発火の要件は、自然に発熱し、それが長時間蓄積されて発火点に至るということである。

したがって、ナトリウムが水に触れて発火する場合などは、ナトリウムが自然に発熱してはいるものの、その熱の蓄積時間が極端に短いので自然発火とはいわない。

2 混合危険

混合危険とは、複数の物質が混合または接触することで、発火または爆発するおそれのあることをいいます。混合危険の一般的要因は以下の３つに大別されます。

混合危険の特徴は、衝撃だけで爆発するものもあるということじゃ。

① 酸化性物質と還元性物質との混合危険の例

a 塩素酸カリウム＋赤リン

b 無水クロム酸＋アルコール

c 発煙硝酸＋アニリン

② 酸化性塩類と強酸との混合危険の例

a 塩素酸カリウム＋硫酸

b 過マンガン酸カリウム＋硫酸

c 重クロム酸カリウム＋硫酸

③ 敏感な爆発性物質をつくる場合の混合危険例

a アンモニア＋塩素

b アンモニア＋塩素酸カリウム

c アンモニア＋ヨードチンキ

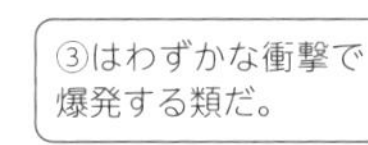

3 水分との接触による発火

物質の中には、空気中の湿気を吸収、または水分に接触したときに発火するものがあります。これは物質が水分と反応して水素などの可燃性ガスを発生し、反応熱によって発火するというメカニズムを持っています。

〔主な危険物質名〕ナトリウム、カリウム、マグネシウム粉、アルミニウム粉など

4 爆 発

一般に爆発とは、急激な物理的または化学的変化によって、反応系の物質の体積が著しく増大し、爆発音を発することをいいます。

爆発の形態は、次の４種類に分けることができます。

① 粉塵爆発

可燃性物質が粉体で空気中に浮遊している状態にあるとき、これに着火すると爆発する危険があります。

(特徴) 燃焼範囲(爆発範囲)がある。

４種類の爆発形態の中で着火エネルギー最大。また４種類の中で引火の危険性最小。

●主な可燃性粉体の爆発下限値

可燃性粉体	爆発下限(空気中 g/m^3)
石炭	35
硫黄	35
アルミニウム	35
石けん	45
ポリエチレン	25

② 可燃性蒸気の爆発

（特徴） 燃焼範囲(爆発範囲)がある。

一般の燃焼現象よりも速いが、気体の爆発や火薬の爆発より遅い。

③ 気体の爆発

（特徴） 燃焼範囲(爆発範囲)がある。

燃焼・爆発の速度が火薬の爆発についで速い。

④ 火薬の爆発

（特徴） 爆発の速度も危険性も他に比べて最大。

MEMO

●可燃性粉体の爆発
可燃性とは文字通り燃える可能性があるという意味で、必ずしも通常よく燃えるものという意味ではない。
たとえば、石けんや小麦粉などは、通常燃える物質という認識はないが、可燃性である。

これだけは覚えておこう

- □ 1．**引火点**……その液体が空気中で点火したとき燃え出すのに十分な濃度の蒸気を液面上に発生する最低の液温。
- □ 2．**発火点**……空気中で可燃性物質を加熱したとき、これに火炎あるいは火花などを近づけなくとも自ら発火し、燃焼を開始する最低の温度。
- □ 3．**燃焼範囲(爆発範囲)**……可燃性の蒸気と空気との混合割合で、点火すると急激に燃焼したり爆発したりする範囲。この範囲の広いものほど、また下限値の低いものほど少量のガスで燃焼・爆発を起こすので危険性大。
- □ 4．**自然発火**……物質が常温の空気中において自然に発熱し、その熱が長時間蓄積されて、ついには発火し燃焼する現象。
- □ 5．**混合危険**……複数の物質が混合または接触することによって、発火または爆発するおそれのあること。また、火源に近づけなくとも、小さな衝撃だけで爆発する場合もある。
- □ 6．**水分との接触による発火**……空気中の湿気を吸収、または水分と接触したときに発火する現象。ナトリウム、カリウムなど。
- □ 7．**爆発**……①粉塵爆発　②可燃性蒸気の爆発　③気体の爆発　④火薬の爆発

〈出題例14〉の解答 (2) ▶発火点とは、熱源がなくとも自らが燃焼をはじめる温度をいう。引火点は熱源で点火されることを前提にしているので、2つの間には相関関係はまったくない。

Section 15

消火理論

〈 出題例15 〉

【問題】水が消火剤として用いられる最大の理由として、次のうち正しいものはどれか。

(1) 消火水による損害が極めて少ないため。
(2) 水はすべての危険物火災に有効であるため。
(3) 窒息消火の効果が大きいため。
(4) 電気火災であっても感電することが少なく、安全であるため。
(5) 比熱、気化熱が大きいため。

▶解答は187ページ

(1) 消火の3要素・4要素

消火とは、燃焼の中止と考えることができます。したがって、基本的には燃焼の3要素のうち1要素を取り除けば燃焼は中止し、消火できます。

1 消火の3要素

消火の3要素は、先に学習した燃焼の3要素と対応関係にあります。

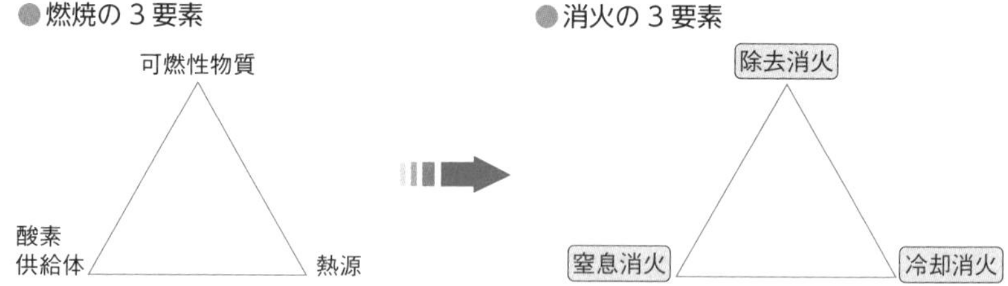

2 消火の4要素

これも同じように、燃焼の4要素と対応関係にあります。

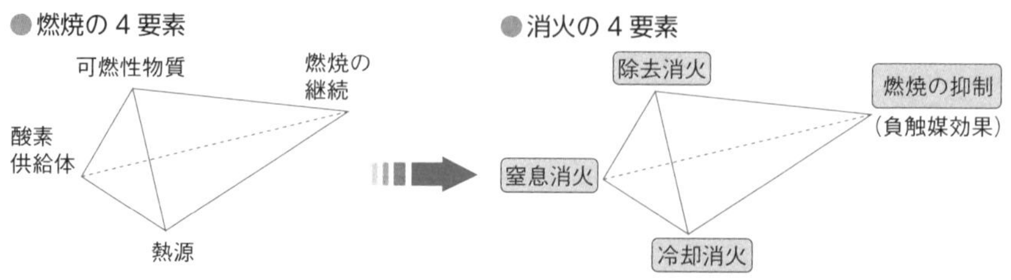

(2) 基本的な４つの消火法

1 除去消火法

可燃物を取り除く消火法です。ガスの元栓を閉めると燃焼が止まることがあります。

2 窒息消火法

酸素の供給を断つ消火法です。

燃焼物を他の物質でおおう下記の方法があります。

① 不燃性の泡で燃焼物をおおう方法
② 二酸化炭素で燃焼物をおおう方法
③ 固体で燃焼物をおおう方法

3 冷却消火法

熱源から熱を奪い、可燃物を引点火未満の温度に冷却したり固体の熱分解による可燃性ガス発生温度以下にして消火する方法です。消火剤や水があります。

4 燃焼の抑制消火法

燃焼の継続を断つ方法で、ハロゲン化物消火剤などがあります。

CAUTION

●不燃性の泡

一般には２種類以上の化学薬品を反応させてつくる化学泡と、空気を吸引してつくる空気泡とがある。その泡の特徴は、

①付着性がある
②熱に対して強い膜
③流動性
④凝集性・安定性がある

ただし、アルコールやアセトンなどのように泡そのものを溶解するものには不向きである。

●ハロゲン化物

ハロゲン化元素のフッ素・塩素・臭素・ヨウ素は、窒息作用と抑制作用を持っている。

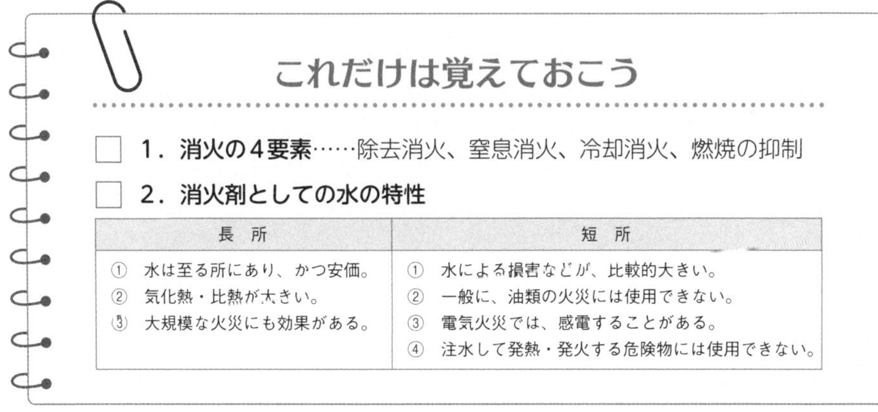

これだけは覚えておこう

□ **1．消火の４要素**……除去消火、窒息消火、冷却消火、燃焼の抑制

□ **2．消火剤としての水の特性**

長　所	短　所
① 水は至る所にあり、かつ安価。 ② 気化熱・比熱が大きい。 ③ 大規模な火災にも効果がある。	① 水による損害などが、比較的大きい。 ② 一般に、油類の火災には使用できない。 ③ 電気火災では、感電することがある。 ④ 注水して発熱・発火する危険物には使用できない。

〈出題例15〉の解答　(5)　▶比熱、気化熱が大きいということは、燃焼物から奪う熱が大きいということである。冷却消火。

Section 16

消火設備

〈 出題例16 〉

【問題】次の火災と適応する消火器との組み合わせとして、誤っているものはどれか。

(1) 普通火災……水消火器　(2) 油火災………泡消火器
(3) 油火災………ハロゲン化物消火器　(4) 電気火災……泡消火器
(5) 電気火災……二酸化炭素消火器

▶解答は196ページ

(1) 危険物火災と消火設備の区分

危険物の火災の特徴は、一般の火災に比べて燃焼速度が極めて速く、かつ消火方法が限定されるなど、消火しにくい点にあります。したがって、火災の初期段階での消火の必要性が、一般の火災以上に望まれることになります。

1 火災の分類

① **普通火災**……普通可燃物(木材、紙類、繊維など)の火災 ——→ A火災
② **油火災**………可燃性液体、可燃性固体類の火災 ——→ B火災
③ **電気火災**……電線、変圧器、モーター等の火災 ——→ C火災

補足 可燃性液体とは、消防法別表に掲げられている「第四類、引火性液体」のことで、特殊引火物・第1石油類～第4石油類・アルコール類・動植物油類を指す。また、可燃性固体とは、政令別表第4に掲げられているものを指し、引火点・燃焼熱量・融点の数値的基準に該当する固体をいう。

●消火器への適応火災表示

火災の区分	A火災	B火災	C火災
絵表示			
絵表示の色	炎は赤色、可燃物は黒色とし、地色は白色とする。	炎は赤色、可燃物は黒色とし、地色は黄色とする。	電気の閃光は黄色とし、地色は青色とする。

2 消火設備の区分

消防法令上で第１種から第５種までに区分されています。第１種から第３種までは固定消火設備であり、第４種は大型消火器、第５種は小型消火器を指します。

●政令別表第５の抜粋

	消火設備の区分		第4類危険物への適否
第１種	屋内消火栓設備または屋外消火栓設備		×
第２種	スプリンクラー設備		×
第３種	水蒸気消火設備または水噴霧消火設備		○
	泡消火設備		○
	不活性ガス消火設備		○
	ハロゲン化物消火設備		○
	粉末消火設備	リン酸塩類等使用	○
		炭酸水素塩類等使用	○
		その他	×
第４種または第５種	棒状の水を放射する消火器		×
	霧状の水を放射する消火器		×
	棒状の強化液を放射する消火器		×
	霧状の強化液を放射する消火器		○
	泡を放射する消火器		○
	二酸化炭素を放射する消火器		○
	ハロゲン化物を放射する消火器		○
	消火粉末消火器	リン酸塩類等使用	○
		炭酸水素塩類等使用	○
		その他	×
第５種	水バケツまたは水槽		×
	乾燥砂		○
	膨張ひる石または膨張真珠岩		○

［注］○印は適応する消火設備、×印は不適応のもの。

棒状で放射する消火器は、第４類危険物の消火には適さない。

⚠CAUTION

●初期消火と消火器

火災のほとんどは、その初期の段階での消火が決め手になる。それは、消火に要する労苦のみならず、被害の大小に直結する重大事である。
火災の最も初期の段階で使用されるものが小型消火器であり、次段階の消火に使用されるのが大型消火器である。

MEMO

●小型消火器と大型消火器

小型消火器は、一般に家庭や建造物内に常備されているもので、機動性の点で最も初期消火にむいているが、消火能力の点では大型消火器に劣る。
大型消火器は、すべてに太く長い放射用ホースが付いており、消火剤も多量で、消火能力の点では、小型消火器より優る。

●膨張ひる石

別名バーミキュライト。雲母の変成岩を加熱して膨張させたもの。

●膨張真珠岩

別名パーライト。真珠岩を細かく粒状にして急速加熱して膨張させたもの。

⑵ 第１種から第５種までの消火設備

消火設備の各区分ごとの設備についてみていくことにします。

1 第１種消火設備（屋内・屋外消火栓）

第１種消火設備には、屋内消火栓設備と屋外消火栓設備があります。

① 屋内消火栓設備

（設備構成）……水源、加圧送水装置、起動装置、放水用消火用具およびこれらを連結する配管などから構成。

●消火用具と消火栓箱

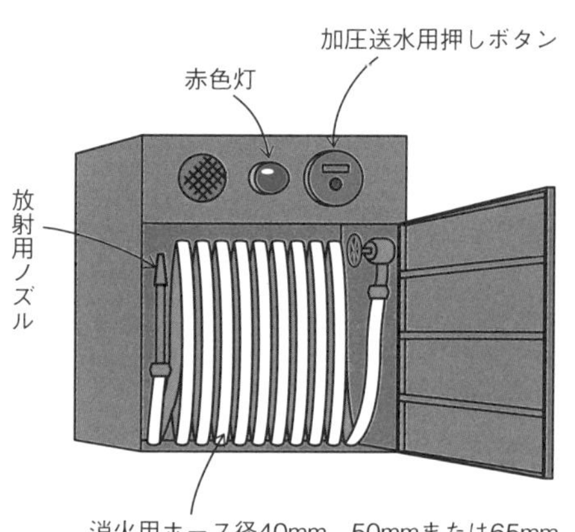

また、右記消火栓箱の内部またはその近くに加圧送水ポンプ起動用の押しボタンが設置され、消火栓の位置を示す赤色灯も設置されています。

② 屋外消火栓設備

（設備構成）……基本的には屋内消火栓設備と同様の構成。屋外に設置するため、寒冷地などでは凍結防止への配慮が必要です。

2 第２種消火設備（スプリンクラー設備）

（設備構成）……水源、加圧送水装置、自動警報装置、弁、配管、スプリンクラーヘッドなどから構成。

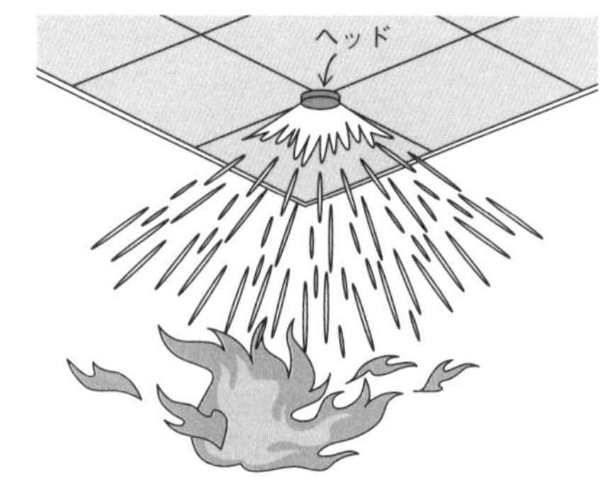

建物の天井にめぐらせた配管にある間隔を置いて多くの感熱ヘッド（噴出口）を取り付け、出火時の熱に反応してヘッドの感熱部分が溶解、または破壊して、自動的にヘッド部分からシャワー状に散水する設備です。

3 第3種消火設備（固定式消火設備）

第３種消火設備は、水蒸気または水噴霧、泡、ハロゲン化物、二酸化炭素等や消火粉末などを固定された放射口から放射する設備で、以下の５種に分けられます。

① 水噴霧消火設備

噴霧ヘッドから水を霧状にして放射するもので、引火点の高い重油や潤滑油などは消火できるが、引火点の低いガソリンなどの消火は困難です。

② 泡消火設備

空気泡消火設備と化学泡消火設備とがあり、さらに泡放出部が固定した固定式と移動可能な移動式とがあります。

③ 不活性ガス消火設備

放射式により全域放出方式と局所放出方式があります。二酸化炭素、チッ素、IG55等、不活性ガスの入ったボンベから対象施設に配管し、これにガス放出口などを設けたもので、出火の際自動あるいは手動でボンベの弁が開かれ、対象施設周辺の酸素濃度を低下させ、窒息消火する設備です。

④ ハロゲン化物消火設備

現在主として用いられているハロゲン化物は、一臭化三フッ化メタン（ハロン1301）です。

補足 オゾン層破壊の性質を持つため、現在は生産中止。使用後の補充や不要な薬剤の回収はハロンバンクにより行われている。

⑤ 粉末消火設備

窒素ガスや二酸化炭素などの加圧用ガス容器の弁を開き、消火粉末容器へガスを送り込んで、ヘッドまたはノズルから放射する設備です。

⚠ CAUTION

●泡消火器の泡原液

主として空気泡で、この原液は容量比で３％または６％の割合で水と混合して使用する。

二酸化炭素消火設備は室内に人が残っていたりすると窒息の危険があるぞ。

ハロゲンガスはオゾン層を破壊するので、1994年以降生産中止となったのじゃ。特別な場合を除いて使用不可！

MEMO

●ハロゲン元素

フッ素（F）、塩素（Cl）、臭素（Br）、ヨウ素（I）、アスタチン（At）の５元素をいう。

4 第４種消火設備（大型消火器）

消火器とは、消火剤を圧力により放射して消火を行うもので、大型や小型にかかわらず人が操作することを前提にした消火器具です。

① 大型消火器の種類と特色

（種類）…… １）泡消火器　２）二酸化炭素消火器　３）粉末消火器
４）強化液消火器

（特色）…… １）車輪に固定積載されている。
２）小型消火器と比較して消火剤が多く、放射時間も長い。
３）小型消火器と比較してホースが太く長いため、放射距離範囲が広い。

② 所要単位と能力単位（政令第29条）

所要単位とは、製造所等に対してどの程度の消火能力を有する消火設備が必要なのかを定める単位をいいます。それは製造所の構造や面積、扱う危険物の量などによって決定されます。

また能力単位とは、所要単位に対応する消火設備の消火能力の基準単位をいいます。能力単位の数値が大きいほど消火能力が高いです。

大型消火器の能力単位

A火災（普通火災）用は10単位
B火災（油火災）用は20単位

③ 消火剤の容量

消火器には検定制度があり、大型消火器は、中に充填された消火剤の容量または重量についても、以下の表の数値以上でなければ、検定を通りません。

●大型消火器の消火剤の容量

消火器の種類	容量または重量
水消火器	80L以上
化学泡消火器	80L以上
強化液消火器	60L以上
機械泡消火器	20L以上
二酸化炭素消火器	50kg以上
ハロゲン化物消火器	30kg以上
粉末消火器	20kg以上

5 第5種消火設備（小型消火器）

第5種消火設備は一般に小型消火器と呼ばれ、初期段階のしかも小規模火災を対象とした消火器具です。

小型消火器の区分や種類、および消火剤の主成分等については、下表のとおりです。

<table>
<tr><th colspan="2">消火器の区分</th><th>消火器の種類</th><th>消火剤の主成分</th><th>圧力方式</th><th>適応火災※</th><th>主な消火法</th></tr>
<tr><td colspan="2" rowspan="2">水を放射する消火器</td><td>水消火器</td><td>水</td><td>蓄圧式
手動ポンプ式
ガス加圧式</td><td>A、(C)</td><td>冷却消火</td></tr>
<tr><td>酸・アルカリ消火器</td><td>炭酸水素ナトリウム
硫酸</td><td>反応式</td><td>A、(C)</td><td>冷却消火</td></tr>
<tr><td colspan="2">強化液を放射する消火器</td><td>強化液消火器</td><td>炭酸カリウム</td><td>蓄圧式
反応式
ガス加圧式</td><td>A、(B、C)</td><td>冷却消火
(抑制消火)</td></tr>
<tr><td colspan="2" rowspan="2">泡を放射する消火器</td><td>化学泡消火器</td><td>炭酸水素ナトリウム
硫酸アルミニウム</td><td>反応式</td><td rowspan="2">A、B</td><td rowspan="2">窒息消火
冷却消火</td></tr>
<tr><td>機械泡消火器</td><td>合成界面活性剤泡または水成膜泡</td><td>蓄圧式
ガス加圧式</td></tr>
<tr><td colspan="2" rowspan="3">ハロゲン化物を放射する消火器</td><td>ハロン1211消火器</td><td>ブロモクロロジフルオロメタン</td><td rowspan="3">蓄圧式</td><td rowspan="3">B、C</td><td rowspan="3">抑制消火
窒息消火</td></tr>
<tr><td>ハロン1301消火器</td><td>ブロモトリフルオロメタン</td></tr>
<tr><td>ハロン2402消火器</td><td>ジブロモテトラフルオロエタン</td></tr>
<tr><td colspan="2">二酸化炭素を放射する消火器</td><td>二酸化炭素消火器</td><td>二酸化炭素</td><td>蓄圧式</td><td>B、C</td><td>窒息消火
冷却消火</td></tr>
<tr><td rowspan="3">消火粉末を放射する消火器</td><td>リン酸塩類等を使用するもの</td><td>粉末(ABC)消火器</td><td>リン酸アンモニウム</td><td>蓄圧式
ガス加圧式</td><td>A、B、C</td><td>窒息消火
抑制消火</td></tr>
<tr><td>炭酸水素塩類等を使用するもの</td><td>粉末(K)(Ku)消火器</td><td>炭酸水素カリウムまたは炭酸水素カリウムと尿素の反応生成物</td><td rowspan="2">蓄圧式
ガス加圧式</td><td rowspan="2">B、C</td><td rowspan="2">窒息消火
抑制消火</td></tr>
<tr><td>その他</td><td>粉末(Na)消火器</td><td>炭酸水素ナトリウム</td></tr>
</table>

※ A：普通火災　B：油火災　C：電気火災　(　)内は、霧状に放射する場合

(注)(1) 蓄圧式とは、常時、本体容器内に消火薬剤と圧縮空気または窒素ガスを蓄圧しているもので、原則として指示圧力計が取り付けられているものをいい、加圧式とは、使用にあたり本体容器内の消火薬剤を加圧するものをいう。

(2) ハロン1301および二酸化炭素は、液化ガスとして本体容器内に充塡され、消火薬剤自体の蒸気圧（ハロン1301は窒素ガスで加圧したもの）で放射されるもので、構造は蓄圧式と同様であるが、指示圧力計はつけない。

(3) ハロン1211は窒素ガスで加圧し、指示圧力計をつけている。

①　水消火器……A火災に適応（霧状放射ではC火災にも適応）

●水消火器（浸潤剤等入り）

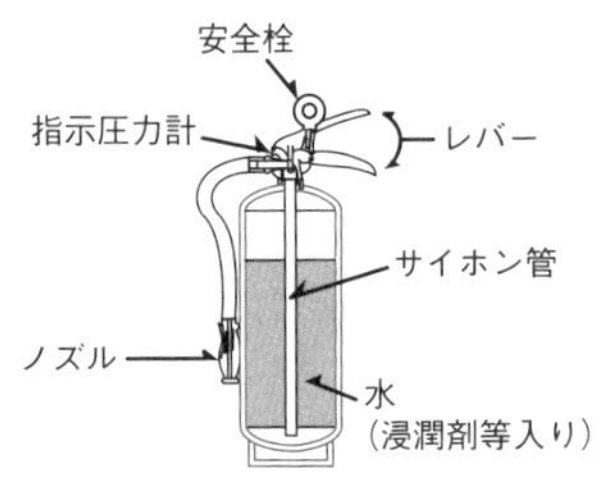

清水または清水に界面活性剤などを添加して消火能力を高めたり、浸潤剤を加えて不凍性を持たせたりして使用温度範囲を拡大したものがあります。

留意点	◎浸潤剤入りの消火器での使用温度範囲は－20℃～＋40℃

②　化学泡消火器……A・B火災に適応

●化学泡消火器（転倒式）

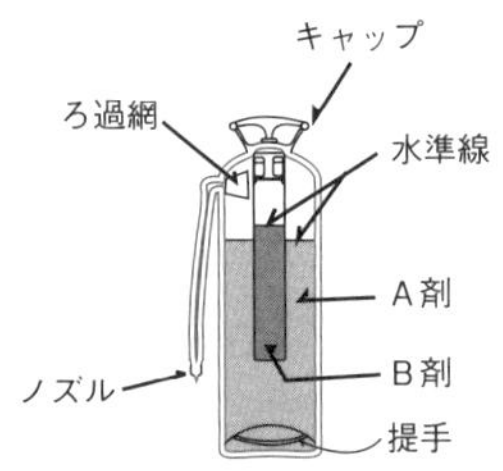

A剤は炭酸水素ナトリウム、B剤は硫酸アルミニウムの水溶液です。使用時にはA剤とB剤が化合して、二酸化炭素を含んだ多量の泡を発生し、放射します。

留意点	◎放射泡量は20℃において薬剤容量の7倍以上。

③　機械泡消火器……A・B火災に適応

●機械泡消火器

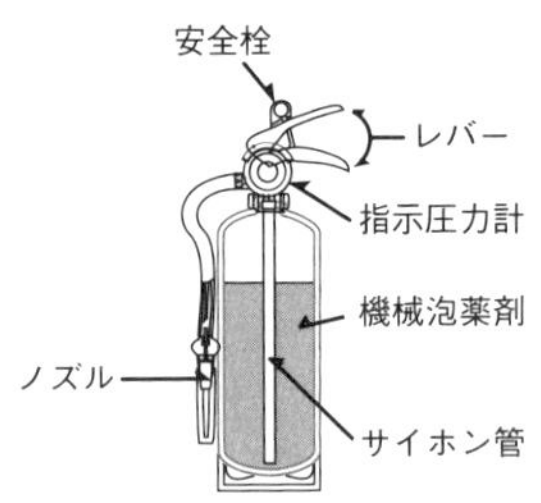

容器中に充塡された合成界面活性剤泡または水成膜泡が、使用時にノズル部に外気が混入して発泡します。水流で泡が作られるので機械泡といいます。

留意点	◎放射泡量は20℃において薬剤容量の5倍以上。 充塡水溶液容量の25％の水溶液が泡から還元するのに要する時間は1分以上と規定されている。

④　強化液消火器……A火災に適応（霧状放射ではB・C火災にも適応）

●強化液消火器（蓄圧式）

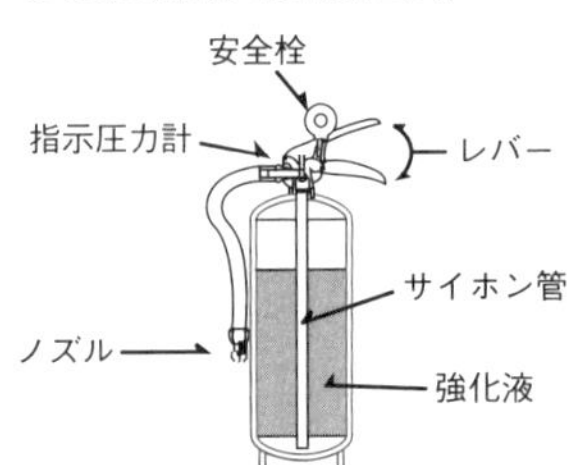

強化液は炭酸カリウムの濃厚な水溶液で、比重は1.3～1.4、凝固点は－25℃～－30℃、約pH12のアルカリ性です。ノズルは棒状放射と霧状放射の切替式となっています。

留意点	◎使用温度範囲は－20℃～＋40℃

⑤　ハロゲン化物消火器……Ｂ・Ｃ火災に適応

ハロン2402、ハロン1211、ハロン1301が充塡されている種類があり、どれも窒息作用と抑制作用があります。

留意点	◎ハロン2402の使用温度範囲は－30℃～＋40℃

⑥　二酸化炭素消火器……Ｂ・Ｃ火災に適応

●二酸化炭素消火器

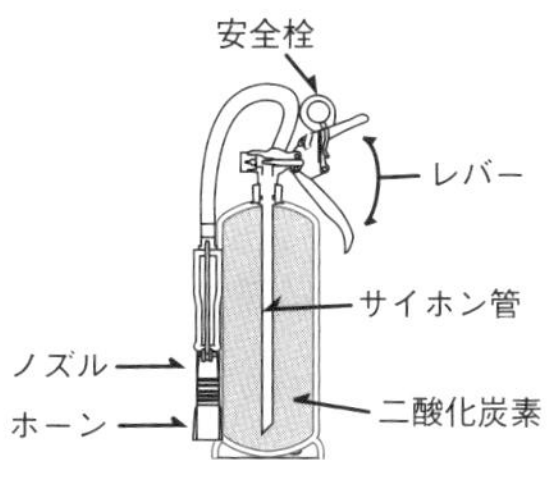

放射された二酸化炭素による窒息作用と、発生したドライアイスの冷却作用とで消火します。

留意点	◎二酸化炭素は高圧圧縮。使用温度範囲は－30℃～＋40℃

⑦　粉末消火器……（適応火災は傍注参照）

防湿処理がなされた微粉末消火剤をガスの圧力で放射します。

留意点	◎使用温度範囲　蓄圧式は－30℃～＋40℃が多い。

⑧　水バケツ、水槽、乾燥砂、膨張ひる石、膨張真珠岩

水バケツまたは水槽はＡ火災にのみ適応します。一方乾燥砂以下は、すべての危険物の火災に適応します。

特に膨張ひる石と膨張真珠岩は、粒の内部に多くの空洞があり熱の不良導体なので、燃焼面拡大の防止のほかに窒息作用があります。主に金属ナトリウムや金属カリウム、空気中で自然発火するアルキルアルミニウム類の火災に使用されます。

CAUTION

●粉末消火剤（色）と適応火災

- 粉末Na……炭酸水素ナトリウム（白色）：Ｂ・Ｃ火災に適応。
- 粉末Ｋ……炭酸水素カリウム（薄紫色）：Ｂ・Ｃ火災に適応。
- 粉末Ku……炭酸水素カリウム＋尿素（灰色）：Ｂ・Ｃ火災に適応。
- 粉末ＡＢＣ……リン酸アンモニウム（淡紅色系）：Ａ・Ｂ・Ｃ火災に適応。

これだけは覚えておこう

□ 1．A火災……普通可燃物の火災。普通火災ともいう。

□ 2．B火災……可燃性液体、可燃性固体類の火災。油火災ともいう。

□ 3．C火災……電線、変圧器、モーター等の火災。正式には電気火災。

□ 4．消火器への適応火災表示

火災の区分	A火災	B火災	C火災
絵表示			
絵表示の色	炎は赤色、可燃物は黒色とし、地色は白色とする。	炎は赤色、可燃物は黒色とし、地色は黄色とする。	電気の閃光は黄色とし、地色は青色とする。

□ 5．消火設備の区分

第1種……屋内消火栓設備または屋外消火栓設備
第2種……スプリンクラー設備
第3種……ａ水蒸気消火設備または水噴霧消火設備
ｂ泡消火設備　ｃ不活性ガス消火設備
ｄハロゲン化物消火設備　ｅ粉末消火設備
第4種（大型消火器）……ａ水消火器　ｂ強化液消火器
ｃ泡消火器（化学泡、機械泡）　ｄ二酸化炭素消火器
ｅハロゲン化物消火器　ｆ粉末消火器
第5種……ａ小型消火器（種類は第４種の大型消火器と同じ）
ｂ水バケツまたは水槽　ｃ乾燥砂　ｄ膨張ひる石　ｅ膨張真珠岩

□ 6．

消火剤の種類	適応火災	主な消火効果
水	A、―、―	冷却作用
強化液（霧状）	A、（B、C）	冷却作用、抑制作用
泡	A、B、―	窒息作用、冷却作用
二酸化炭素	―、B、C	窒息作用、冷却作用
ハロゲン化物	―、B、C	窒息作用、抑制作用
粉末（ABC）	A、B、C	窒息作用、抑制作用
粉末（Na、K）	―、B、C	窒息作用、抑制作用

（　）内は、霧状に放射する場合

〈出題例16〉の解答　(4)　▶電気火災に適する消火器かどうかの目安はその消火器の消火剤を噴射中に、噴射中の人が感電する危険性がないこと。泡消火器の泡は電気を通すので、感電するおそれがある。

危険物の性質・火災予防・消火方法

Section 1

危険物の各類ごとの概論

〈出題例1〉

【問題】各類の危険物の特性で、次のうち誤りはどれか。

(1) 第1類———一般に可燃性液体および固体である。
(2) 第2類———可燃性固体である。
(3) 第3類———自然発火性物質および禁水性物質である。
(4) 第4類———一般に水より軽い可燃性液体である。
(5) 第5類———自己反応物質である。
(6) 第6類———酸化性液体である。

▶解答は201ページ

各類ごとの共通する特性、火災予防方法、消火方法

危険物はその性質によって第1類から第6類までに分類されており、危険物にかかわるすべての基準はその類を単位として定められています。また、各類の危険物に当たる具体的な物品名については、消防法別表の各類品名欄に掲げられています。

1 第1類(酸化性固体)

特性	①大部分は無色の結晶または白色の粉末。 ②一般に不燃性物質だが、物質中に酸素を含有しており、他の物質を酸化する強酸化剤となるので燃焼が激しい。 ③加熱、衝撃、摩擦等により分解しやすい。 ④一般に、可燃物や有機物その他酸化されやすい物質との混合物は、加熱、衝撃、摩擦などにより爆発する危険性大。
火災予防方法	①衝撃、摩擦などを与えない。 ②火気、加熱などを避ける。 ③可燃物や有機物その他酸化されやすい物質との接触を避ける。 ④強酸類との接触を避ける。 ⑤密封して冷暗所に貯蔵する。 ⑥物質によっては防湿に注意する。 ⑦アルカリ金属の過酸化物は水との接触を避ける。
消火方法	①一般には、大量の水で冷却し、分解温度以下に下げる。 ②水と反応して酸素を放出するアルカリ金属の過酸化物には、ABC粉末以外の粉末消火剤、乾燥砂、膨張ひる石、膨張真珠岩を用いた窒息消火を行う。

2 第2類(可燃性固体)

特性	①いずれも可燃性固体。 ②一般に比重は1より大きく、水には溶けない。 ③比較的低温で着火し、燃焼速度が速い。 ④燃焼のとき有毒のガスを発生するものもある。 ⑤酸化されやすく、燃えやすい。 ⑥酸化剤との接触・混合は、打撃などにより爆発する危険性大。 ⑦微粉状のものは空気中で粉塵爆発を起こしやすい。
火災予防方法	①酸化剤との接触、混合を避ける。 ②炎、火花または高温体との接近、加熱を避ける。 ③冷暗所に貯蔵する。 ④物質によっては水や酸との接触を避ける。 ⑤一般に防湿に注意し、容器は密封する。 ⑥無用な粉塵の堆積を防止し、静電気の蓄積を防止する。
消火方法	①水と接触して発火し、または有毒ガスなどを発生させる物品は、乾燥砂などでの窒息消火を行う。 ②①以外の物品(赤リン、硫黄など)では、水、強化液、泡等の水系の消火剤で冷却消火するか、または乾燥砂で窒息消火を行う。 ③引火性固体は、泡、粉末、二酸化炭素、ハロゲン化物により窒息消火を行う。

●低温で着火する物質

3 第3類(自然発火性物質および禁水性物質)

特性	①空気中または水との接触で、ただちに発火および可燃性ガス発生の危険性が生じる。 ②ほとんどの物品は、自然発火性および禁水性の両方の危険性をもっている。
火災予防方法	①特に禁水性の物品は水との接触を避ける。 ②特に自然発火性の物品は、炎、火花等との接触を避け、加熱を避ける。 ③冷暗所に貯蔵する。 ④容器の破損、腐食に注意する。 ⑤容器は密閉する。 ⑥保護液に保存されている物品は、危険物が保護液から露出しないよう保護液の減少に注意する。
消火方法	①ほとんどが、禁水性と考えられているので、水や泡などの水系消火剤は使用できない。 ②ただし、黄リンなど自然発火性のみの特性をもつ物品には水系消火剤の使用は可能である。 ③一般には、ABC粉末消火剤以外の粉末消火剤、乾燥砂、膨張ひる石、膨張真珠岩を用いた窒息消火を行う。

●自然発火性物質

●禁水性物質

4 第4類(引火性液体)

特殊引火物、第１石油類、アルコール類、第２石油類、第３石油類、第４石油類、動植物油類。

特性	①引火する危険性の大きい可燃性液体。 ②一般に水より軽く、水には溶けないものが多い。 ③蒸気比重が1より大きい(空気より重い)。 ④発火点の低いものがある。 ⑤電気の不良導体である。
火災予防方法	①炎、火花、高温体との接触または過熱を避ける。 ②みだりに蒸気を発生させない。 ③容器は密栓して冷所に貯蔵する。 ④静電気の除去に努める。
消火方法	①基本的には空気の遮断による窒息消火を行う。 ②消火剤としては、霧状の強化液、泡、ハロゲン化物、二酸化炭素、粉末等がある。 ③アルコール等の水溶性のものに対しては、耐アルコール用の泡(水溶性液体用泡消火器)を使用する必要がある。

5 第5類(自己反応性物質)

特性	①いずれも可燃性の固体または液体である。 ②比重は1より大きい。 ③燃えやすく、燃焼速度が速い。 ④加熱、衝撃、摩擦等により発火し、爆発するものが多い。 ⑤長時間放置すると分解が進み、自然発火するものがある。
火災予防方法	①火気または加熱を避ける。 ②通風のよい冷所に貯蔵する。 ③衝撃、摩擦などを避ける。 ④分解しやすいものは、特に室温、湿気、通風に注意する。
消火方法	①大量の水で冷却消火を行うか、または泡消火剤を用いる。 ②一般に、爆発的で極めて燃焼速度が速いため、消火は極めて困難である。

●ニトロセルロースの燃焼

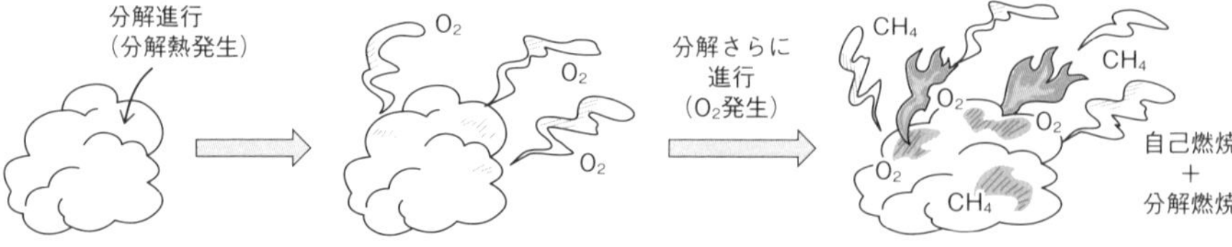

6 第6類(酸化性液体)

特性	①いずれも不燃性の液体である。 ②いずれも無機化合物である。 ③水と激しく反応し、発熱するものがある。 ④不燃性だが酸化力が強く、他の可燃物の燃焼を促進させる。 ⑤可燃物や有機物に接触すると発火させたり、その際に有毒ガスを発生したりするものもある。
火災予防方法	①火気、日光の直射を避ける。 ②可燃物、有機物との接触を避ける。 ③水と反応するものは水との接触を避ける。 ④通風のよい場所で取り扱う。 ⑤貯蔵容器は耐酸性のものを用い、密封する。ただし、過酸化水素を除く。
消火方法	①燃焼物に対応した消火法をとる必要がある。 ②一般に、水や泡が適切である。

MEMO

●第6類危険物の消火による災害防止

①危険物の飛散防止。
②流出事故時には、乾燥砂をかけるか中和剤で中和する。
③災害現場では風上に位置し、発生するガスを避ける。
④皮膚を保護する。

これだけは覚えておこう

- □ 1. **第1類危険物**……酸化性固体
- □ 2. **第2類危険物**……可燃性固体
- □ 3. **第3類危険物**……自然発火性物質および禁水性物質
- □ 4. **第4類危険物**……引火性液体
- □ 5. **第5類危険物**……自己反応性物質
- □ 6. **第6類危険物**……酸化性液体

第3類と第5類は、それぞれ「〜物質」とあるが、それは類の中に固体と液体の両方が含まれるから物質というのじゃ。

自己反応性物質は、爆発や自然発火の危険性大と理解しましょう。

それに酸化性とあるのは、それ自体不燃性だと覚えておこう。

〈出題例1〉の解答 (1) ▶第1類は酸化性固体の性状を有するもの。

Section 2

第4類危険物

〈出題例2〉

【問題】第4類の危険物に共通する危険性として、次のうち誤っているものはどれか。

(1) 発火点の低いものは特に危険である。
(2) 引火性である。
(3) 一般に自然発火しやすい。
(4) 蒸気が空気と混合し、一定の濃度になると危険である。
(5) 流動性があるので火災が拡大しやすい。

▶解答は224ページ

(1) 第4類の主な危険物

第4類危険物は引火性液体であるという共通の特性をもっていますが、法令上では以下のように分類されています。

法令上の品名区分		主な物品名
特殊引火物		ジエチルエーテル，二硫化炭素，アセトアルデヒド，酸化プロピレン
第1石油類	非水溶性液体	ガソリン，ベンゼン，トルエン，酢酸エチル類
	水溶性液体	アセトン，ピリジン
アルコール類		メチルアルコール，エチルアルコール
第2石油類	非水溶性液体	灯油，軽油，クロロベンゼン，キシレン
	水溶性液体	酢酸(氷酢酸)，プロピオン酸，アクリル酸
第3石油類	非水溶性液体	重油，クレオソート油，アニリン，ニトロベンゼン
	水溶性液体	エチレングリコール，グリセリン
第4石油類		ギヤー油，シリンダー油，タービン油，マシン油，モーター油
動植物油類		ヤシ油，ゴマ油，ニシン油，イワシ油，アマニ油

1 特殊引火物(ジエチルエーテル，二硫化炭素など)

ジエチルエーテル、二硫化炭素の他、1気圧において発火点が100℃以下のものまたは引火点が－20℃以下で沸点が40℃以下のものをいいます。

2 第1石油類(アセトン，ガソリンなど)

アセトン、ガソリン、ベンゼンの他、1気圧において引火点が21℃未満のものをいいます。

3 アルコール類

炭化水素化合物の水素(H)を水酸基(OH)で置換した形の化合物をいいます。

これは1価アルコールのみではなく多価アルコールも含みますが、消防法では炭素原子数3までの飽和1価アルコールを対象としています。(変性アルコールを含む)。

4 第2石油類(灯油，軽油など)

灯油、軽油の他、1気圧において引火点が21℃以上70℃未満のものをいいます。

5 第3石油類(重油，クレオソート油など)

重油、クレオソート油の他、1気圧において引火点が70℃以上200℃未満のものをいいます。

6 第4石油類(ギヤー油，シリンダー油など)

ギヤー油、シリンダー油の他、1気圧20℃において液状であり、かつ引火点が200℃以上250℃未満のものをいいます。

7 動植物油類(ヤシ油，オリーブ油など)

動物の脂肉等または植物の種子もしくは果肉から抽出したもので、1気圧20℃において引火点が250℃未満のものをいいます。

第4類の品名は引火点の低いグループ順に区分けされておるぞ。じゃから第1石油類と第2石油類の間にアルコール類が入っておるのじゃ。

⚠CAUTION

●第4類危険物の主な共通特性

①引火性液体である。
②危険物の蒸気と空気との混合物は、引火・爆発の危険がある。
③蒸気比重が1より大きい(空気より重い)。
④液比重は1より小さく、非水溶性である。
④電気の不良導体で、静電気の放電火花により引火することがある。

●第4類危険物の共通する消火方法

①空気の遮断による方法(窒息消火)が有効。
②消火薬剤は、霧状の強化液、泡、ハロゲン化物、二酸化炭素、粉末などがある。
③液比重が1より小さい危険物の消火に、水は適さない。
④水溶性液体の消火には、耐アルコール泡を使用する。

(2) 品名ごとの主な危険物の性質等

1 特殊引火物

種　類	形　状	性　質
ジエチルエーテル $C_2H_5OC_2H_5$ ・分子量：74 ・別名： エーテル エチルエーテル ・指定数量：50L	●無色透明 ●芳香臭	●比重　0.7 ●沸点　35℃ ●引火点　−45℃ ●発火点　160℃ ●蒸気比重　2.6 ・水にはわずかに溶け、アルコールにはよく溶ける。 ・揮発しやすい。
二硫化炭素 CS_2 ・分子量：76 ・第４類中唯一の無機化合物 ・指定数量：50L	●無色透明 ●不快臭 ・一般のものは不純物のため黄色を呈する。	●比重　1.3 ●沸点　46℃ ●引火点　−30℃ ●発火点　90℃ ●蒸気比重　2.6 ・水には溶けないが、アルコール、ジエチルエーテルには溶ける。

主な用途

●ジエチルエーテル●

有機溶剤、レザー・火薬・ゴムの製造、医薬品、全身麻酔剤、香料など。

●二硫化炭素●

セロファン、可塑剤、界面活性剤、殺虫剤、溶剤、ゴム加硫促進剤など。

	危険性	火災予防の方法	消火の方法
	●引火性・爆発性：燃焼(爆発)範囲　1.9〜36(48)vol% ①引火しやすい。 ②日光にさらしたり、空気と長く接触すると過酸化物を生じ、加熱、衝撃などにより爆発の危険がある。 ③静電気を発生しやすい。 ④蒸気は麻酔性がある。	●保管・管理： ①火気を近づけない。 ②貯蔵または取扱場所では換気をよくする。 ③直射日光を避けて冷所に貯蔵する。 ④容器に収納したときは必ず密栓する。 ⑤沸点以上にならないよう、冷却装置等を設け温度管理を行う。	●消火剤： 二酸化炭素、 耐アルコール泡、 粉末消火剤 ●消火効果： 窒息消火
	●引火性・爆発性：燃焼(爆発)範囲　1.3〜50vol% ①引火性、燃焼(爆発)範囲、静電気についてはジエチルエーテルに同じ。 ②燃焼に際しては有毒な二酸化硫黄(亜硫酸ガスSO_2)を発生する。 ③蒸気は特に有毒である。 ④発火点は低く蒸気配管などに接触しただけでも発火する危険性がある。	●保管・管理： ①発火点が低いことに注意し、火気、通風、貯蔵はジエチルエーテルに準ずる。 ②水よりも重く、水に溶けないので、容器、タンク等に収納したときは水を張って蒸発を抑制する。	●消火剤： 二酸化炭素、 耐アルコール泡、 粉末消火剤 ●消火効果： 窒息消火 比重が1より大きいので場合によっては水を流し込めば水が表面に浮かび、窒息消火できる。

MEMO

●人体への影響

ジエチルエーテル……麻痺作用があり高濃度では死亡することもある。

二硫化炭素……蒸気吸入の他、皮膚からも吸収して中毒する。急性中毒症状としては、視覚障害、意識不明、昏睡、呼吸麻痺など。

種　類	形　状	性　質
アセトアルデヒド CH_3CHO ・分子量：44 ・指定数量：50L	●無色透明 ●高濃度のものは刺激臭。低濃度のものは果実芳香。	●比重　0.8 ●沸点　21℃ ●引火点　−39℃ ●発火点　175℃ ●蒸気比重　1.5 ・水によく溶け、アルコール、ジエチルエーテルにも溶ける。 ・油脂などをよく溶かし、揮発しやすい。 ・酸化すると酢酸になる。
酸化プロピレン C_3H_6O ・分子量：58 ・指定数量：50L	●無色透明 ●エーテル臭	●比重　0.8 ●沸点　35℃ ●引火点　−37℃ ●発火点　449℃ ●蒸気比重　2.0 ・水、エチルアルコール(エタノール)、ジエチルエーテルなどによく溶ける。

主な用途

●アセトアルデヒド●

酢酸・無水酢酸・過酢酸・酢酸エチル・ラクニトリル等の原料、溶剤、魚の防腐剤、防かび剤、写真用、還元剤など。

●酸化プロピレン●

ポリエステル・ウレタンフォーム・合成樹脂の原料、界面活性剤、顔料、殺鼠剤など。

	危険性	火災予防の方法	消火の方法
	●引火性・爆発性：燃焼(爆発)範囲　4.0～60vol% ①極めて引火しやすい。 ②蒸気は粘膜を刺激して有毒である。 ③熱または光で分解するとメタンと一酸化炭素となる。	●保管・管理： ジエチルエーテルに準ずるほか、次の事項に注意する。 ①貯蔵する場合は不活性ガスを封入する。 ②貯蔵タンク、容器は鋼製とし、銅およびその合金、銀を使用しない(爆発性の化合物を生じる恐れがある)。	●消火剤： 耐アルコール泡(一般の泡消火剤は適さない)、 二酸化炭素、 粉末、 ハロゲン化物、 少量の場合は注水消火 ●消火効果： 窒息効果、冷却効果
	●引火性・爆発性：燃焼(爆発)範囲　2.3～36vol% ①極めて引火しやすい。 ②重合する性質があり、その際熱を発生し、火災、爆発の原因となる。 ③銀、銅などの金属に触れると重合が促進されやすい。 ④蒸気は刺激性がないが、吸入すると有毒である。 ⑤皮膚に触れると炎傷を呈する。	●保管・管理： ジエチルエーテルに準ずる。また貯蔵する場合は不活性ガスを封入する。	●消火剤： 耐アルコール泡(一般の泡消火剤は適さない)、 二酸化炭素、 粉末、 ハロゲン化物、 少量の場合は注水消火 ●消火効果： 窒息効果、冷却効果

アセトアルデヒドの酸化による反応式は、
$CH_3CHO + \frac{1}{2}O_2 \longrightarrow CH_3COOH$
じゃ。

MEMO

●人体への影響

アセトアルデヒド……全身的には、麻酔作用があり、意識混濁、気管支炎、肺浮腫などを起こす。

酸化プロピレン……目を冒し、角膜炎を起こす。高濃度の場合は、粘膜を刺激し、肺水腫を起こすことがある。

2 第1石油類

	種　類	形　状	性　質	
非水溶性	ガソリン ・炭化水素化合物の混合物 ・平均分子量：約100 ・指定数量：200L	●無色 ●石油臭 ●比重0.65～0.75 ●発火点約300℃ ●蒸気比重3～4 ●揮発しやすい ●水には溶けない ●電気の不良導体	自動車ガソリン (JIS K2202)	●沸点範囲　40～220℃ ●引火点　－40℃以下 ・灯油や軽油との識別を容易にするためにオレンジ系に着色。
			工業ガソリン※ (JIS K2201)	●沸点範囲 ベンジン　30～150℃ ゴム揮発油　80～160℃ 大豆揮発油　60～90℃
	ベンゼン C_6H_6 ・分子量：78 ・別名：ベンゾール ・指定数量：200L	●無色透明 ●芳香臭	●比重　0.9 ●沸点　80℃ ●融点　5.5℃ ●引火点　－11℃ ●発火点　498℃ ●蒸気比重　2.8 ・水に溶けないが、アルコール、ジエチルエーテルなど多くの有機溶剤によく溶け、また、各種の有機物をよく溶かす。 ・揮発性があり、有毒。	

(注)※　工業ガソリン(JIS K2201)については、1号(ベンジン)、2号(ゴム揮発油)、3号(大豆揮発油)が消防法上のガソリンとなる。

主な用途

●ガソリン●

内燃機関の燃料、洗浄・ゴム・塗料・ドライクリーニングなどの溶剤など。

●ベンゼン●

染料・合成ゴム・合成繊維・合成樹脂・有機顔料・医薬品の原料、可塑剤、爆薬、防虫・防腐剤の原料、抽出剤など。

	危険性	火災予防の方法	消火の方法
	●引火性・爆発性：燃焼(爆発)範囲　1.4～8vol% ①極めて引火しやすい。 ②蒸気は空気より約3～4倍重いので低所に滞留しやすい。 ③電気の不良導体であるため、流動などの際に静電気を発生しやすい。	●保管・管理： ①火気を近づけない。 ②火花を発する機械器具などを使用しない。 ③通風、換気をよくする。 ④冷暗所に貯蔵する。 ⑤容器は密栓する。 ⑥静電気の蓄積を防ぐ。	●消火剤： 泡、 二酸化炭素、 粉末、 ハロゲン化物 ●消火効果： 窒息効果
	●引火性・爆発性：燃焼(爆発)範囲　1.2～8vol% ①極めて引火しやすい。 ②蒸気は空気より約3～4倍重いので低所に滞留しやすい。 ③電気の不良導体であるため、流動などの際に静電気を発生しやすい。 ④毒性が強く、その蒸気を吸入すると急性または慢性の中毒症状を呈する。	●保管・管理： ①火気を近づけない。 ②火花を発する機械器具などを使用しない。 ③通風、換気をよくする。 ④冷暗所に貯蔵する。 ⑤容器は密栓する。 ⑥静電気の蓄積を防ぐ。 ⑦冬期、固化したものであっても引火の危険があるので火気に注意する。	●消火剤： 泡、 二酸化炭素、 粉末、 ハロゲン化物 ●消火効果： 窒息効果

ガソリンはオレンジ系色に着色されているが、軽油は無色透明から薄黄色、灯油は無色透明だ。

MEMO

●人体への影響

ガソリン……蒸気を吸入すると神経症を起こす。特に加鉛ガソリンは皮膚からも吸収されて体内に入り、神経系を冒して死に至る。

	種　類	形　状	性　質
非水溶性	トルエン $C_6H_5CH_3$ ・分子量：92 ・別名：トルオール ・指定数量：200L	●無色 ●芳香臭	●比重　0.9 ●沸点　111℃ ●引火点　4℃ ●発火点　480℃ ●蒸気比重　3.1 ・水には溶けないが、アルコール、ジエチルエーテルなどの有機溶剤によく溶ける。 ・揮発性を有する。 ・蒸気の毒性はベンゼンよりも低い。
水溶性	アセトン CH_3COCH_3 ・分子量：58 ・別名：ジメチルケトン ・指定数量：400L	●無色透明 ●芳香臭	●比重　0.8 ●沸点　56℃ ●引火点　−20℃ ●発火点　465℃ ●蒸気比重　2.0 ・水にはよく溶けるほか、アルコール、ジエチルエーテルなどにも溶ける。 ・揮発しやすい。

主な用途

●トルエン●

爆薬・染料・有機顔料・医薬品・甘味剤・香料・合成繊維などの原料、塗料溶剤、石油精製など。

●アセトン●

低沸点乾燥剤、樹脂・塗料・フィルム・火薬の製造、有機溶剤、アセチレンをボンベに充填する際の溶剤など。

	危険性	火災予防の方法	消火の方法
	●引火性・爆発性：燃焼（爆発）範囲　1.1～7vol% ①引火しやすい。 ②流動などの際に静電気を発生しやすい。	●保管・管理： ①火気を近づけない。 ②火花を発する機械器具などを使用しない。 ③通風、換気をよくする。 ④冷暗所に貯蔵する。 ⑤容器は密栓する。 ⑥静電気の蓄積を防ぐ。	●消火剤： 泡、 二酸化炭素、 粉末、ハロゲン化物 ●消火効果： 窒息効果
	●引火性・爆発性：燃焼（爆発）範囲　2.5～13vol% ①引火しやすい。 ②静電気の火花で着火することがある。	●保管・管理： ①火気を近づけない。 ②貯蔵または取り扱い場所では通風をよくする。 ③直射日光を避けて冷暗所に貯蔵する。 ④容器に収納したときは必ず密栓する。	●消火剤： 泡、 二酸化炭素、 粉末、ハロゲン化物 ●消火効果： 窒息効果 ただし、泡は耐アルコール泡。 一般の泡消火剤は、水を噴霧した場合のみ有効。

MEMO

●人体への影響

トルエン……高濃度の蒸気では麻酔状態に陥り、意識喪失、死亡することもある。

アセトン……高濃度の蒸気では麻酔状態に陥り、意識喪失を起こす。

3 アルコール類

種　類	形　状	性　質
メチルアルコール CH_3OH ・分子量：32 ・別名：メタノール 　　　　木　精 ・指定数量：400L	●無色透明 ●芳香臭	●比重　0.8 ●沸点　64℃ ●引火点　11℃ ●発火点　464℃ ●蒸気比重　1.1 ・水、エチルアルコール、ジエチルエーテル、その他多くの有機溶剤とよく混ざる。 ・有機物をよく溶かし揮発性がある。
エチルアルコール C_2H_5OH ・分子量：46 ・別名：エタノール 　　　　酒　精 ・指定数量：400L	●無色透明 ●芳香臭	●比重　0.8 ●沸点　78℃ ●引火点　13℃ ●発火点　363℃ ●蒸気比重　1.6 ・毒性はないが麻酔性がある。 ・濃硫酸との混合物を140℃に熱すれば、ジエチルエーテルが抽出される。 ・その他メチルアルコールに準ずる。

主な用途

●メチルアルコール●

有機合成原料、ホルマリン製造、不凍液、一般溶剤、消毒用石けん、ガソリン代替燃料など。

●エチルアルコール●

飲料(酒類)、有機溶剤、エステル、セルロイド・アルカロイドの抽出剤、ワニス・インキ・エッセンス・アセトアルデヒドの製造、消毒、燃料、医薬品原料、自動車燃料など。

	危険性	火災予防の方法	消火の方法
	●引火性・爆発性：燃焼（爆発）範囲　6.0〜36vol% ①引火性である。 引火点が11℃であるので冬期では燃焼性混合気を生成しないが、加熱または夏期などで液温が高いときの引火危険はガソリン同様となる。 ②毒性がある。 ③無水クロム酸と接触すると激しく反応し、発火することがある。	●保管・管理： ①火気を近づけない。 ②火花を発する機械器具などを使用しない。 ③通風、換気をよくする。 ④冷暗所に貯蔵する。 ⑤容器は密栓する。 ⑥川、下水溝などに流出させない。	●消火剤： 耐アルコール泡（一般の泡消火剤は適さない）、 二酸化炭素、 粉末、 ハロゲン化物 ●消火効果： 窒息効果
	●引火性・爆発性：燃焼（爆発）範囲　3.3〜19vol% ①毒性はない。他はメチルアルコールに準ずる。 ②13〜38℃においてエチルアルコールの液面上の空間は、爆発性の混合ガスを形成しているので、引火爆発に注意を要する。	●保管・管理： ①火気を近づけない。 ②火花を発する機械器具などを使用しない。 ③通風、換気をよくする。 ④冷暗所に貯蔵する。 ⑤容器は密栓する。 ⑥川、下水溝などに流出させない。	●消火剤： 耐アルコール泡（一般の泡消火剤は適さない）、 二酸化炭素、 粉末、 ハロゲン化物 ●消火効果： 窒息効果

エチルアルコールに変性剤を加えて飲用不可にした変性アルコールは、消毒用・工業用のアルコールです。

MEMO

●人体への影響

メチルアルコール……飲み下した場合は、10〜25mLで失明。致死量は個人差もあるが、およそ40〜120mLぐらい。

4 第2石油類

	種 類	形 状	性 質
非水溶性	灯 油 ・炭化水素化合物の混合物 ・平均分子量：130 ・別名：ケロシン ・指定数量：1,000L	●無色または淡紫黄色 ●石油臭	●比重 約0.8 ●沸点範囲 145～270℃ ●引火点 40℃以上 ●発火点 220℃ ●蒸気比重 4.5 ・水には溶けない。 ・市販の白灯油の引火点は一般に45～55℃である。 ・油脂などを溶かす。
	軽 油 ・炭化水素化合物の混合物 ・平均分子量：130 ・別名：ディーゼル油 ・指定数量：1,000L	●淡黄色または淡褐色	●比重 約0.85 ●沸点範囲 170～370℃ ●引火点 45℃以上 ●発火点 220℃ ●蒸気比重 4.5 ・水には溶けない。

主な用途

●灯 油●

石油ストーブ・石油発動機・灯火用の燃料、塗料の希釈剤、機械洗浄用、殺虫・殺菌剤の溶剤など。

●軽 油●

発動機燃料、石油ストーブ燃料、機械器具の洗浄、かわら製造の際の型抜き油、切削油原料、ガス吸収剤など。

	危険性	火災予防の方法	消火の方法
	●引火性・爆発性：燃焼(爆発)範囲　1.1～6vol% ①加熱などで液温が引火点以上になると引火危険はガソリンとほぼ同様。 ②霧状で浮遊するとき、または布などの繊維製品などにしみ込んだ状態では空気との接触面積が大きくなり危険性は増大。 ③蒸気は空気より約4～5倍重いので低所に滞留しやすい。 ④流動などの際に静電気を発生しやすい。	●保管・管理： ①火気を近づけない。 ②火花を発する機械器具などを使用しない。 ③通風、換気をよくする。 ④冷暗所に貯蔵する。 ⑤容器は密栓する。 ⑥川、下水溝などに流出させない。 ⑦静電気の蓄積を防ぐ。 ⑧ガソリンと混合させない。	●消火剤： 泡、 二酸化炭素、 粉末、 ハロゲン化物 ●消火効果： 窒息効果
	●引火性・爆発性：燃焼(爆発)範囲　1.0～6vol% ①加熱などで液温が引火点以上になると引火危険はガソリンとほぼ同様。 ②霧状で浮遊するとき、または布などの繊維製品などにしみ込んだ状態では空気との接触面積が大きくなり危険性は増大。 ③蒸気は空気より約4～5倍重いので低所に滞留しやすい。 ④流動などの際に静電気を発生しやすい。	●保管・管理： ①火気を近づけない。 ②火花を発する機械器具などを使用しない。 ③通風、換気をよくする。 ④冷暗所に貯蔵する。 ⑤容器は密栓する。 ⑥川、下水溝などに流出させない。 ⑦静電気の蓄積を防ぐ。 ⑧ガソリンと混合させない。	●消火剤： 泡、 二酸化炭素、 粉末、 ハロゲン化物 ●消火効果： 窒息効果

灯油も軽油もほぼ性質は同じです。
液温が引火点以上になったときは、ガソリンと同じ程度の引火危険状態になります。

MEMO

●人体への影響

灯油……蒸気を吸入すると、めまい、頭痛、嘔吐などの中毒症状を起こす。

軽油……蒸気を多量に吸入すると、頭痛、嘔吐などの症状を起こす。

	種　類	形　状	性　質
水溶性	酢　酸 CH_3COOH ・分子量：60 ・別名：氷酢酸 ・指定数量：2,000L	●刺激臭と酸味	●比重　1.05 ●沸点　118℃ ●引火点　39℃ ●融点　16.7℃ ●発火点　463℃ ●蒸気比重　2.1 ・約17℃以下になると凝固する。 ・水、エチルアルコール、ジエチルエーテルによく溶け、エチルアルコールと反応して酢酸エステルを生成する。 ・水溶液は弱い酸性を示す。 ・食酢は酢酸の3～5%の水溶液。
	アクリル酸 CH_2＝HCOOH ・分子量：72	●無色透明 ●刺激臭	●比重　1.06 ●沸点　141℃ ●引火点　51℃ ●融点　14.0℃ ●発火点　438℃ ●蒸気比重　2.5 ・水、ベンゼン、ジエチルエーテル、アセトンによく溶ける。 ・水溶液は弱い酸性を示す。

主な用途

●酢　酸●

酢酸ビニル・無水酢酸・モノクロロ酢酸・テレフタル酸・酢酸エステルの原料、有機物に対する溶媒、写真・染色用、食酢・ソース用、医薬・合成繊維製造用など。

●アクリル酸●

樹脂・分散剤・凝集剤・増粘剤・粘接着剤の原料など。

	危険性	火災予防の方法	消火の方法
	●引火性・爆発性：燃焼（爆発）範囲　4.0～19.9vol% ①可燃性である。 ②強い腐食性の有機酸で高純度品よりも水溶液の方が腐食性が強い。 ③皮膚に触れると火傷を起こす。 ④濃い蒸気を吸入すると粘膜を刺激し炎症を起こす。	●保管・管理： ①火気を近づけない。 ②火花を発する機械器具などを使用しない。 ③通風、換気をよくする。 ④冷暗所に貯蔵する。 ⑤容器は密栓する。 ⑥川、下水溝などに流出させない。 ⑦コンクリートを腐食させるので床などの部分はアスファルト等の腐食しない材料を用いる。	●消火剤： 二酸化炭素、 粉末、 耐アルコール泡 ●消火効果： 窒息効果
	①可燃性である。 ②強い腐食性の有機酸で高純度品よりも水溶液の方が腐食性が強い。 ③濃い蒸気を吸入すると粘膜を刺激し炎症を起こす。	●保管・管理： ①火気を近づけない。 ②火花を発する機械器具などを使用しない。 ③通風、換気をよくする。 ④冷暗所に貯蔵する。 ⑤容器は密栓する。 ⑥川、下水溝などに流出させない。 ⑦コンクリートを腐食させるので床などの部分はアスファルト等の腐食しない材料を用いる。	●消火剤： 二酸化炭素、 粉末、 耐アルコール泡 ●消火効果： 窒息効果

MEMO

●人体への影響

酢酸……氷酢酸が皮膚に触れると、重度の火傷を起こす。高濃度の蒸気は粘膜を冒し、結膜炎・気管支炎を起こす。

WORD

●氷酢酸

純度96～98%以上の酢酸のことをいう。

5 第3石油類

	種　類	形　状	性　質
非水溶性	重　油※ ・炭化水素化合物の混合物 ・指定数量：2,000L	●褐色または暗褐色の粘性ある液体	●比重　0.9～1.0 （一般に水よりやや軽い） ●沸点　300℃以上 ●引火点　60～150℃ ●発火点　250～380℃ ●発熱量　41,860kJ/kg ・水には溶けない。 ・原油の常圧蒸留によって得られる。 ・不純物として含まれる硫黄は燃えると有毒ガスになる。
	クレオソート油 ・炭化水素化合物の混合物 ・指定数量：2,000L	●黄色または暗緑色の液体 ●特異な臭気	●比重　1.0以上 ●沸点　200℃以上 ●引火点　73.9℃ ●発火点　336℃ ・コールタールを分別蒸留するときの温度230～270℃の間の留出物。 ・エチルアルコール、ジエチルエーテルなどに溶けるが水には溶けない。

（注）※　重油には動粘度により、1種（A重油）、2種（B重油）、3種（C重油）などがあり、1種と2種の引火点は日本産業規格では、60℃以上と規定されている。

（主な用途）

●重　油●

内燃機関の燃料、潤滑油・アスファルトの原料など。

●クレオソート油●

カーボンブラックの原料、木材防腐剤（注入・塗装用）、漁網染料、消毒剤、燃料、塗料など。

	危険性	火災予防の方法	消火の方法
	●引火性・爆発性： ①加熱しない限り危険性は少ないが、霧状になったものは引火点以下でも危険である。 ②燃焼温度が高いため消火が困難になる。	●保管・管理： ①火気を近づけない。 ②冷暗所に貯蔵する。 ③分解重油の場合は、自然発火に注意する。	●消火剤： 泡、 ハロゲン化物、 二酸化炭素、 粉末 ●消火効果： 窒息効果
	●引火性・爆発性： ①加熱しない限り危険性は少ないが、霧状になったものは引火点以下でも危険である。 ②燃焼温度が高い。 ③蒸気は有害である。	●保管・管理： ①火気を近づけない。 ②冷暗所に貯蔵する。	●消火剤： 泡、 ハロゲン化物、 二酸化炭素、 粉末 ●消火効果： 窒息効果

重油とは、石油の原油を蒸留して、揮発油・灯油・軽油などを分別したあとの高沸点の油分のことじゃ。

クレオソート油は、コールタールから分留されてできるぞ。だから、タール重油ともいう。

MEMO

●人体への影響

クレオソート油……高濃度の蒸気の場合、目や呼吸器系の粘膜を刺激する。皮膚に付着した場合には、石けんで十分に洗い落とすこと。

	種類	形状	性質
水溶性	エチレングリコール $C_2H_6O_2$ ・分子量：62 ・指定数量：4,000L	●無色透明 ●甘味	●比重　1.1 ●蒸気比重　2.1 ●融点　−13℃ ●沸点　198℃ ●引火点　111℃ ●発火点　398℃ ・水溶性
	グリセリン $C_3H_5(OH)_3$ ・分子量：92 ・指定数量：4,000L	●無色透明 ●甘味	●比重　1.3 ●沸点　291℃（分解） ●引火点　199℃ ●発火点　370℃ ●融点　18℃ ・水溶性。二硫化炭素、ベンゼン等には溶けない。

（主な用途）

●エチレングリコール●

合成繊維・フィルム・ポリエチレンテレフタレート・アルキド樹脂の原料、不凍液、ニトログリコールとしてダイナマイトの製造など。

●グリセリン●

タバコの保湿剤、火薬、不凍剤、医薬品、セロハン繊維潤滑剤、印刷インキの原料など。

	危険性	火災予防の方法	消火の方法
	●引火性・爆発性：引火点が常温より高いので、加熱しない限り引火する危険性は少ない。	●保管・管理：火気を近づけない。	●消火剤： 二酸化炭素、 粉末 ●消火効果： 窒息効果
	●引火性・爆発性：引火点が常温より高いので、加熱しない限り引火する危険性は少ない。	●保管・管理：火気を近づけない。	●消火剤： 二酸化炭素、 粉末 ●消火効果： 窒息効果

● その他の第４類危険物の性質

	物品名	比重	引火点（℃）	発火点（℃）	燃焼範囲（vol%）	蒸気比重	沸点（℃）	融点（℃）
第1石油類	酢酸エチル	0.90	−4	426	2.0〜11.5	3.0	77	−83.6
	エチルメチルケトン	0.81	−9	404	1.4〜11.4	2.5	80	−85.9
	ピリジン	0.98	20	482	1.8〜12.4	2.7	116	−41.6
アルコール類	*n*-プロピルアルコール	0.80	23	412	2.1〜13.7	2.1	97	−124.3
	イソプロピルアルコール	0.79	12	399	2.0〜12.7	2.1	82	−85.8
第2石油類	キシレン *o*、*m*、*p*	0.87	27〜33	463〜528	1.0〜7.0	3.7	138〜144	※
	クロロベンゼン	1.11	28	590	1.3〜9.6	3.9	132	−44.9
第3石油類	アニリン	1.01	70	615	1.2〜11.0	3.2	185	−6.2
	ニトロベンゼン	1.20	88	482	1.8〜40.0	4.3	211	5.8

※＝*o*は−25.2℃、*m*は−47.7℃、*p*は13.2℃

6 第4石油類

種　類	形　状	危険性	消火の方法
・混合油 ギヤー油…… シリンダー油…… タービン油…… マシン油…… モーター油…… リン酸トリクレジル…… セバチン酸ジオクチル…… ・指定数量：6,000L	●粘り気が強く、一般に非水溶性。 ●比　重　0.90 ●引火点　220℃ ●比　重　0.95 ●引火点　250℃ ●比　重　0.88 ●引火点　230℃ ●比　重　0.92 ●引火点　200℃ ●比　重　0.82 ●引火点　230℃ ●比　重　1.71 ●引火点　250℃ ●比　重　0.91 ●引火点　240℃	●引火性・爆発性：引火点が高く蒸発性がほとんどないため、加熱しない限り引火する危険がない。	●消火剤：泡、ハロゲン化物、二酸化炭素、粉末 ●消火効果：窒息効果（重油と同じ）

※　上の表の数値はおおよそのものであり、メーカーや商品によって異なる。したがって、同じ名称の危険物でも、第3石油類に該当するものもある。

主な用途

●第4石油類全般●

潤滑油、切削油、焼入油、防錆油、電気絶縁油、可塑剤、熱媒体など。

7 動植物油類

種　類	形状・性質	危険性	消火の方法
・脂肪酸の混合物 非常に多くの種類があるので具体的に取り上げるのは割愛する。 ・指定数量：10,000L	●比重　0.9 ●引火点 250℃未満 ・一般に無色透明 ・一般に不飽和脂肪酸を含む。 ・非水溶性で可燃性がある。	●引火性・爆発性： ①ボロ布などにしみ込んだものは自然発火の危険性がある。 ②蒸発しにくく、引火しにくいが、着火すると重油と同様な危険性がある。	●消火剤： 泡、 ハロゲン化物、 二酸化炭素、 粉末 ●消火効果： 窒息効果。 (重油と同じ)

① 一般的な動植物油の性質

種　類		比　重	引火点(℃)	発火点(℃)	ヨウ素価
不乾性油	ヤシ油	0.91	234	−	7〜10
半乾性油	ニシン油	0.92	−	−	108〜155
乾性油	アマニ油	0.93	222	343	190〜204

② 自然発火とヨウ素価

動植物油類の自然発火は、油が空気中で酸化され、この反応熱(酸化熱)が蓄積されて起こります。自然発火は一般に乾性油ほど起こりやすく、この乾きやすさを、油脂100gに吸収するヨウ素のグラム数で表したものをヨウ素価といいます。

このとき、不飽和脂肪酸が多いほどヨウ素価が大きく、ヨウ素価が大きいほど自然発火しやすくなり、危険度が増します。

CAUTION

●乾性と揮発性

乾性……乾性とは乾きやすさのことをいう。たとえば、脂肪油のうち物に塗って空気中に放置すると、短時間で樹脂状に固化乾燥する性質のあるものを乾性油という。

揮発性……揮発とは一般に蒸発と同じ意味で用いられるが、厳密には、液体や固体が沸点以下の温度で気化することをいう。

これだけは覚えておこう

- □ 1. **特殊引火物**………ジエチルエーテル、二硫化炭素など。
- □ 2. **第1石油類**………アセトン、ガソリンなど。
- □ 3. **アルコール類**……メチルアルコール、エチルアルコールなど。
- □ 4. **第2石油類**………灯油、軽油など。
- □ 5. **第3石油類**………重油、クレオソート油など。
- □ 6. **第4石油類**………ギヤー油、シリンダー油など。
- □ 7. **動植物油類**………ヤシ油など。
- □ 8. **第4類に共通する特性**
  - ①引火性の液体。
  - ②蒸気比重が1より大きい(空気より重く、低所に滞留する)。
  - ③液比重が1より小さく、水には溶けないものが多い(水に浮く)。
  - ④電気の不良導体である。静電気が蓄積しやすい。
- □ 9. **第4類に共通する火災予防方法**
  - ①炎、火花、高温体に接近させない。
  - ②容器は密栓して冷暗所に貯蔵する。
  - ③静電気を蓄積させない。
- □ 10. **第4類に共通する消火方法**
  - ①霧状の強化液、泡、ハロゲン化物、二酸化炭素、粉末等がある(窒息効果)。
  - ②アルコール等の水溶性の液体に対しては、耐アルコール泡を用いる。
- □ 11. **第4類危険物の特徴的な特性**
  - ①発火点が最も低いもの………二硫化炭素(90℃)
  - ②発火点が最も高いもの………アニリン(615℃)
  - ③引火点が最も低いもの………ジエチルエーテル(−45℃)
  - ④引火点が最も高いもの………シリンダー油(250℃)
  - ⑤比重が最も大きいもの………二硫化炭素、グリセリン(1.3)
  - ⑥蒸気比重が最も小さいもの…メチルアルコール(1.1)
  - ⑦蒸気比重が大きいもの………灯油、軽油(4.5)
  - ⑧保冷装置を必要とするもの…アセトアルデヒド、酸化プロピレン
  - ⑨水中貯蔵とすべきもの………二硫化炭素

〈出題例2〉の解答 (3) ▶自然発火しやすいのは、第5類で扱う物質である。第4類は自然発火しない。

精選問題

危険物に関する法令

【問題１】危険物の品名、性質および指定数量の組み合わせで、次のうち誤っているものはどれか。

	品名	性質	指定数量
(1)	第１石油類	水溶性液体	400L
(2)	第１石油類	非水溶性液体	500L
(3)	第２石油類	非水溶性液体	1,000L
(4)	第２石油類	水溶性液体	2,000L
(5)	第３石油類	水溶性液体	4,000L

【問題２】屋内貯蔵所に次の危険物を貯蔵する場合、指定数量の倍数はいくらになるか。

ガソリン2,000L　エチルアルコール800L　灯油3,000L　重油4,000L

(1) 9.5倍　(2) 12.0倍　(3) 15.5倍
(4) 15.7倍　(5) 17.0倍

【問題３】取扱所に関する記述として、次のうち誤っているものはどれか。

(1) 給油取扱所……固定した給油設備によって自動車等の燃料タンクに直接給油するため、危険物を取り扱う取扱所
(2) 第一種販売取扱所……店舗において容器入りのままで販売するため、指定数量の15倍以下の危険物を取り扱う取扱所
(3) 第二種販売取扱所……店舗において容器入りのままで販売するため、指定数量の15倍を超える危険物を取り扱う取扱所
(4) 移送取扱所……配管およびポンプならびにこれらに付属する設備によって、危険物の移送の取り扱いを行う取扱所
(5) 一般取扱所……給油取扱所、販売取扱所ならびに移送取扱所以外の取扱所

解答　【問題１】(2)　【問題２】(5)　【問題３】(3)

【問題４】給油取扱所を設置する場合、使用できるようになる時期として、次のうち正しいものはどれか。

⑴　完成検査済証の交付を受けたのち。

⑵　使用許可証の交付を受けたのち。

⑶　設置許可を受けたのち。

⑷　設置工事が完成したのち。

⑸　完成検査を受けたのち。

【問題５】製造所等の使用停止命令の発令事由に該当しないものは、次のうちどれか。

⑴　危険物保安監督者を定めたが、その者に保安監督をさせていないとき。

⑵　完成検査または仮使用の承認を受けないで製造所等を使用したとき。

⑶　危険物保安監督者の解任命令に違反したとき。

⑷　危険物保安統括管理者を定めたが、市町村長等に選任の届出をしていないとき。

⑸　危険物の貯蔵、取り扱い基準の遵守命令に違反したとき。

【問題６】危険物取扱者免状について、次のうち正しいものはどれか。

⑴　免状は、甲種および乙種の２種類がある。

⑵　免状を亡失した場合は、10日以内にその免状を交付した都道府県知事に届け出なければならない。

⑶　免状を亡失し、再交付を受ける場合は、一部科目免除により再試験を受けなければならない。

⑷　免状を亡失して、免状の再交付を受けた者が亡失した免状を発見した場合は、これを10日以内に再交付を受けた都道府県知事に提出しなければならない。

⑸　消防法令に違反して、免状の返納を命じられても、30日を経過すれば改めて免状の交付を受けることができる。

解答　【問題４】⑴　【問題５】⑷　【問題６】⑷

【問題7】危険物保安監督者に関する説明で、次のうち正しいものはいくつあるか。

A　危険物保安監督者は、甲種危険物取扱者または乙種危険物取扱者で、1年以上の実務経験が必要とされている。

B　危険物取扱者であれば、免状の種類に関係なく危険物保安監督者に選任することができる。

C　危険物保安監督者を定める権限を有しているのは、製造所等の所有者、管理者または占有者である。

D　危険物保安監督者は、危険物施設保安員の指示にしたがって保安の監督をしなければならない。

E　危険物保安監督者は、危険物の数量や指定数量の倍数にかかわらずすべて選任しなければならない。

(1)　1つ　　(2)　2つ　　(3)　3つ　　(4)　4つ　　(5)　なし

【問題8】予防規程について、次のうち正しいものはどれか。

(1)　製造所等における位置、構造、設備の点検項目について定めた規程をいう。
(2)　製造所等における貯蔵、取り扱う危険物の数量について定めた規程をいう。
(3)　製造所等における危険物取扱者の遵守事項を定めた規程をいう。
(4)　製造所等の火災を予防し安全を確保するため、危険物の保安に関し必要な事項を自主的に定めた規程をいう。
(5)　製造所等の労働災害を予防するための安全管理の仕方を定めた規程をいう。

【問題9】製造所における定期点検についての説明で、誤っているものはどれか。

(1)　製造所等の所有者、管理者または占有者は、定期点検記録を作成し、これを保存しなければならない。
(2)　丙種危険物取扱者は、定期点検を行うことができない。
(3)　危険物施設保安員は、定期点検を行うことができる。
(4)　定期点検は、法で定める技術上の基準に適合しているかどうかについて行わなければならない。
(5)　危険物取扱者の立ち会いを受けたときは、取扱者以外の者でも定期点検を行うことができる。

解答　【問題7】(1)　【問題8】(4)　【問題9】(2)

【問題10】製造所等の中には、特定の建築物等との間に保安距離を保たなければならないものがあるが、その建築物等と保安距離の組み合わせとして、次のうち誤っているものはどれか。

(1) 住宅……………………10m以上

(2) 中学校………………20m以上

(3) 病院……………………30m以上

(4) 幼稚園………………30m以上

(5) 重要文化財…………50m以上

【問題11】製造所の基準について、次のうち誤っているものはどれか。

(1) 学校、病院から20m以上の保安距離を確保すること。

(2) 危険物を取り扱う建築物の窓または出入口にガラスを用いる場合は、網入りガラスとすること。

(3) 地階は設けないこと。

(4) 指定数量の倍数が10以上の製造所には、避雷設備を設けること。

(5) 建築物、工作物の周囲には、定められた幅の空地を保有すること。

【問題12】灯油を貯蔵する屋内貯蔵所の位置、構造および設備の技術上の基準で、次のうち誤っているものはどれか。

(1) 貯蔵倉庫の床面積は2,000m^{2}以下とすること。

(2) 指定数量の10倍以上の貯蔵倉庫には原則として避雷設備を設けること。

(3) 貯蔵倉庫には危険物を貯蔵し、取り扱うため必要な採光、照明および換気の設備を設けること。

(4) 貯蔵倉庫の床は危険物が浸透しない構造にするとともに、傾斜をつけ、貯留設備を設けること。

(5) 引火点70℃未満の危険物の貯蔵倉庫には内部に滞留した可燃性蒸気を屋根上に排出するための装置を設けること。

解答 【問題10】(2)　【問題11】(1)　【問題12】(1)

【問題13】引火性液体を貯蔵する屋外タンク貯蔵所の防油堤についての説明で、次のうち誤っているものはどれか。

(1) 防油堤には、その内部の滞水を外部に排水するための水抜口を設けること。

(2) 防油堤は、コンクリート、コンクリートブロックまたは土で造ること。

(3) 防油堤の高さは0.5m以上であること。

(4) 屋外貯蔵タンクの周囲に設ける防油堤の容量は、タンク容量の110%以上とし、2以上のタンクがある場合は最大であるタンク容量の110%以上とすること。

(5) 防油堤の高さが1mを超えるものは、おおむね30mごとに堤内に出入するための階段を設置し、または土砂の盛り上げ等をすること。

【問題14】第4類の危険物を貯蔵する屋内タンク貯蔵所について、次のうち誤っているものはどれか。

(1) 屋内貯蔵タンクのタンク専用室は、平屋建てに設けること。

(2) 同一タンク専用室内に貯蔵タンクを2以上設置する場合は、それぞれのタンクの最大容量は指定数量の40倍以下であること。

(3) 屋内貯蔵タンクとタンク専用室の壁との間は、0.5m以上の間隔を保つこと。

(4) 貯蔵タンクには、危険物の量を自動的に表示する装置を設けること。

(5) タンク専用室の床は、危険物が浸透しない構造とするとともに、適当な傾斜をつけ、貯留設備を設けること。

【問題15】地下タンク貯蔵所に設ける無弁通気管について、次のうち正しいものはどれか。

(1) 通気管は地下貯蔵タンクの頂部に取り付けること。

(2) 通気管はタンクに圧力がかかっているので、安全弁が必要である。

(3) 通気管は危険物が通過する管なので、全て溶接となる。

(4) 通気管の先端はできるだけ地上に近い低所にすること。

(5) 通気管は注入管、送油管、計量口と同一管とする。

解答 【問題13】(2)　【問題14】(2)　【問題15】(1)

【問題16】簡易タンク貯蔵所に関する記述として、次のうち誤っているものはどれか。

(1) 保安距離について法令上の規制はとくにない。
(2) 屋外に設ける場合は、簡易タンクの周囲に１m以上の幅の空地を保有すること。
(3) 簡易貯蔵タンクの１基の容量は6,000L以下であること。
(4) １つの簡易タンク貯蔵所に設置するタンクは、３つ以内とし、同一品質の危険物のタンクを２つ以上設置しないこと。
(5) 簡易貯蔵タンクは、容易に移動しないように地盤面、架台等に固定すること。

【問題17】移動タンク貯蔵所の位置、構造および設備の技術上の基準で、次のうち誤っているものはどれか。

(1) 第３種および第４種の消火設備を移動タンク貯蔵所のタンクの容量に応じて設けること。
(2) 移動貯蔵タンクの底弁に手動閉鎖装置を設ける場合、そのレバーは手前に引き倒すことにより閉鎖装置を作動させるものであること。
(3) タンクの容量は30,000L以下とすること。
(4) 屋外の防火上安全な場所または壁、床、梁および屋根を耐火構造とし、もしくは不燃材料で造った建築物の１階に常置すること。
(5) 静電気による災害の発生するおそれのある液体の危険物のタンクには接地導線を設けること。

【問題18】屋外貯蔵所で貯蔵できる危険物の組み合わせとして、次のうち正しいものはどれか。

(1) 硫黄　灯油　重油　ベンゼン
(2) 硫黄　灯油　軽油　アマニ油
(3) 硫黄　灯油　軽油　アセトン
(4) 軽油　ギヤー油　ジエチルエーテル　トルエン
(5) 軽油　ナタネ油　ガソリン　硝酸

解答　【問題16】(3)　【問題17】(1)　【問題18】(2)

【問題19】給油取扱所についての説明で、次のうち誤っているものはどれか。

(1) 屋内給油取扱所の事務所等の窓または出入口にガラスを用いる場合は、網入りガラスにすること。

(2) メタノールを取り扱う給油取扱所は、ガソリンと性質が異なることから構造、設備について特例を定めている。

(3) 給油取扱所の上部に上階やキャノピーを有することができる。

(4) 灯油を容器に詰め替えるための注油設備を設ける場合は、詰め替え作業に必要な空地を給油空地内に保有すること。

(5) 給油取扱所は、保安距離、保有空地を設けることについて法令上定めがない。

【問題20】危険物の第一種販売取扱所の用に供する部分について、次のうち誤っているものはどれか。

(1) 平屋建てでなければならない。

(2) 梁を不燃材料で造るとともに、天井を設ける場合にあっては、これを不燃材料で造ること。

(3) 窓および出入口にガラスを用いる場合は、網入りガラスとすること。

(4) 壁を耐火構造とするか又は不燃材料で造ること。

(5) 第一種販売取扱所の用に供する部分とその他の部分との隔壁は、耐火構造としなければならない。

【問題21】製造所等に掲げる掲示板についての説明で、次のうち誤っているものはどれか。

(1) 掲示板は、幅0.3m以上、長さ0.6m以上の板であること。

(2) 給油取扱所には、「給油中エンジン停止」と表示した掲示板を設けること。

(3) 地色が赤の掲示板は、「火気厳禁」または「火気注意」を示している。

(4) 掲示板には、危険物の類、品名および貯蔵最大数量または取扱最大数量、指定数量の倍数ならびに危険物保安監督者を定めなければならない製造所等では、危険物保安監督者の氏名または職名を表示すること。

(5) 第4類の危険物を貯蔵し、または取り扱っている製造所等には、地を青色、文字を赤色とした「火気注意」ならびに「取扱注意」の掲示板を設けること。

解答 【問題19】(4)　【問題20】(1)　【問題21】(5)

【問題22】消火設備の組み合わせとして、次のうち正しいものはどれか。

(1) 第1種の消火設備　泡消火設備

(2) 第2種の消火設備　ハロゲン化物消火設備

(3) 第3種の消火設備　屋外消火栓設備

(4) 第4種の消火設備　大型粉末消火器

(5) 第5種の消火設備　屋外消火栓設備

【問題23】電気火災に不適応な消火設備は、次のうちどれか。

(1) 二酸化炭素を放射する消火器

(2) ハロゲン化物を放射する消火設備

(3) 消火粉末を放射する小型消火器

(4) 棒状の強化液を放射する消火設備

(5) 霧状の水を放射する消火器

【問題24】製造所等における危険物の貯蔵または取り扱いのすべてに共通する技術上の基準として、次のうち誤っているものはどれか。

(1) 貯留設備または油分離装置にたまった危険物は、あふれないように随時くみ上げること。

(2) 危険物を保護液中に保存する場合は、当該危険物が保護液から露出しないようにすること。

(3) 危険物の変質、異物の混入等により、当該危険物の危険性が増大するおそれのあるときは、定期的に安全性を確認すること。

(4) 建築物、設備等は、当該危険物の性質に応じた有効な遮光または換気を行うこと。

(5) 計器類を監視して、当該危険物の性質に応じた適正な温度、湿度または圧力を保つように貯蔵し、または取り扱うこと。

解答　【問題22】(4)　【問題23】(4)　【問題24】(3)

【問題25】危険物の貯蔵または取り扱いのすべてに共通する技術上の基準について、次のうち正しいものはどれか。

(1) 危険物のくず、かす等は1週間に1回以上廃棄等の処置をすること。
(2) 製造所等において許可または届出がされた危険物は、同じ類、数量であれば品名は随時変更することができる。
(3) 危険物が残存している容器等を修理する場合は、安全な場所において危険物を完全に除去した後に行うこと。
(4) 可燃性蒸気が漏れるおそれのある場所で火花を発する機械器具、工具等を使用する場合は注意して行うこと。
(5) 製造所等においては常に清掃に努めるとともに、空箱等不必要な物件は取扱作業の障害にならない場所に置くこと。

【問題26】危険物の積載、運搬の基準について、次のうち誤っているものはどれか。

(1) 危険物を運搬する場合は、運搬容器、積載方法および運搬方法についての基準に従わなければならない。
(2) 類を異にする指定数量以上の危険物の混載は、全面的に禁止されている。
(3) 指定数量以上の危険物を車両で運搬する場合、車両の前後の見やすい位置に定められた標識を掲げなければならない。
(4) 指定数量以上の危険物を車両で運搬する場合、運搬する危険物に適応する消火設備を設けること。
(5) 運搬容器の外部には、危険物の品名、数量等定められた表示をして積載すること。

【問題27】指定数量以上の2種類の危険物を運搬する場合に、同時に運搬できない組み合わせは、次のうちどれか。

(1) 第1類の危険物と第6類の危険物
(2) 第2類の危険物と第4類の危険物
(3) 第3類の危険物と第4類の危険物
(4) 第4類の危険物と第6類の危険物
(5) 第5類の危険物と第2類の危険物

解答 【問題25】(3)　【問題26】(2)　【問題27】(4)

【問題28】移動タンク貯蔵所によるガソリンの移送および取り扱いについて、次のA～Eの記述のうち、基準に適合しているものはいくつあるか。

A　乗車している危険物取扱者の免状は、事務所で保管している。

B　運転者は、丙種危険物取扱者で免状を携帯している。

C　運転者は危険物取扱者ではないが、同乗者が乙種危険物取扱者（第４類）で免状を携帯している。

D　完成検査済証は、事務所で保管している。

E　移動貯蔵タンク内のガソリンを他のタンクに注入するときは、原動機を使用して行う。

(1)　１つ　　(2)　２つ　　(3)　３つ　　(4)　４つ　　(5)　５つ

【問題29】市町村長等の命令として、次のうち誤っているものはどれか。

(1)　製造所等において危険物の流出その他の事故が発生したときに、所有者等が応急措置を講じていないとき。……応急措置命令

(2)　製造所等の位置、構造または設備が技術上の基準に適合していないとき。
……製造所等の修理、改造または移転命令（基準維持命令）

(3)　公共の安全の維持または災害発生の防止のため、緊急の必要があるとき。
……製造所等の一時使用停止または使用制限命令

(4)　製造所等における危険物の貯蔵または取り扱いの方法が、危険物の貯蔵、取り扱いの技術上の基準に違反しているとき。
……危険物の貯蔵・取扱基準遵守命令

(5)　危険物保安監督者が、その責務を怠っているとき。
……危険物の取扱作業の保安に関する講習の受講命令

【問題30】製造所等の許可の取消等に該当しないのは、次のうちどれか。

(1)　製造所の位置と構造を無許可で変更したとき。

(2)　完成検査を受けないで屋内貯蔵所を使用したとき。

(3)　給油取扱所の定期点検が実施されていないとき。

(4)　一般取扱所の予防規程が変更されていなかったとき。

(5)　製造所に対する修理、改造命令に従わなかったとき。

解答　【問題28】(2)　【問題29】(5)　【問題30】(4)

基礎的な物理学・化学

【問題１】物質の三態に関する説明で、次のうち誤っているものはどれか。

(1)　固体と液体と気体の３つの状態を、物質の三態と呼んでいる。

(2)　ナフタリンが蒸気になるように、昇華というのは、固体から気体、気体から固体に直接変化することをいう。

(3)　液体が気体に変化することを気化という。

(4)　固体が液体に変化することを、融解という。

(5)　液化とは、固体が液体になることで、氷解ともいう。

【問題２】水に関する記述で、次のうち誤っているものはどれか。

(1)　水の三態とは、水蒸気、水、氷の３つの状態をいう。

(2)　100℃の水が水蒸気になるとき、１gにつき2256.3Jの気化熱をうばう。

(3)　気化熱の大きいことが、消火に使われる理由の１つである。

(4)　水はどんな場合でも100℃で沸騰し、０℃で凍る。

(5)　水１gの温度を14.5℃から15.5℃に高めるのに必要な熱量は4.186Jである。

【問題３】比熱について、次のうち正しいものはどれか。

(1)　物質１gの温度を１K(℃)だけ上昇させるのに必要な熱量をその物質の比熱という。

(2)　ある物質の温度を１K(℃)だけ上昇させるのに必要な熱量をその物質の比熱という。

(3)　同じ質量の物体の温度を１K(℃)だけ上げたり下げたりするとき、吸収または放出される熱量は同じである。

(4)　湯たんぽの湯が容易にさめないのは、水の比熱が小さいためである。

(5)　熱容量は、比熱を物質の量で除したものである。

解答　【問題１】(5)　【問題２】(4)　【問題３】(1)

【問題4】15℃のある液体100gに12.6kJの熱量を与えたら、この液体は何度になるか。ただし、この液体の比熱は4.2J／(g・K)とする。

(1) 30℃　(2) 35℃　(3) 40℃
(4) 45℃　(5) 50℃

【問題5】ある液体200gの温度を15℃から30℃に高めるときに必要な熱量として、次のうち正しいものはどれか。ただし、この液体の比熱は2.39J／(g・K)とする。

(1) 1.50kJ　(2) 3.59kJ　(3) 7.17kJ
(4) 9.56kJ　(5) 14.34kJ

【問題6】次のうち誤っているものはどれか。

(1) 水の比熱は、メチルアルコールより大きい。
(2) 氷の比熱は、水より大きい。
(3) 水の伝導率は、鉄より小さい。
(4) 水の熱膨張率は、空気より小さい。
(5) 熱の対流は、液体や気体だけに起こる現象である。

【問題7】熱の移動には、伝導・対流・輻射の３つが考えられるが、次のうち輻射とみられるものはどれか。

(1) 風呂をわかしたとき、水の表面から熱くなる。
(2) 大火災のときよく風が起こる。
(3) 太陽熱によって大地が暖められる。
(4) 火に突込んだ火ばしの手元が次第に熱くなる。
(5) スチーム暖房は、室内の空気の循環により室温を上昇させる。

【問題8】20℃のガソリン10,000Lを暖めたら、10,200Lになった。このときガソリンの温度は何度か。ただし、ガソリンの体膨張率1.35×10^{-3}とする。

(1) 約25℃　(2) 約30℃　(3) 約35℃
(4) 約40℃　(5) 約55℃

解答　【問題4】(1)　【問題5】(4)　【問題6】(2)　【問題7】(3)　【問題8】(3)

【問題９】気体の体膨張について、次のうち正しいものはどれか。

(1) 気体の膨張率は、液体の体膨張率と比較して小さい。

(2) 気体の体積は、温度が一定で圧力が変化する場合には、圧力の増減に比例する。

(3) 気体の体積は、圧力が一定で温度が変化する場合には、温度の変化に反比例する。

(4) 気体の体積は、圧力が一定で温度が変化する場合には、温度が１℃上昇するごとに、０℃のときの体積に対し約273分の１ずつ膨張する。

(5) 気体の膨張率は、固体の体膨張率と比較して小さい。

【問題10】静電気の蓄積と発生を少なくする対策として、次のうち誤っているものはどれか。

(1) 室内の湿度を低く保つようにする。

(2) 除電服、除電靴を着用する。

(3) 導電材料を使用する。

(4) 配管による危険物の移送は、流速を制限する。

(5) 設備等は接地(アース)する。

【問題11】次のうち誤っているものはどれか。

(1) 接触分離する２つの物体の種類及び組み合わせにより、発生する静電気の大きさや極性は異なる。

(2) 条件によっては、電気の導体・不導体にかかわりなく静電気は帯電する。

(3) 静電気の放電火花は、可燃性ガスの粉じんがあるときは、しばしば点火源となる。

(4) 導体に帯導体を近づけると、帯電体に近い側が帯電体と異符号の電荷を、遠い側が同符号の電荷をあらわす現象を誘導放電という。

(5) 静電気は、液体相互の混合やかくはんでは発生するが、ガソリンの詰め替えや運搬では発生しない。

解答　【問題９】(4)　【問題10】(1)　【問題11】(5)

【問題12】湿度に関する記述で、次のうち誤っているものはどれか。

(1) 湿度とは、空気中の湿りぐあい、つまり空気の乾湿の度合いをいう。

(2) 温度が高いほど、空気中に含むことができる水蒸気の量は少なくなる。

(3) 絶対湿度とは、空気中に含まれる水蒸気をグラム数で表したものをいう。

(4) 実効湿度とは、当日の湿度だけでなく数日前の湿度を考慮した上で判断する湿度をいう。

(5) 相対湿度の値は、空気中の水蒸気の量が変わらなくても、気温が変化することによって変わる。

【問題13】次のうち物理変化はどれか。

(1) 水を電気分解すると水素と酸素になった。

(2) ドライアイスが常温常圧で二酸化炭素になった。

(3) 木炭が燃えて二酸化炭素になった。

(4) ベンゼンが黒煙を上げて燃え上がった。

(5) 鉄を空気中に放置したら赤さびができた。

【問題14】単体、化合物および混合物について、次のうち正しいものはどれか。

(1) 水は酸素と水素の化合物である。

(2) 酸素は単体であるが、オゾンは化合物である。

(3) エチルアルコールは、原油と同様に種々の炭化水素の混合物である。

(4) ナトリウムや亜鉛などは、2種以上の元素からできているので化合物である。

(5) 空気は、酸素と窒素の化合物である。

【問題15】次の組み合わせのうち、正しいものはどれか。

	単体	化合物	混合物
(1)	マグネシウム	ガソリン	金属カリウム
(2)	酸素	過酸化水素	水素
(3)	水	黄リン	セルロイド
(4)	アルミニウム	エチルアルコール	ガソリン
(5)	硫黄	食塩水	水

解答 【問題12】(2)　【問題13】(2)　【問題14】(1)　【問題15】(4)

【問題16】反応熱に関する記述で、次のうち誤っているものはどれか。

(1) 分解熱……分解反応を起こすときに発生または吸収する熱量。

(2) 生成熱……化合物が反応によって酸素を生成するときに発生する熱量。

(3) 中和熱……酸と塩基が中和するときに発生する熱量。

(4) 燃焼熱……物質が燃焼するときに発生する熱量。

(5) 溶解熱……物質が液体に混ざって全体が均一になるときに発生または吸収する熱量。

【問題17】酸と塩基に関する記述で、次のうち誤っているものはどれか。

(1) 酸は青色のリトマス試験紙を赤色に変える。

(2) 希硫酸の水溶液に亜鉛を加えると水素を発生する。

(3) 塩基は水溶液中で電離すると水素イオンを出す。

(4) 酸と塩基から塩のできる反応を中和という。

(5) 塩基のことをアルカリともいう。

【問題18】次のpH(水素イオン指数)を示すA～Fまでの溶液の説明として、次のうち誤っているものはどれか。

溶液	A	B	C	D	E	F
pH	1	3	6	7	9	13

(1) EとFはアルカリ性を示す。

(2) FはEより強いアルカリ性を示す。

(3) Dは中性を示す。

(4) A、B、Cはそれぞれ酸性を示す。

(5) Cは最も強い酸性を示す。

【問題19】酸化に関する記述で、次のうち誤っているものはどれか。

(1) 物質が酸素と結合すること。

(2) 物質から水素が奪われること。

(3) 物質から酸素が奪われること。

(4) 物質から電子が奪われること。

(5) 物質の酸化数が増加すること。

解答 【問題16】(2)　【問題17】(3)　【問題18】(5)　【問題19】(3)

【問題20】有機化合物の特性として、次のうち誤っているものはどれか。

(1) 非電解質のものが多く、静電気を発生しやすい。
(2) すべて水およびアルコールによく溶ける。
(3) すべて炭素の化合物である。
(4) 炭素を主体としており、一般に可燃性である。
(5) 一般に無機化合物と比較して、融点および沸点が低い。

【問題21】次の表の物質Aから物質Bへ変化するもののうち、酸化反応であるものはどれか。

	物質A	物質B
(1)	硫黄	硫化水素
(2)	一酸化炭素	二酸化炭素
(3)	黄リン	赤リン
(4)	濃硫酸	希硫酸
(5)	水	水蒸気

【問題22】次の反応のうち、下線部の物質が還元されているものはどれか。

(1) アルコールが燃焼して水と二酸化炭素になった。
(2) 黄リンが燃焼して五酸化二リンになった。
(3) 銅を加熱したら黒く変色した。
(4) 二酸化炭素が赤熱した炭素に触れて一酸化炭素になった。
(5) メタンを燃焼したら水と二酸化炭素になった。

【問題23】酸化剤、還元剤について、次のうち誤っているものはどれか。

(1) 他の物質から酸素を奪う作用がある………酸化剤
(2) 他の物質から水素を奪う作用がある………酸化剤
(3) 他の物質から水素を与える作用がある……還元剤
(4) 他の物質を還元させる作用がある…………酸化剤
(5) 他の物質を酸化させる作用がある…………還元剤

解答 【問題20】(2)　【問題21】(2)　【問題22】(4)　【問題23】(1)

【問題24】燃焼に関する説明で、次のうち誤っているものはどれか。

(1) 燃焼とは、酸化反応を起こし、その結果吸熱反応となり発火を伴う反応である。

(2) 燃焼の難易の要因として、酸素との接触状況がある。

(3) 引火点とは、爆発性混合気体を生成するのに必要な、引火性液体の蒸気を発生する最低の液温をいう。

(4) 発火点とは、空気中で可燃性物質を加熱した場合、これに火炎などを近づけなくても発火し燃焼を開始する最低の温度をいう。

(5) 引火性液体の燃焼は、液体から発生した蒸気が空気と混合して燃焼する。

【問題25】次のうち燃焼の起こり得る組み合わせはどれか。

(1)	空気	酸素	メチルアルコール
(2)	ガソリン	酸素	電気火花
(3)	プロパン	水素	静電気
(4)	硫黄	水素	赤外線
(5)	灯油	酸素	二酸化炭素

【問題26】次の液体の引火点および燃焼範囲の下限界の数値として考えられる組み合わせとして、正しいものはどれか。

「ある引火性液体は35℃で液面付近に濃度7％(容量)の可燃性蒸気を発生した。この状態でマッチを近づけたところ引火した。」

	引火点	燃焼範囲の下限界
(1)	25℃	10％(容量)
(2)	30℃	6％(容量)
(3)	35℃	12％(容量)
(4)	40℃	15％(容量)
(5)	45℃	4％(容量)

解答 【問題24】(1)　【問題25】(2)　【問題26】(2)

【問題27】可燃物が燃焼しやすい条件として、次の組み合わせのうち最も適当なものはどれか。

	燃焼熱	熱伝導率	酸素との接触面積
(1)	大	小	大
(2)	小	大	大
(3)	大	大	大
(4)	小	小	小
(5)	大	小	小

【問題28】消火の理論として、次のうち誤っているものはどれか。

(1) 一般に、空気中の酸素濃度を15%(容量)以下にすると消火できる。
(2) 冷却作用による消火とは、可燃物の温度を下げることによる消火である。
(3) 不燃性ガスの主たる消火作用は、窒息作用である。
(4) 可燃物の除去とは、燃焼に必要な酸素を除去する消火方法である。
(5) 燃焼の4要素である、可燃物、酸素、温度または連鎖反応の活性源のうちのどれか1つ以上を除去または抑制すれば消火できる。

【問題29】消火方法とその主たる消火効果との組み合わせとして、次のうち正しいものはどれか。

(1) 天ぷら鍋の油が燃えだしたので、強化液消火器で消火した。……除去効果
(2) 訓練でオイルパンの中の灯油を燃やし、それを粉末(リン酸塩類)消火器で消火した。……冷却効果
(3) こぼれた油が燃えていたので、乾燥砂でおおって消火した。……冷却効果
(4) 石油ストーブが異常燃焼したので泡消火器で消火した。……除去効果
(5) 少量の重油が燃えていたので、二酸化炭素消火器で消火した。……窒息効果

解答 【問題27】(1)　【問題28】(4)　【問題29】(5)

危険物の性質・火災予防・消火方法

【問題１】危険物の類とその性質との組み合わせとして、次のうち誤っているものはどれか。

(1) 第１類……酸化性の固体である。

(2) 第２類……可燃性の固体または液体である。

(3) 第３類……自然発火性または禁水性である。

(4) 第５類……自己反応性物質である。

(5) 第６類……酸化性の液体である。

【問題２】第４類の共通する性質として、次のうち正しいものはどれか。

(1) 自然発火するものが多い。

(2) 水溶性のものが多い。

(3) 蒸気比重（空気＝１）は１より大きい。

(4) 水と接触することにより、発熱しやすい。

(5) 液比重は１より大きい。

【問題３】第４類の危険物の貯蔵、取り扱いの方法として、次のＡ～Ｄのうち誤っているものの組み合わせはどれか。

Ａ　静電気の発生を抑制するため、かくはんや注入を行うときは、流速を早くする。

Ｂ　火気や高温体の接近を避け、可燃性蒸気が漏れないように気をつけること。

Ｃ　可燃性蒸気の排出はできるだけ低所で、かつ地表に向けて行う。

Ｄ　引火点の低いものを貯蔵しまたは取り扱う場所の電気設備は、防爆構造のものとする。

(1) ＡとＢ

(2) ＢとＣ

(3) ＢとＤ

(4) ＡとＣ

(5) ＣとＤ

解答　【問題１】(2)　【問題２】(3)　【問題３】(4)

【問題４】第４類の危険物の火災の消火方法として、次のうち誤っているものはどれか。

(1) 冷却して消火する方法が最もよい。
(2) 水溶性のものは、耐アルコール泡で消火できる。
(3) 粉末消火剤で消火できる。
(4) ハロゲン化物消火剤は、負触媒による消火効果も大きい。
(5) 泡消火剤で窒息して消火してもよい。

【問題５】A、B欄に掲げた物質のうち、両方とも水に溶けないものは、次のうちどれか。

	A	B
(1)	エチレングリコール	アニリン
(2)	クレオソート油	氷酢酸
(3)	二硫化炭素	メチルアルコール
(4)	酸化プロピレン	ピリジン
(5)	トルエン	軽油

【問題６】次の危険物のうち、燃焼範囲が最も広く、かつ下限値の低いものはどれか。

(1) 二硫化炭素　(2) エチルアルコール　(3) アニリン
(4) アセトン　(5) 酢酸

【問題７】次の危険物の組み合わせで、引火点が低いものから高いものの順に並んでいるのはどれか。

(1) 自動車エンジン→灯油→グリセリン
(2) 自動車エンジン→トルエン→ギヤー油
(3) 二硫化炭素→メタノール→ギヤー油
(4) エタノール→メタノール→ガソリン
(5) 灯油→軽油→重油

解答　【問題４】(1)　【問題５】(5)　【問題６】(1)　【問題７】(2)

【問題８】ガソリンや灯油の火災の消火方法として、次のうち正しいものはどれか。

(1) 泡消火剤は、効果がない。
(2) 二酸化炭素消火剤は、効果がない。
(3) ハロゲン化物消火剤は、効果がある。
(4) 粉末消火剤は、効果がない。
(5) 棒状の強化液は、効果がある。

【問題９】ガソリンの消火に不適応な消火器は、次のうちどれか。

(1) 棒状放射の大型強化液消火器
(2) 小型二酸化炭素消火器
(3) 大型化学泡消火器
(4) 大型機械泡消火器
(5) 霧状放射の小型強化液消火器

【問題10】ベンゼンやトルエンの火災に使用する消火器として、次のうち誤っているものはどれか。

(1) 泡を放射する消火器
(2) 霧状放射の強化液消火器
(3) 消火粉末を放射する消火器
(4) 二酸化炭素を放射する消火器
(5) 棒状の強化液を放射する消火器

【問題11】メタノールの火災の消火方法として、次のうち誤っているものはどれか。

(1) 水溶性液体用の泡消火剤を放射する。
(2) ハロゲン化物消火剤を放射する。
(3) 粉末状の消火剤を放射する。
(4) 棒状の水を放射する。
(5) 膨張真珠ひる石または膨張真珠岩で覆う。

解答 【問題８】(3)　【問題９】(1)　【問題10】(5)　【問題11】(4)

【問題12】アセトンの火災の消火方法として、次のうち正しいものはどれか。
(1) 乾燥砂で覆う。
(2) 水溶性液体用泡消火剤を放射する。
(3) ハロゲン化物消火剤を放射する。
(4) 棒状の水を放射する。
(5) 膨張真珠ひる石または膨張真珠岩で覆う。

【問題13】エタノールなどのアルコール類の火災に、一般の泡消火剤の使用は不適切である。その理由として、次のうち正しいものはどれか。
(1) 泡が重く、沈むため。
(2) 泡が軽く、飛ぶため。
(3) 泡が消えるため。
(4) 泡が固まるため。
(5) 泡が燃えるため。

【問題14】特殊引火物の性状について、次のうち誤っているものはどれか。
(1) ジエチルエーテルは、空気との接触で爆発性の過酸化物を生成するおそれがある。
(2) アセトアルデヒドは、揮発しやすい。
(3) 酸化プロピレンは、水やアルコール類に溶ける。
(4) 二硫化炭素は、特殊引火物の中で発火点が非常に低い危険物の1つである。
(5) ジエチルエーテルは、無色透明の液体で、アルコールには溶けない。

【問題15】ジエチルエーテルの貯蔵、取り扱いの方法について、次のうち誤っているものはどれか。
(1) 火気を近づけない。
(2) 直射日光を避けて冷暗所に貯蔵する。
(3) 容器は密栓する。
(4) 沸点が高いので、特に温度管理は必要がない。
(5) 通風をよくする。

解答 【問題12】(3)　【問題13】(3)　【問題14】(5)　【問題15】(4)

【問題16】二硫化炭素の性質として、次のうち誤っているものはどれか。

(1) 引火点が低く揮発しやすい。
(2) 蒸気は有毒で、多量に吸引すると危険である。
(3) 純粋なものは、無色の特臭のある液体である。
(4) 燃焼すると二酸化硫黄(亜硫酸ガス)を出す。
(5) 比重は水より小さい。

【問題17】ガソリンの貯蔵、取り扱いの注意事項として、次のうち誤っているものはどれか。

(1) 静電気の蓄積に注意する。
(2) 通風、換気をよくする。
(3) 蒸気比重が1より大きいので、容器は密栓する必要はない。
(4) 火気を近づけない。
(5) 川や下水溝などに流出させない。

【問題18】ガソリンについて、次のうち誤っているものはどれか。

(1) 炭化水素化合物が主成分である。
(2) 特有の臭いのある原油分留製品の1つである。
(3) 蒸気は空気より重い。
(4) 用途により着色される場合がある。
(5) 電気を比較的よく通すので、灯油、軽油と混合しなければ静電気は蓄積されない。

【問題19】自動車ガソリンについての説明で、次のうち正しいものはどれか。

(1) 燃焼範囲は広く、おおむね0.4%～47%(容量)である。
(2) 発火点は、第4類危険物のうちでは低い方で100℃以下である。
(3) 引火点は、一般に－40℃以下である。
(4) 自動車用のものは、一般に青色に着色されている。
(5) 蒸気比重は、1.0である。

解答 【問題16】(5)　【問題17】(3)　【問題18】(5)　【問題19】(3)

【問題20】アセトンの性状についての説明で、次のうち誤っているものはどれか。

(1) アルコールには溶けない。

(2) 比重は、1より小さい。

(3) 水によく溶ける。

(4) 蒸気比重は、ガソリンより小さい。

(5) 発火点はガソリンより高い。

【問題21】ベンゼンとトルエンについて、次のうち誤っているものはどれか。

(1) ともに芳香族炭化水素である。

(2) ともに無色の液体で水より軽い。

(3) ともに引火点は常温(20℃)より低い。

(4) ベンゼンは水に溶けないが、トルエンは水によく溶ける。

(5) 蒸気はともに有毒であるが、その毒性はベンゼンの方が強い。

【問題22】メチルアルコールとエチルアルコールの性質として、次のうち誤っているものはどれか。

(1) いずれも無色透明である。

(2) エチルアルコールは自動車の燃料としても使われるがメチルアルコールにはそうした用途はない。

(3) 燃焼範囲が広いのはメチルアルコールである。

(4) いずれも燃焼時の炎が淡く認識しづらい。

(5) メチルアルコールは毒性があるが、エチルアルコールは酒類の主成分である。

【問題23】灯油について、次のうち誤っているものはどれか。

(1) 液比重は1以下で水に溶けない。

(2) 引火点は40℃以上で、ストーブの燃料や溶剤などに使われる。

(3) 流動の際には、静電気を発生しやすい。

(4) 加熱などにより液温が引火点以上になっても、引火危険はない。

(5) 蒸気比重は、空気より大きく低所に滞留しやすい。

解答 【問題20】(1) 【問題21】(4) 【問題22】(2) 【問題23】(4)

【問題24】灯油について、次のうち誤っているものはどれか。

(1) ガソリンが混合された灯油は、使用すると危険性がある。

(2) 液温が引火点以上になると、ガソリンと同様の危険性がある。

(3) 電気の不良導体で、流動により静電気を発生する危険性がある。

(4) 引火点以下でも霧状になって空気中に浮遊するときは、引火の危険性がある。

(5) 揮発性が強いので、ガス抜き口栓付きの貯蔵容器を用いる。

【問題25】軽油について、次のうち正しいものはどれか。

(1) 液温が引火点未満であっても周囲の気温がそれ以上であれば引火する。

(2) 液温と周囲の気温がともに引火点以上のときだけ引火する。

(3) 液温が引火点以上になっても周囲の気温がそれ以下であれば引火しない。

(4) 液温が引火点以上になれば周囲の気温に関係なく引火する。

(5) 液温が引火点以上になれば自然発火する。

【問題26】重油について、次のうち誤っているものはどれか。

(1) 比重は、一般に水よりやや軽い。

(2) 日本産業規格ではＡ重油、Ｂ重油およびＣ重油に分類されている。

(3) 引火した場合は、液温が高くなっているので、大量に燃えているときは消火困難な場合がある。

(4) 消火の手段としては、泡、消火粉末などの放射が有効である。

(5) 引火点が高いので、注水による冷却消火が適している。

【問題27】第４石油類について、次のうち誤っているものはどれか。

(1) ギヤー油やシリンダー油などが該当する。

(2) 水に溶けるものが多い。

(3) 常温(20℃)で液状である。

(4) 一般に、ガソリンに比べ粘性が高い。

(5) 引火点が200℃以上の液体が多い。

解答 【問題24】(5)　【問題25】(4)　【問題26】(5)　【問題27】(2)

【問題28】動植物油類について、次のうち誤っているものはどれか。

(1) ヨウ素価130以上のものを乾性油という。

(2) 引火点以上に熱するとガソリンと同様な引火危険を生じる。

(3) てんぷら油が燃えだしたとき、それに注水すると危険である。

(4) 引火点は、100～120℃程度である。

(5) 比重は、1よりも小さい。

【問題29】動植物油類の乾性油がしみ込んだ繊維などは、取り扱いに特に注意しなければならない。この理由として、次のうち最も適当なものはどれか。

(1) 乾性油が激しく蒸発しており、引火しやすいから。

(2) 繊維などにしみ込んだ乾性油は、発火点が低くなっているから。

(3) 乾性油と繊維などが反応して、不安定な物質を生成していることがあるから。

(4) 乾性油は空気中の酸素で酸化されやすく、また、酸化熱が蓄積されやすい状態にあるため、自然発火の危険性があるから。

(5) 繊維などにしみ込んだ乾性油は燃焼速度が速く、消火しにくいから。

【問題30】消火方法として、次のうち誤っているものはどれか。

(1) アセトンの火災に耐アルコール泡による窒息消火。

(2) ガソリンの火災に二酸化炭素による窒息消火。

(3) ベンゼンの火災にハロゲン化物による窒息消火。

(4) 軽油の火災に棒状注水による冷却消火。

(5) 氷酢酸の火災に粉末や耐アルコール泡による窒息消火。

解答 【問題28】(4) 【問題29】(4) 【問題30】(4)

危険物品名別称一覧（第４類）

物品名	化学式	別称（通称）
ジエチルエーテル	$C_2H_5OC_2H_5$	エーテル，エチルエーテル
二硫化炭素	CS_2	硫炭，二硫炭，硫化炭素
アセトアルデヒド	CH_3CHO	エタナール，アルデヒド， エチルアルデヒド
酸化プロピレン	C_3H_6O	プロピレンオキサイド， プロピレンオキシド，PO
ガソリン	——	揮発油
ベンゼン	C_6H_6	ベンゾール
トルエン	$C_6H_5CH_3$	トルオール，メチルベンゼン， フェニルメタン
酢酸エチル	$CH_3COOC_2H_5$	エチルアセテート，酢エチ
メチルエチルケトン	$CH_3COC_2H_5$	MEK，エチルメチルケトン， 2-ブタノン
アセトン	CH_3COCH_3	ジメチルケトン，2-プロパノン
エチルアルコール	C_2H_5OH	エタノール，アルコール，酒精
n-プロピルアルコール	C_3H_7OH	1-プロパノール
イソプロピルアルコール	$(CH_3)_2CHOH$	2-プロパノール，イソプロパノール， IPA
灯　油	——	ケロシン
軽　油	——	ディーゼル油，ガスオイル
クロロベンゼン	C_6H_5Cl	クロルベンゼン，塩化フェニル
キシレン	$C_6H_4(CH_3)_2$	キシロール，ジメチルベンゼン， ザイレン
酢　酸	CH_3COOH	氷酢酸，エタン酸
アクリル酸	$CH_2{=}CHCOOH$	ぎ酸ビニル，2-プロペン酸
アニリン	$C_6H_5NH_2$	アニリンオイル，アミノベンゼン， フェニルアミン，ベンゼンアミン
ニトロベンゼン	$C_6H_5NO_2$	ニトロベンゾール
エチレングリコール	$C_2H_6O_2$	1,2-エタンジオール
グリセリン	$C_3H_5(OH)_3$	グリセロール，リスリン

危険物品名別称一覧（その他）

物品名	化学式	別称（通称）
塩素酸カリウム	$KClO_3$	塩素酸カリ
塩素酸ナトリウム	$NaClO_3$	塩素酸ソーダ
塩素酸アンモニウム	NH_4ClO_3	塩素酸アンモン
過酸化カルシウム	CaO_2	過酸化石灰
過酸化マグネシウム	MgO_2	過酸化マグネシア
過酸化バリウム	BaO_2	結晶は過酸化重土，二酸化重土
臭素酸カリウム	$KBrO_3$	ブロム酸カリ
硝酸カリウム	KNO_3	硝石
硝酸ナトリウム	$NaNO_3$	硝酸ソーダ，チリ硝石
硝酸アンモニウム	NH_4NO_3	硝酸アンモン，硝安
無水クロム酸	CrO_3	三酸化クロム
次亜塩素酸カルシウム	$Ca(ClO)_2 \cdot 3H_2O$	漂白粉，カルキ，クローム石灰，高度さらし粉
三塩素化イソシアヌル酸	$C_3N_3O_3Cl_3$	トリクロロイソシアヌル酸
ペルオキソホウ酸アンモニウム	NH_4BO_3	過ホウ酸アンモニウム
ナトリウム	Na	金属ソーダ
黄リン	P	白リン
水素化ナトリウム	NaH	水素ソーダ
リン化カルシウム	Ca_3P_2	リン化石灰
炭化カルシウム	CaC_2	カルシウムカーバイド
トリクロロシラン	$SiHCl_3$	三塩化シラン
過酸化ベンゾイル	$(C_6H_5CO)_2O_2$	ベンゾイルパーオキサイド
ニトログリセリン	$C_3H_5(ONO_2)_3$	三硝酸グリセリン
ニトロセルロース	——	硝化綿，硝酸繊維素
ピクリン酸	$C_6H_2(NO_2)_3OH$	トリニトロフェノール
トリニトロトルエン	$C_6H_2(NO_2)_3CH_3$	TNT，トリニトロトルオール
ジニトロソペンタメチレンテトラミン	$C_5H_{10}N_6O_2$	DPT
アゾビスイソブチロニトリル	$[C(CH_3)_2CN]_2N_2$	AIBN
ジアゾジニトロフェノール	$C_6H_2N_4O_5$	DDNP

元素の周期表

周期＼族	1	2	3	4	5	6	7	8
1	1 *H* 1.0 水素 (1)							
2	3 Li 6.9 リチウム (1)	4 Be 9.0 ベリリウム (2)						
3	11 Na 23.0 ナトリウム (1)	12 Mg 24.3 マグネシウム (2)						
4	19 K 39.1 カリウム (1)	20 Ca 40.1 カルシウム (2)	21 Sc 45.0 スカンジウム (3)	22 Ti 47.9 チタン (3, 4)	23 V 50.9 バナジウム (3, 5)	24 Cr 52.0 クロム (2, 3, 6)	25 Mn 54.9 マンガン (2, 3, 4, 6, 7)	26 Fe 55.9 鉄 (2, 3)
5	37 Rb 85.5 ルビジウム (1)	38 Sr 87.6 ストロンチウム (2)	39 Y 88.9 イットリウム (3)	40 Zr 91.2 ジルコニウム (4)	41 Nb 92.9 ニオブ (3, 5)	42 Mo 95.9 モリブデン (3, 4, 6)	43 Tc 〔99〕 テクネチウム (6, 7)	44 Ru 101.1 ルテニウム (3, 4, 6, 8)
6	55 Cs 132.9 セシウム (1)	56 Ba 137.3 バリウム (2)	57〜71 ランタノイド	72 Hf 178.5 ハフニウム (4)	73 Ta 180.9 タンタル (5)	74 W 183.8 タングステン (6)	75 Re 186.2 レニウム (1, 4, 7)	76 Os 190.2 オスミウム (2, 3, 4, 6)
7	87 Fr 〔223〕 フランシウム (1)	88 Ra 〔226〕 ラジウム (2)	89〜103 アクチノイド					

凡例

※ 元素記号のうち、色文字は遷移元素、他は典型元素。

※ ［網掛け］は、非金属元素。

※ 斜体字は、常温で気体。〰〰のある文字は、常温で液体。他は常温で固体。

※ 原子量のうち、〔 〕をつけたものは、最も安定な放射性同位体の質量数。

ランタノイド	57 La 138.9 ランタン (3)	58 Ce 140.1 セリウム (3, 4)	59 Pr 140.9 プラセオジム (3)	60 Nd 144.2 ネオジム (3)	61 Pm 〔145〕 プロメチウム (3)	62 Sm 150.4 サマリウム (2, 3)
アクチノイド	89 Ac 〔227〕 アクチニウム (3)	90 Th 232.0 トリウム (4)	91 Pa 231.0 プロトアクチニウム (5)	92 U 238.0 ウラン (4, 6)	93 Np 〔237〕 ネプツニウム (4, 5, 6)	94 Pu 〔239〕 プルトニウム (3, 4, 5, 6)

原子番号

22	3 4
Ti	
47.9	
チタン	

元素記号 / 原子量概数 / 元素名 / 原子価 / 色文字はより安定な原子価

9	10	11	12	13	14	15	16	17	18
									2 0 **He** 4.0 ヘリウム
				5 3 **B** 10.8 ホウ素	6 2 ±4 **C** 12.0 炭素	7 ±3 5 **N** 14.0 窒素	8 −2 **O** 16.0 酸素	9 −1 **F** 19.0 フッ素	10 0 **Ne** 20.2 ネオン
				13 3 **Al** 27.0 アルミニウム	14 **Si** 28.1 ケイ素	15 ±3 5 **P** 31.0 リン	16 −2 4 6 **S** 32.1 硫黄	17 −1 3 5 7 **Cl** 35.5 塩素	18 0 **Ar** 40.0 アルゴン
27 2 3 **Co** 58.9 コバルト	28 2 3 **Ni** 58.7 ニッケル	29 1 2 **Cu** 63.6 銅	30 2 **Zn** 65.4 亜鉛	31 2 3 **Ga** 69.7 ガリウム	32 4 **Ge** 72.6 ゲルマニウム	33 ±3 5 **As** 74.9 ヒ素	34 −2 4 6 **Se** 79.0 セレン	35 −1 3 5 7 **Br** 79.9 臭素	36 0 **Kr** 83.8 クリプトン
45 3 **Rh** 102.9 ロジウム	46 2 4 6 **Pd** 106.4 パラジウム	47 1 **Ag** 107.9 銀	48 2 **Cd** 112.4 カドミウム	49 3 **In** 114.8 インジウム	50 2 4 **Sn** 118.7 スズ	51 3 5 **Sb** 121.8 アンチモン	52 −2 4 6 **Te** 127.6 テルル	53 −1 3 5 7 **I** 126.9 ヨウ素	54 0 **Xe** 131.3 キセノン
77 3 4 **Ir** 192.2 イリジウム	78 2 4 **Pt** 195.1 白金	79 1 3 **Au** 197.0 金	80 1 2 **Hg** 200.6 水銀	81 1 3 **Tl** 204.4 タリウム	82 2 4 **Pb** 207.2 鉛	83 3 5 **Bi** 209.0 ビスマス	84 2 4 **Po** 〔210〕 ポロニウム	85 1 3 5 7 **At** 〔210〕 アスタチン	86 0 **Rn** 〔222〕 ラドン

63 2 3 **Eu** 152.0 ユウロピウム	64 3 **Gd** 157.3 ガドリニウム	65 3 **Tb** 158.9 テルビウム	66 3 **Dy** 162.5 ジスプロシウム	67 3 **Ho** 164.9 ホルミウム	68 3 **Er** 167.3 エルビウム	69 3 **Tm** 168.9 ツリウム	70 2 3 **Yb** 173.0 イッテルビウム	71 3 **Lu** 175.0 ルテチウム
95 3 4 5 6 **Am** 〔243〕 アメリシウム	96 3 **Cm** 〔247〕 キュリウム	97 3 4 **Bk** 〔247〕 バークリウム	98 3 **Cf** 〔252〕 カリホルニウム	99 **Es** 〔252〕 アインスタイニウム	100 **Fm** 〔257〕 フェルミウム	101 **Md** 〔256〕 メンデレビウム	102 **No** 〔259〕 ノーベリウム	103 **Lr** 〔262〕 ローレンシウム

◆主な参考文献および URL

・一般社団法人全国危険物安全協会『令和４年度版　危険物取扱必携　実務編』
・一般社団法人全国危険物安全協会『令和４年度版　危険物取扱必携　法令編』

・ILO. ICSC データベース. 国際化学物質安全性カード（ICSCs）.
https://www.ilo.org/dyn/icsc/showcard.listcards3?p_lang=ja
・「GHS 対応モデルラベル・モデル SDS 情報」（厚生労働省）
https://anzeninfo.mhlw.go.jp/anzen_pg/GHS_MSD_FND.aspx

本文イラスト・デザイン・DTP 協力
株式会社アクト
編集協力　株式会社エディット

乙種第４類危険物取扱者試験 完全攻略

2023 年 2 月 10 日　初版第 1 刷発行

編　者　つちや書店編集部
発行者　佐藤　秀
発行所　株式会社つちや書店
〒 113-0023　東京都文京区向丘 1-8-13
電話 03-3816-2071　FAX 03-3816-2072
HP http://tsuchiyashoten.co.jp/
E-mail info@tsuchiyashoten.co.jp
印刷・製本　株式会社暁印刷

落丁・乱丁は当社にてお取り替え致します。